LC フィルタの設計 & 製作

森　栄二　CQ出版株式会社　2004

著 者 简 介

森　荣二

1991 年　进入株式会社 ADVANTEST
　　　　　从事频谱分析仪、网络分析仪的开发工作

1998 年　进入美国微冲公司(美国加利福尼亚州,现在的安立公司)
　　　　　作为高级设计工程师从事测定器用微波、毫米波的相关开
　　　　　发工作

图解实用电子技术丛书

LC 滤波器设计与制作

〔日〕 森 荣二 著

薛培鼎 译

科学出版社

北京

图字：01-2005-1162 号

内 容 简 介

本书是"图解实用电子技术丛书"之一。本书作为一本介绍 LC 滤波器设计和制作方法的实用性图书，内容包括了经典设计方法和现代设计方法，如定 K 型、m 推演型、巴特沃思型、切比雪夫型、贝塞尔型、高斯型、逆切比雪夫型、椭圆函数型等低通、高通、带通、带阻滤波器及电容耦合谐振器型窄带滤波器。本书中还详细介绍了对于实现滤波器有重要意义的元件值变换方法、匹配衰减器设计方法和电感线圈的设计、制作和测试方法。

本书的最大特点是简明易懂、实用性强。即使是不具备电子技术专业知识的人，也能够利用本书设计和制作出性能符合使用要求的 LC 滤波器。

本书可作为信号处理、信息通信等相关领域的工程技术人员的参考书，也可供大专院校的师生参考使用。

图书在版编目(CIP)数据

LC 滤波器设计与制作/(日)森　荣二著;薛培鼎译.—北京:科学出版社，2005（2024.7重印）

（图解实用电子技术丛书）

ISBN　978-7-03-016510-7

Ⅰ.①L… Ⅱ.①森… ②薛… Ⅲ.①LC滤波器-设计-制作 Ⅳ.①TN713-64

中国版本图书馆 CIP 数据核字(2005)第 139334 号

责任编辑：杨　凯 / 责任制作：魏　谨
责任印制：霍　兵 / 封面设计：李　力

科学出版社出版
北京东黄城根北街 16 号
邮政编码：100717
http://www.sciencep.com
北京厚诚则铭印刷科技有限公司印刷
科学出版社发行　各地新华书店经销

*

2006 年 1 月第　一　版　　开本：B5(720×1000)
2024 年 7 月第二十一次印刷　　印张：19 1/2
字数：293 000

定　价：39.00 元

（如有印装质量问题，我社负责调换）

前　言

编写本书时,作者特别注重以下三点:

(1) 只采用加减乘除、幂乘和开平方这样的简单运算,使得没有专业知识的人也能顺利地设计出 LC 滤波器,在设计之前预先知道其特性。

(2) 尽可能多地给出一些设计实例和实验结果。

(3) 充分发挥仿真工具的作用,使滤波器特性的说明尽量简单明了。

在市场上,已经有许多关于 LC 滤波器和滤波器理论方面的优秀著作,但这些著作在讲述滤波器设计问题时,大都涉及较深的数学知识,不免令人望而生畏。本书是作者对滤波器设计方面的内容做了精心研究之后编写的,因而利用本书所讲述的设计方法,既不必进行复杂运算,又能设计、制作出令人满意的 LC 滤波器。

LC 滤波器在难以使用运算放大器等器件的高频领域中起着极为重要的作用,但在设计高频 LC 滤波器的时候,经常会遇到这样的问题:按照理论计算辛辛苦苦设计出来的滤波器,一经实际测试,却发现其特性距离设计值相距甚远。当就这一问题去请教经验丰富的技术人员时,他们大都能一眼就看出问题所在,一语道破"那是寄生电感的影响"或"那是因为有寄生电容的缘故"。然而在多数情况下,这些寄生因素并不应该成为我们未能设计出实测特性与理论相符合的滤波器的辩解理由。

这一问题也是本书所重视的一个问题。实际上,上面所说的寄生电感和寄生电容总是存在的,它们所造成的滤波器实测特性与设计计算结果不一致的问题不可能彻底消除。本书将以测试实例为依据,对于什么样的参数会带来多大程度影响的问题作深入说明,并在此基础上给出最合适的实际装配方法。

在讲述带通滤波器(BPF)的各相关章节中,作者特意多安排了一些具体的设计实例,目的在于澄清关于带通滤波器设计方面的一些"讹传",例如"宽带 BPF 难以实现"、"不能用高 Q 值的谐振电路来制作宽带 BPF"、"想要加宽 BPF 的频带,就得把谐振电路的谐振频率按顺序排列在一起"等,这些说法其实都是不对的。

遗憾的是,不仅一些年轻的工程师常会说出上述错话,就连一些有经验的工程师,也有人会有这种错误的观点。如果本书能使更多的人对于 BPF 的设计问题和步骤有深刻理解,作者将感到非常荣幸。

书中虽然略去了滤波器理论方面的复杂数学公式,但对于实际制作滤波器时所需要的重要变换和实际装配方法则作了尽可能详细的介绍。如果这些内容能被年轻工程师和经验丰富的骨干工程师们作为"备用手册"来用,作者更感荣幸。

在本书出版之际,作者对为本书出版付出了很多心血的 CQ 出版株式会社的各位同仁表示衷心的感谢。

著　者

目　录

第 1 章
滤波器的种类和特性

顾名思义，所谓滤波器，就是能够过滤波动信号的器具。在电子线路中，滤波器的作用是从具有各种不同频率成分的信号中，取出（即过滤出）具有特定频率成分的信号。滤波器一词的英文是"filter"。

图 1.1 是对滤波器作用的说明。由 0.7kHz 和 1.7kHz 两个正弦波所合成的信号，经过只允许频率低于 1kHz 的信号通过的滤波器之后，输出端就只剩下 0.7kHz 一个正弦波了。可以想象，如果采用各种不同的滤波器，就可以取出各种不同的信号。

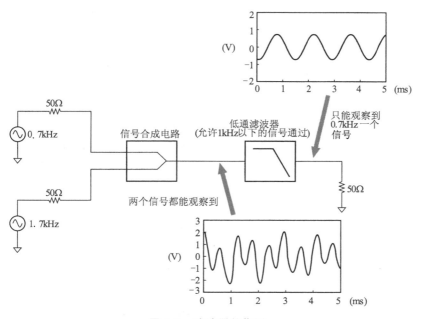

图 1.1 滤波器的作用

1.1 滤波器的种类和名称

图 1.2 是个形象的比喻，这个比喻或许更有助于弄清滤波器的作用及其分类。图 1.2(a)中，我们把 100Hz，5kHz，20MHz，…等不同频率的正弦波信号比喻成大小不同的球，球越大，表示信号的频率越高；图 1.2(b)～(d)是用分选球的过程来比喻滤波器的过滤作用及其所对应的滤波器种类。

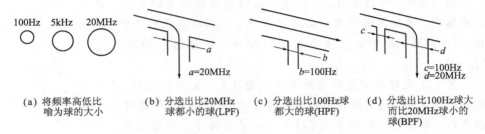

(a) 将频率高低比   (b) 分选出比20MHz   (c) 分选出比100Hz球   (d) 分选出比100Hz球大
    喻为球的大小   球都小的球(LPF)   都大的球(HPF)   而比20MHz球小的
                                                          球(BPF)

图 1.2 用分选球的原理来理解滤波器对信号的过滤作用

图 1.2(b)能够分选出所有比 20MHz 球都小的球。也就是说，它所对应的滤波器允许频率低于 20MHz 的所有正弦信号通过，因而称其为低通滤波器。低通滤波器一词的英文是"Low Pass Filter"，其缩写形式为 LPF，它常作为低通滤波器的简称和标记符号来使用。

图 1.2(c)能够分选出所有比 100Hz 球都大的球。也就是说，它所对应的滤波器允许频率高于 100Hz 的所有正弦波信号通过，因而称其为高通滤波器。高通滤波器一词的英文是"High Pass Filter"，其缩写形式为 HPF，它常作为高通滤波器的简称和标记符号来使用。

图 1.2(d)能够分选出比 100Hz 球大而比 20MHz 球小的球。也就是说，它所对应的滤波器只允许 100Hz～20MHz 范围内的所有正弦波信号通过，因而称其为带通滤波器。带通滤波器一词的英文是"Band Pass Filter"，其缩写形式为 BPF，它常作为带通滤波器的简称和标记符号来使用。

此外，如果滤波器的过滤作用是阻止某个频率范围内的信号通过，就称其为带阻滤波器。带阻滤波器一词的英文是"Band Reject Filter"，其缩写形式为 BRF，它常作为带阻滤液器的简称和标记符号来使用。

实际的滤波器是按上述它对频率成分的过滤特性和设计滤波器时所用的函数形式的组合情形来区分和命名的，且其中的函数形式名称大都采用了某个数学家的名字。例如，所用函数形式为巴特沃思函数的低通滤波器就称为巴特沃思型低通滤波器，所用函数为切比雪夫函数的低通滤波器就称为切比雪夫型低通滤波器等，而所用函数为椭圆函数的高通（或其他）滤波器则直接称为椭圆函数型高通（或其他）滤波器。也就是说，滤波器的名称一般包括函数名称和过滤特性两部分。

1.2 理想滤波器的特性

下面介绍具有理想过滤特性的滤波器对信号的过滤作用。虽然理想滤波器实际上是做不出来的，但只要能尽可能地接近理想特性，它就是好滤波器。

理想低通滤波器的特性如图 1.3 所示。它能够让从零频（即直流）到截止频率 f_c 之间的所有信号都没有任何损失地通过，而让高于截止频率 f_c 的所有信号毫无遗留地丧失殆尽。

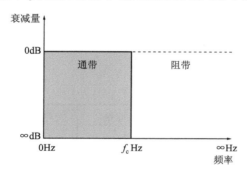

图 1.3 理想低通滤波器的特性

理想高通滤波器的特性如图 1.4 所示。它正好与理想低通滤波器相反，是让高于截止频率 f_c 的所有信号毫无损失地通过，而让低于截止频率 f_c 的所有信号毫无遗留地丧失殆尽。

理想带通滤波器的特性如图 1.5 所示，它是让中心频率 f_c 附近某一频率范围内的所有信号都毫无损失地通过，而让该频率范围以外的任何信号毫无遗留地丧失殆尽。

理想带阻滤波器的特性如图 1.6 所示，它正好与理想带通滤波器相反。带阻滤波器有时也被称为带陷器（Band Elimination

Filter，BEF)或陷波器(Notch Filter)。

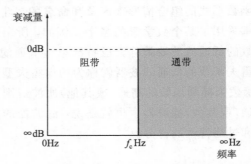

图 1.4 理想高通滤波器的特性

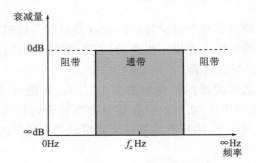

图 1.5 理想带通滤波器的特性

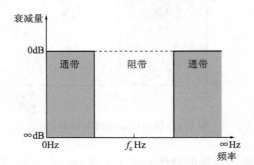

图 1.6 理想带阻滤波器的特性

还有一种全通滤波器(All Pass Filter，APF)，它的理想特性如图 1.7 所示。仅从这个图无法看出它有什么用处，因为信号通过该滤波器后，其频率成分(或能量)不会有任何损失。但当信号通过这种滤波器时，信号中所包含各频率成分的延时情形随频率而不同，这一特点常用于需要对系统延时进行补偿的场合。这样的滤波器也常称为延时均衡器（delay equalizer）或移相器（phase shifter）。

本书今后在说到各种滤波器时，将使用表 1.1 所列出的简称（英文符号）。

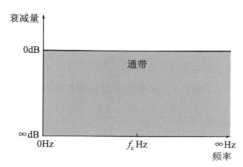

图 1.7 理想全通滤波器的特性

表 1.1 按通带特性分类的滤波器名称和英文简称

一般名称	简　称
低通滤波器	LPE
高通滤波器	HPF
带通滤波器	BPF
带阻滤波器	BRF
全通滤波器	APF

1.3 实际滤波器的特性

实际当中所设计出的滤波器，其特性不可能达到图 1.8 所示的理想特性，一般都是图 1.9 所示的情形。也就是说，实际滤波器对信号的衰减量是以截止频率 f_c 为分界线而缓慢变化的。并且，图 1.9 所示特性还只是个设计特性，也就是说，这个特性是在所使用的电容器和电感线圈都具有理想特性的前提下得到的。而实际上，按照这个设计特性用实际电容器和实际电感线圈所制作出来的滤波器，有可能连图 1.9 的特性也得不到，而只能得到图 1.10 所示的特性。于是，便有了根据各种不同应用目的而形成的不同种类的滤波器。

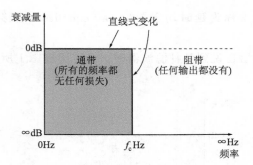

图 1.8 理想低通滤波器的特性

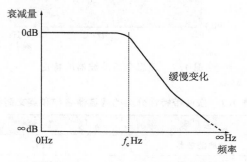

图 1.9 实际可设计的 LPF(巴特沃思型)

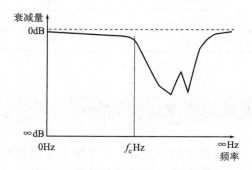

图 1.10 实际制作出来的 LPF 的特性

1.4 函数型滤波器的特性

由于理想滤波器的特性难以实现,因而设计当中都是按某个函数形式来设计的,所以称其为函数型滤波器。按函数分类的滤波器有如图 1.11 所示的一些类型。前面曾说过，这些函数形式都是某种低通、高通或带通滤波器名称中的一部分，它决定着实际滤波器的特性。由这些函数所决定的实际滤波特性各有其突出特点，有的衰减特性在截止区很陡峭，有的相位特性（即延时特性）较为规律，应用当中可以根据实际需要来选用。

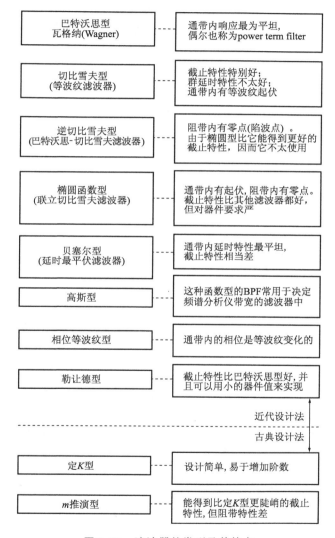

图 1.11 滤波器的类型及其特点

在最初设计或者不知道使用哪种函数型合适的情况下，可以选取巴特沃思型滤波器。这种滤波器的衰减特性和相位特性都相当好,对构成滤波器的器件的要求也不甚严格,易于得到符合设计值的特性。

如果只对衰减特性有要求,可以选取切比雪夫型滤波器。不过切比雪夫型滤波器的相位特性不好,要注意它对非正弦波信号会产生波形失真影响的问题。

图 1.12～图 1.16 所示为巴特沃思型、切比雪夫型、逆切比雪夫型、椭圆函数型及贝塞尔型的低通滤波器特性示例。

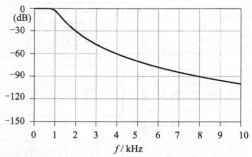

图 1.12　巴特沃思型 LPF 的特性示例

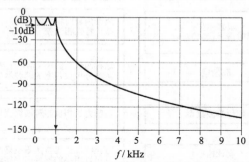

图 1.13　切比雪夫型 LPF 的特性示例

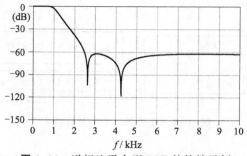

图 1.14　逆切比雪夫型 LPF 的特性示例

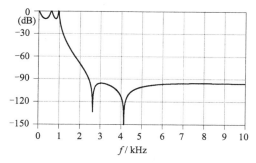

图 1.15 椭圆函数型 LPF 的特性示例

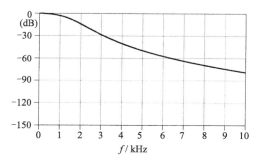

图 1.16 贝塞尔型 LPF 的特性示例

巴特沃思型滤波器的特点是通带内比较平坦；切比雪夫型滤波器的特点是通带内有等波纹起伏；逆切比雪夫型滤波器的特点是阻带内有等波纹的起伏；而椭圆函数型滤波器的特点则是通带内和阻带内都有等波纹起伏。从图中可以看出，如果滤波特性中有起伏，滤波器的衰减特性截止区就比较陡峭。

贝塞尔型滤波器的衰减特性很差，它的阻带衰减非常缓慢。但是，这种滤波器的相位特性好，因而对于要求输出信号波形不能失真（即不能有相位失真）的场合非常有用。

══════════ **专栏** ══════════

本书中所涉及的数学运算

本书是为希望自己能够制作 LC 滤波器的读者而编写的，所以尽可能地省去了滤波器理论中那些难懂的数学公式，而将叙述内容的重点放在滤波器设计上。由于对滤波器设计步骤的介绍非常详细，所以即使是非电子专业的人，只要有了这本书，也能够自己设计出滤波器。

滤波器的使用目的和使用频率范围是各种各样的，但就设计而言，低通滤波器是其他各种滤波器的基础。因此，本书中首先介绍的是各种低通滤波器的设计方法，然后介绍利用低通滤波器的数据来设计各种带通、高通、带阻滤波器的方法。所有的设计方法都很简单，讲解也都尽可能通俗易懂。

本书中，设计滤波器所需的数学知识有三类。

（1）四则运算（加、减、乘、除）。

（2）开平方（平方根）运算。

（3）幂乘（次方）运算。

（1）和（2）没有说明的必要，只要按动计算器的按键就行了。下面对（3）作些说明。本书中所用的幂乘运算都只是 10 的次方。

$$10^a \times 10^b = 10^{a+b}$$

$$10^a \div 10^b = 10^{a-b}$$

$$\frac{1}{10^a} = 10^{-a}$$

$$\frac{10^a}{10^b} = 10^{a-b}$$

$$10^0 = 1, \ 10^1 = 10, \ 10^2 = 100, \ 10^3 = 1000$$

此外，表示电容器和电感线圈的值时，常常采用如下的词头：

$$p = 10^{-12}, \ n = 10^{-9}, \ \mu = 10^{-6}, \ m = 10^{-3}。$$

从这些词头可以得到如下的关系：

$$1000pF = 10^3 \times 10^{-12} = 10^{(3-12)} = 10^{-9} = 1nF$$

$$2000nF = 2 \times 10^3 \times 10^{-9} = 2 \times 10^{(3-9)} = 2 \times 10^{-6} = 2\mu F$$

$$\frac{3\mu F}{1000} = \frac{3 \times 10^{-6}}{10^3} = 3 \times 10^{-6} \times 10^{-3} = 3 \times 10^{-9} = 3nF$$

只要有这些数学知识，就可以利用本书来设计 LC 滤波器了。

第 2 章
低通滤波器的经典法设计
——定 K 型及 m 推演型 LPF 的设计和应用

　　本章将介绍几个基于映像参数的滤波器设计方法。与基于现代电路网络理论的滤波器相比，这些映像参数滤波器存在着截止频率不准确、性能较差等问题。但这种滤波器的构成元件种类少，滤波器的级数（即阶数）易于增加，因而制作起来很简单。

　　下面就来介绍能够用经典法进行设计的定 K 型低通滤波器和 m 推演型低通滤波器的设计方法。

2.1　定 K 型低通滤波器特性概述

　　图 2.1～图 2.3 是以变量 f 作为截止频率的定 K 型低通滤波器的衰减特性和延时特性的仿真典线簇。这种特性曲线簇的坐标

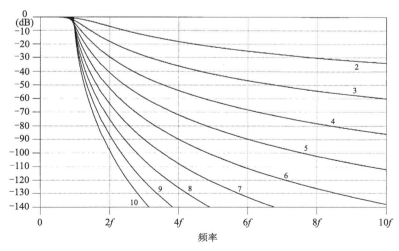

图 2.1　2 阶～10 阶定 K 型 LPF 的衰减特性

刻度是按频率 f 的函数来标注的,因而由它们能够很方便地求得各种不同截止频率的待设计滤波器的衰减特性和延时特性。

例如,当希望求得截止频率为 50kHz 的定 K 型 LPF 的延时特性时,只需将截止频率的值 50kHz＝50×10^3 代入图 2.3 所示的纵轴和横轴刻度中的 f,计算出不带 f 的刻度值就行了。所得到的结果如图 2.4 所示,它是纵轴刻度最大值为 0.16ms、横轴刻度最大值为 100kHz 的延时特性曲线簇,也就是所要设计的定 K 型 LPF 的延时特性曲线簇。

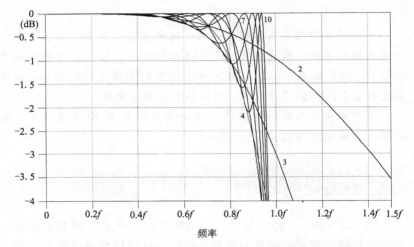

图 2.2 2 阶~10 阶定 K 型 LPF 截止频率附近的衰减特性

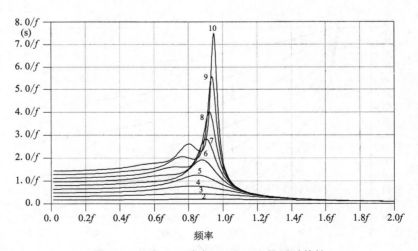

图 2.3 2 阶~10 阶定 K 型 LPF 的延时特性

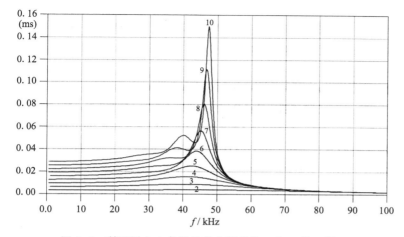

图 2.4 利用图 2.3 求得的截止频率为 50 kHz 的 2 阶～
10 阶定 K 型 LPF 的延时特性示例

2.2 依据归一化 LPF 来设计定 K 型滤波器

　　本书中所说的归一化 LPF,是指特征阻抗为 1Ω 且截止频率
为 1/(2π)Hz(≈0.159Hz) 的 LPF,书中将给出这种归一化 LPF
的设计数据。待设计的实际滤波器各元件参数,可以依据这种归
一化 LPF 设计数据,按照图 2.5 所示的步骤,通过简单计算来求
得。也就是说,首先通过改变归一化 LPF 的元件参数值,得到一
个截止频率从归一化截止频率 1/(2π)Hz 变为待设计滤波器所要
求截止频率而特征阻抗仍等于归一化特征阻抗 1Ω 的过渡性滤波
器;然后再通过改变这个过渡性滤波器的元件参数值,把归一化
特征阻抗(1Ω)也变换成待设计滤波器所要求的特征阻抗,从而最
终得到所要设计的滤波器。

　　在所设计滤波器为定 K 型 LPF 的情况下,就是以定 K 型的
归一化 LPF 为基本依据,经由上述截止频率变换和特征阻抗变换
两个步骤来求得待设计滤波器的构成元件参数。其中,截止频率
变换就是按下式来改变归一化 LPF 的元件参数。

$$M = \frac{待设计滤波器的截止频率}{基准滤液的截止频率}$$

$$L_{(\text{NEW})} = \frac{L_{(\text{OLD})}}{M}$$

$$C_{(\text{NEW})} = \frac{C_{(\text{OLD})}}{M}$$

而特征阻抗变换则是通过对上面已求得的元件参数值再施以下式的变换来实现的。

$$K = \frac{待设计滤波器的特征阻抗}{基准滤液器的特征阻抗}$$

$$L_{(\text{NEW})} = L_{(\text{OLD})} \times K$$

$$C_{(\text{NEW})} = \frac{C_{(\text{OLD})}}{K}$$

图 2.6 中给出了 2 阶定 K 型归一化 LPF 的设计数据。本书中的滤波器设计就是利用这种归一化 LPF 的设计数据进行截止频率和特征阻抗的变换。下面介绍几个以图 2.6 的归一化 LPF 数据为基准进行这些计算的例子。

```
┌─────────────────┐
│  归一化低通滤波器  │
└─────────────────┘
        ↓
┌─────────────────┐
│    截止频率变换    │
└─────────────────┘
        ↓
┌─────────────────┐
│    特征阻抗变换    │
└─────────────────┘
```

图 2.5 利用归一化 LPF 的设计　**图 2.6** 2 阶定 K 型归一化 LPF 的电路
数据来设计滤波器时的步骤　　　　及其参数（截止频率为 $1/(2\pi)$ Hz，
　　　　　　　　　　　　　　　　特征阻抗为 1Ω）

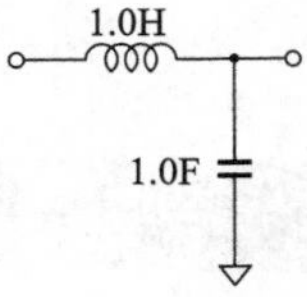

【**例 2.1**】 只变换归一化 LPF 的截止频率时所设计出的定 K 型 LPF。

这个例子是以归一化定 K 型 LPF 的设计数据为基准，来计算特征阻抗为 1Ω 且截止频率为 1kHz 的定 K 型 LPF。由于待设计滤波器的特征阻抗与归一化 LPF 的特征阻抗同为 1Ω，所以只对截止频率加以变换，即可求得待设计滤波器的元件值。其计算步骤如下。

【**步骤 1**】 求待设计滤波器截止频率与基准滤波器截止频率的比值 M。

$$M = \frac{待设计滤波器的截止频率}{基准滤波器的截止频率} = \frac{1.0\text{kHz}}{\left(\frac{1}{2\pi}\right)\text{Hz}} = \frac{1.0 \times 10^3\,\text{Hz}}{0.159154\cdots\text{Hz}}$$

$$\approx 6283.1853\cdots$$

【**步骤 2**】 对基准滤波器的所有元件值除以 M，如图 2.7 所示。由于本例中的待设计滤波器只有截止频率不同于基准滤波器，而

其特征阻抗仍为 1Ω，所以这一计算步骤所得到的下列数据就是
待设计滤波器的元件值。

$$L_{(\text{NEW})} = \frac{L_{(\text{OLD})}}{M} = \frac{1.0\text{H}}{6283.1853\cdots} \approx 0.000159155(\text{H})$$
$$= 0.159155\text{mH}$$

$$C_{(\text{NEW})} = \frac{C_{(\text{OLD})}}{M} = \frac{1.0\text{F}}{6283.1853\cdots} \approx 0.000159155(\text{F})$$
$$= 0.159155(\text{mF}) = 159.155\mu\text{F}$$

所设计出的滤波器的电路如图 2.8 所示，它是特征阻抗为 1Ω
且截止频率为 1kHz 的低通滤波器，其截止特性和群延迟特性的
仿真结果如图 2.9 所示。

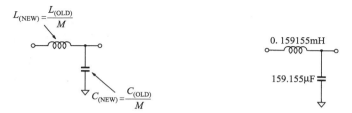

图 2.7 改变滤波器截止频率时
元件参数的变化情形

图 2.8 所设计出的 1kHz 1Ω
2 阶定 K 型 LPF

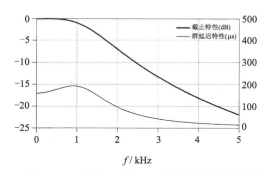

图 2.9 1kHz 1Ω 2 阶定 K 型 LPF 的截止特性和群延迟特性

图 2.10 是截止频率附近的衰减特性放大图。从图中可以看
出，截止频率设计值 1kHz 处的衰减量仅为 −1dB，而实际的截止
频率(即 −3.0dB 点)约为 1.4kHz。这就是说，虽然截止频率是
按照 1kHz 设计的，但实际所得到的截止频率却跑到了 1.4kHz
处。这种现象在用现代设计方法所设计的滤波器中是不会发生
的，但在用镜像阻抗法所设计的滤波器中则是常有的事。

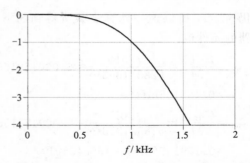

图 2.10　1kHz 1Ω2 阶定 K 型 LPF 截止频率附近的衰减特性

【**例 2.2**】　只变换归一化 LPF 的特征阻抗时所设计出的定 K 型 LPF。

　　这个例子是以归一化定 K 型 LPF 的设计数据为基准来计算特征阻抗为 10.0Ω 且截止频率为 $1/(2\pi)\,Hz \approx 0.15915\,Hz$ 的定 K 型 LPF。其步骤与例 2.1 相似，也是只需两步即可完成设计。

【**步骤 1**】　求待设计滤波器特征阻抗与基准滤波器特征阻抗的比值 K。

$$K = \frac{\text{待设计滤波器的特征阻抗}}{\text{基准滤波器的特征阻抗}} = \frac{10\Omega}{1\Omega} = 10.0$$

【**步骤 2**】　对基准滤波器的所有电感元件值乘以 K，对基准滤波器的所有电容元件值除以 K，如图 2.11 所示。

$$L_{(\text{NEW})} = L_{(\text{OLD})} \times K = 1.0\,H \times 10 = 10\,H$$

$$C_{(\text{NEW})} = \frac{C_{(\text{OLD})}}{K} = \frac{1.0\,F}{10.0} = 0.1\,F$$

　　由于本例中的待设计滤波器只有特征阻抗值与基准滤波器不同，而其截止频率仍为 $1/(2\pi)\,Hz$，所以这一步骤所计算出的元件值就是待设计的特征阻抗为 10Ω 且截止频率为 $1/(2\pi)\,Hz$ 的 2 阶定 K 型 LPF 电路参数值，其电路及参数如图 2.12 所示。

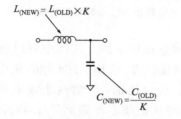

图 2.11　改变滤波器特征阻抗时　　**图 2.12**　所设计出的 0.15915Hz
　元件参数的变化情形　　　　　　　10.0Ω 2 阶定 K 型 LPF

【例 2.3】　归一化 LPF 的截止频率和特征阻抗都变换时所设计出的定 K 型 LPF。

图 2.13　归一化 2 阶定 K 型 LPF(截止频率 $1/(2\pi)$ Hz, 特征阻抗 1Ω)

这个例子是以归一化定 K 型 LPF 的设计数据(见图 2.13)为基准来计算特征阻抗为 50.0Ω 且截止频率为 160.0kHz 的 2 阶定 K 型 LPF,其步骤需要四步。

【步骤 1】　求待设计滤波器截止频率与基准滤波器截止频率的比值 M。

$$M = \frac{\text{待设计滤波器的截止频率}}{\text{基准滤波器的截止频率}} = \frac{160.0\text{kHz}}{\left(\frac{1}{2\pi}\right)\text{Hz}}$$

$$= \frac{160 \times 10^3\,\text{Hz}}{0.159154\cdots\text{Hz}} \approx 1005309.649$$

【步骤 2】　对基准滤波器的所有元件值除以 M,得到截止频率已变换成待设计滤波器截止频率 160kHz 时的元件参数值。

$$L_{(\text{NEW})} = \frac{L_{(\text{OLD})}}{M} = \frac{1.0\text{H}}{1005309.649} \approx 0.994718\mu\text{H}$$

$$C_{(\text{NEW})} = \frac{C_{(\text{OLD})}}{M} = \frac{1.0\text{F}}{1005309.649} \approx 0.994718\mu\text{F}$$

到这一步为止,所得到的是特征阻抗仍为 1Ω 而截止频率已从 0.15915Hz 变换成了 160kHz 的定 K 型 LPF,其电路及其元件参数如图 2.14 所示。

【步骤 3】　求待设计滤波器特征阻抗与基准滤波器特征阻抗的比值 K。

$$K = \frac{\text{待设计滤波器的特征阻抗}}{\text{基准滤波器的特征阻抗}} = \frac{50\Omega}{1\Omega} = 50.0$$

【步骤 4】　针对步骤 2 所计算设计出的滤波器(见图 2.14),将所有的电感元件值乘以 K,将所有的电容元件值除以 K。这样,便得到了待设计的特征阻抗为 50.0Ω 且截止频率为 160kHz 的 2 阶定 K 型 LPF 的元件值。

$$L_{(\text{NEW})} = L_{(\text{OLD})} \times K = 0.994718\mu\text{H} \times 50 = 49.7359\mu\text{H}$$

$$C_{(\text{NEW})} = \frac{C_{(\text{OLD})}}{K} = \frac{0.994718\mu\text{F}}{50} \approx 0.019894\mu\text{F} = 19894\text{pF}$$

最终所设计出的滤波器电路及其元件参数如图 2.15 所示,其滤波特性的仿真结果示于图 2.16。这种情况下的截止频率

（－3dB 点）也只是接近设计值，而未能准确地与设计值相同。这也可说是用经典法所设计的滤波器的一个特点。

图 2.14 特征阻抗仍为 1Ω 而截止频率变成 160.0kHz 时的 2 阶定 K 型 LPF

图 2.15 最终所设计出的 160kHz 50.0Ω 的 2 阶定 K 型 LPF

按照设计值试制成的滤波器实物如照片 2.1 所示，其中的电感线圈采用了绕制在环形磁芯上的环形磁芯线圈，电容器采用了云母电容器。

照片 2.1 的滤波器的实际测试结果如照片 2.2 所示。这一测试结果是通过把扫频信号源加到滤波器输入端并把其输出储存到频谱分析仪管面上得到的。因为输入的是 0dBm 信号，所以频谱仪管面读数本身就是滤波器的特性曲线。从实验结果可以看出，它与仿真的结果是相符合的。

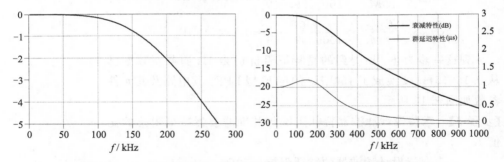

图 2.16 160kHz 50Ω 的 2 阶定 K 型 LPF 的衰减特性和群延迟特性

照片 2.1 制作成的 160kHz 50.0Ω 的 2 阶定 K 型 LPF

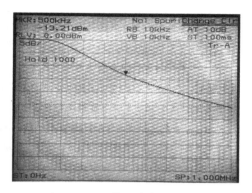

照片 2.2 160kHz 50.0Ω 的 2 阶定 K 型 LPF 的实测结果
（0～1MHz，纵轴 5dB/div）

2.3 定 K 型归一化 LPF 的设计数据

图 2.17 给出了定 K 型归一化 LPF 的设计数据。所有的定 K 型滤波器都可以从这种设计数据经过简单变换计算出来。后面将会讲到的高通滤波器、带通滤波器及带阻滤波器的设计也需要这种设计数据。

图 2.17 所给出的滤波器，阶数最高为 10 阶。细心的读者可能已经发现了其中的规律，这就是高阶的定 K 型滤波器全都可以分解成几个 2 阶基本型的串联。例如，3 阶的情况下可以像图 2.18 那样分解成两个 2 阶定 K 型滤波器的串联，4 阶的情况下可以看作是图 2.19 那样的三个 2 阶定 K 型滤波器的串联。可以想像，N 阶定 K 型归一化 LPF 的电路形式和元件参数必然如图 2.20 所示，并且奇数阶的情况下有 π 形和 T 形两种结构形式。

【例 2.4】 试设计截止频率为 1GHz 且特征阻抗为 50Ω 的 3 阶 T 形定 K 型 LPF。

根据图 2.17 所示的归一化 LPF 设计数据，3 阶 T 形归一化定 K 型 LPF 的电路如图 2.21 所示。

首先，按照与例 2.1 或例 2.3 相同的方法对截止频率进行变换。为此，先求出待设计滤波器截止频率与基准滤波器截止频率的比值 M。

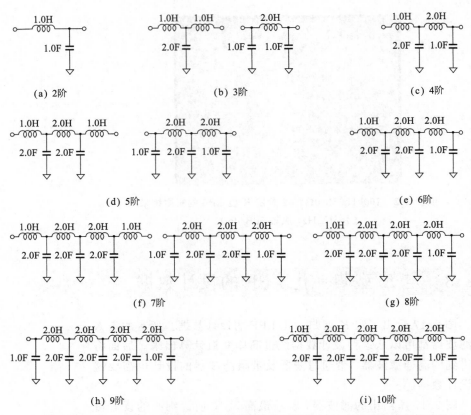

图 2.17 定 K 型归一化 LPF 的设计数据(截止频率 $1/(2\pi)$Hz,特征阻抗 1Ω)

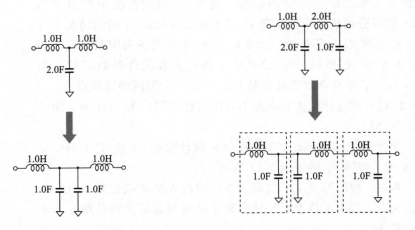

图 2.18 3 阶以上的高阶定 K 型归一化 LPF 可以看作是几个 2 阶定 K 型归一化滤波器的串联

图 2.19 4 阶的高阶定 K 型归一化 LPF 画成 2 阶归一化定 K 型 LPF 串联的情形

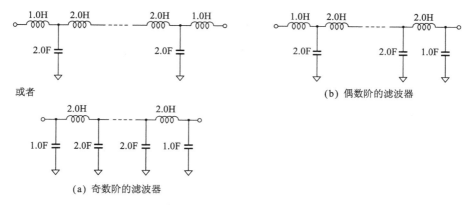

图 2.20 奇数阶和偶数阶滤波器的结构形式

(a) 奇数阶的滤波器

(b) 偶数阶的滤波器

图 2.21 3 阶 T 型定 K 型归一化 LPF(截止频率 $1/(2\pi)$Hz,特征阻抗 1Ω)

$$M = \frac{\text{待设计滤波器的截止频率}}{\text{基准滤波器的截止频率}} = \frac{1\text{GHz}}{\left(\dfrac{1}{2\pi}\right)\text{Hz}}$$

$$= \frac{1.0 \times 10^9\,\text{Hz}}{0.159154\cdots\text{Hz}} \approx 6.2831853 \times 10^9$$

用这个 M 值去除归一化 LPF 的所有元件值,即可得到特征阻抗仍等于基准滤波器特征阻抗值 1Ω 而截止频率由 $\dfrac{1}{(2\pi)}$Hz 变成了 1GHz 的滤波器电路(见图 2.22)。

其次,将特征阻抗从 1Ω 变成 50Ω。为此,需要求得待设计滤波器特征阻抗与基准滤波器特征阻抗的比值 K。

$$K = \frac{\text{待设计滤波器的特征阻抗}}{\text{基准滤波器的特征阻抗}} = \frac{50\Omega}{1\Omega} = 50.0$$

用这个 K 值去乘前面所得到的 1Ω 1GHz 滤波器的所有电感元件值,即得最终滤波器的电感元件值;用这个 K 值去除前面所得到的 1Ω 1GHz 滤波器的所有电容元件值,即得所要设计的最终滤波器的电容元件值。最终的滤波器电路如图 2.23 所示,其滤波特性如图 2.24 所示。

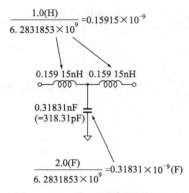

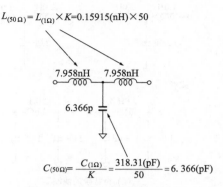

图 2.22 3 阶 T 形定 K 型 LPF
（截止频率 1GHz，特征阻抗 1Ω）

图 2.23 3 阶 T 形定 K 型 LPF
（截止频率 1GHz，特征阻抗 50Ω）

　　从图 2.24 可以看出，截止频率 1GHz 恰好在 -3dB 处，也就是说，得到了实际截止频率与设计值一致的罕见结果。实际上，这只是 3 阶情况下才有的结果，也就是说，只有在 3 阶的情况下，定 K 型滤波器才与用现代方法所设计出的巴特沃思型滤波器（参看后述章节）的参数是一致的，截止频率才能准确地与设计值相符合。

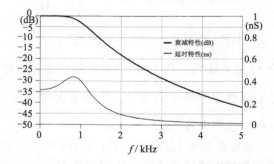

图 2.24 3 阶 T 形定 K 型 LPF 的衰减特性和延时特性

▶ **LPF 的制作步骤**

　　下面，我们来实际制作图 2.23 所示的 50Ω 1GHz LPF。一说到制作 1GHz LPF，或许有人认为肯定会很费事，其实并没有多大麻烦，只要选用自激频率高的片式电容器和后述的空芯电感线圈就可以实现。另外，还需要一块单面铜箔基板和一小条铜箔带子。有了这些东西，就可以依据照片 2.3 的步骤来简单制作了。

　　① 把铜带贴到单面铜箔基板的必要部位。

② 在连接地线的地方打孔。

③ 把铜线穿进孔里。

穿铜线时, 要从正面穿到背面, 然后在背面打个规整的弯, 以

(a) 制作步骤1:在单面铜箔基板上贴铜带

(b) 制作步骤2:在连接地线的地方打孔

(c) 制作步骤3:把铜线穿进孔里(正面)

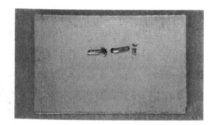

(d) 制作步骤3:把铜线打个弯(背面)

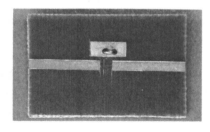

(e) 制作步骤4:把铜带切断

(f) 制作步骤5:在铜带断口处安装部件

(g) 制作步骤6:安装电缆座, 制作完毕

照片 2.3 LPF 的制作步骤

便于固定和焊接。焊接时要注意不要把地线铜箔烫卷了。

④ 在作为引线的铜带上开一个用于串联器件的断口。

⑤ 把实际器件安装上去。

⑥ 在引线两端安装上电缆插座。

电缆插座要选用镀金的。如果选用了不锈钢或镀镍件，焊接时会很困难。

制作成的 50Ω 1GHz LPF 的实测结果如照片 2.4 所示。照片上所显示的是 4GHz 以下的测试结果。在更高的频率上，直到 6GHz 之前，其阻带衰减量都基本上停留在大约−30dB 的地方。

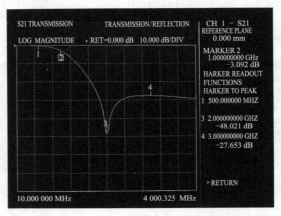

照片 2.4　制作成的 1GHz 50Ω LPF 的实测特性
（10MHz～4GHz，10dB/div.）

图 2.25　实际上是按这样的电路工作的

实测结果中，高频侧的衰减量并未达到预期的效果，此外，还在 2GHz 的地方出现了本不该有的陷波点（信号急剧减小的点）。这种现象是由于连接基板正反面的铜线电感和电容器的寄生电感而造成的。也就是说，所制作出的滤波器实际上是按照图 2.25 所示的电路工作的。

这个滤波器的实际电路，在结构上与其他章节中将要讲解的椭圆函数型滤波器及逆切比雪夫型滤波器是一样的，因此，它的阻带衰减量会停止在某个值上而不再向下方增大。为了改善高频衰减特性，要尽量减小寄生电感。而为了减小寄生电感，则要选用尽可能薄的基板，并增多连接基板背面的接点数，即多打些穿铜线的孔。滤波器在高频端得不到足够衰减量的问题，可以认为是由于各部件之间存在着信号耦合所造成的，因而常常能看到用铜皮把电路屏蔽起来的作法。不过，这种办法对于 50Ω 特征阻抗的滤波器来说，在数吉赫兹的较低频率上并不怎么有效。也就是说，铜皮屏蔽的办法主要对高阻抗滤波器有效，而不是对所有的高频滤波器都有效。

在讲述巴特沃思型 LPF 的章节中，将会介绍一个 1.3GHz 的低通滤波器实例，这个 1.3GHz 滤波器的阻带衰减量达到了约 -50dB 的衰减量。这一指标是通过采用不易受到部件电感和穿线孔电感影响的安装方法来实现的。

【例 2.5】 试设计截止频率为 500Hz 且特征阻抗为 8Ω 的 2 阶定 K 型 LPF。

从归一化 LPF 的设计数据可知，2 阶归一化定 K 型 LPF 的电路如图 2.17(a)所示。

首先按前面所讲过的方法对截止频率进行变换。待设计滤波器截止频率与基准滤波器截止频率的比值 M 为：

$$M = \frac{\text{待设计滤波器的截止频率}}{\text{基准滤波器的截止频率}} = \frac{500\,\text{Hz}}{\left(\dfrac{1}{2\pi}\right)\text{Hz}}$$

$$= \frac{500\,\text{Hz}}{0.159154\cdots\text{Hz}} \approx 3.1415926 \times 10^3$$

由此可得到截止频率已变为 500Hz 的滤波器，其电路如图 2.26 (a)所示。

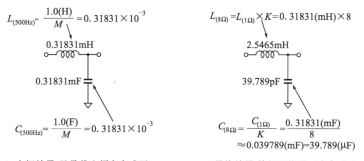

$$L_{(500\text{Hz})} = \frac{1.0(\text{H})}{M} = 0.31831 \times 10^{-3}$$

0.31831mH

0.31831mF

$$C_{(500\text{Hz})} = \frac{1.0(\text{F})}{M} = 0.31831 \times 10^{-3}$$

$$L_{(8\Omega)} = L_{(1\Omega)} \times K = 0.31831(\text{mH}) \times 8$$

2.5465mH

39.789pF

$$C_{(8\Omega)} = \frac{C_{(1\Omega)}}{K} = \frac{0.31831(\text{mF})}{8}$$
$$\approx 0.039789(\text{mF}) = 39.789(\mu\text{F})$$

(a) 中间结果(只是截止频率变成了500Hz)　(b) 最终结果(特征阻抗进而也变成了8Ω)

图 2.26 2 阶定 K 型 LPF 的设计($f_c = 500$Hz，$Z = 8\Omega$)

接着再把特征阻抗从 1Ω 变换成 8Ω。为此，要求出待设计滤波器特征阻抗与基准滤波器特征阻抗的比值 K，即

$$K = \frac{\text{待设计滤波器的特征阻抗}}{\text{基准滤波器的特征阻抗}} = \frac{8\Omega}{1\Omega} = 8.0$$

由此可得到最终的 500Hz 8Ω 滤波器,其电路如图 2.26(b)所示。利用仿真工具所求得的该滤波器特性如图 2.27 所示。

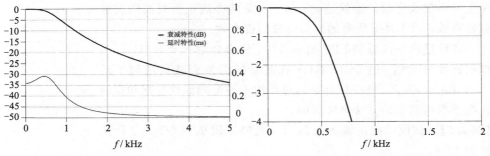

(a) 衰减特性和延时特性 　　　　　　　　(b) 截止频率附近的衰减特性放大图

图 2.27 2 阶定 K 型 LPF 的仿真结果(截止频率 500Hz,特征阻抗 8Ω)

【例 2.6】 试设计截止频率为 50MHz 且特征阻抗为 50Ω 的 5 阶 π 形定 K 型 LPF。

从归一化 LPF 的设计数据可知,5 阶 π 形归一化定 K 型 LPF 的电路如图 2.17(d)所示。

首先按前面所讲述过的方法对截止频率进行变换。待设计滤波器截止频率与基准滤波器截止频率的比值 M 由下式算出。

$$M = \frac{\text{待设计滤波器的截止频率}}{\text{基准滤波器的截止频率}} = \frac{50\text{MHz}}{\left(\dfrac{1}{2\pi}\right)\text{Hz}}$$

$$= \frac{50 \times 10^6 \text{Hz}}{0.159154 \cdots \text{Hz}} \approx 3.1415927 \times 10^6$$

用这个 M 值去除基准滤波器的所有电感和电容的值,得到特征阻抗仍为归一化特征阻抗 1Ω 而截止频率从归一化截止频率 $1/(2\pi)$Hz 变成了 50Hz 的滤波器的各元件参数。但这只是个中间结果,其电路如图 2.28(a)所示。

接着再把特征阻抗从 1Ω 变换成 50Ω。为此,要求出待设计滤波器特征阻抗与基准滤波器特征阻抗的比值 K。

$$K = \frac{\text{待设计滤波器的特征阻抗}}{\text{基准滤波器的特征阻抗}} = \frac{50\Omega}{1\Omega} = 50.0$$

为了实现对特征阻抗的变换,将中间结果滤波器的所有电感值各乘以 K,将中间结果滤波器的所有电容值各除以 K,即得特征阻为 50Ω 且截止频率为 50MHz 的 5 阶 π 形定 K 型 LPF。这是最终设计结果，其滤波器电路如图 2.28(b)所示，它的特性如图 2.29 所示。

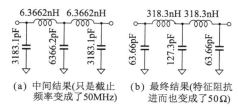

(a) 中间结果(只是截止   (b) 最终结果(特征阻抗
频率变成了 50MHz)   进而也变成了 50Ω)

图 2.28   5 阶 π 形定 *K* 型 LPF 的设计($f_c = 50\text{MHz}$, $Z = 50\Omega$)

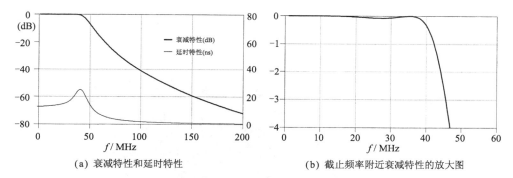

(a) 衰减特性和延时特性   (b) 截止频率附近衰减特性的放大图

图 2.29   5 阶 π 形定 *K* 型 LPF 的仿真结果(截止频率 50MHz，特征阻抗 50Ω)

照片 2.5 是用本书后面将要介绍的空芯电感线圈所制成的 50MHz 50Ω 定 *K* 型 π 形 5 阶 LPF 的外形。表 2.1 是该滤波器所使用的 318.3nH 空芯电感线圈的几个设计数据，表中的任何一组数据都能得到 318.3nH 这个电感值，实际制作滤波器时，可根据所使用导线的粗细和所用线圈骨架情况来选用。这个设计数据表是用本书后半部分所介绍的公式求得的。

照片 2.6 是用网络分析仪对所制作出的滤波器进行实际测试

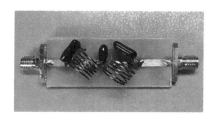

照片 2.5   制作成的 5 阶 π 形定 *K* 型 LPF
(截止频率 50MHz，特征阻抗 50Ω)特性

所得结果。正如本书后半部分将会介绍的那样，这个滤波器与前面的例子一样，其实测特性都因为电容器有寄生电感而产生了设计当中不曾存在的陷波点（信号锐减点），高频侧的衰减特性也与理论不符。

表 2.1　318.3nH 空芯线圈的设计数据

直径/mm	圈数/匝	线圈长度/mm
9.5	6	5.778
9.5	7	9.425
9.5	8	13.663
8.0	7	6.102
8.0	8	9.100
8.0	9	12.507

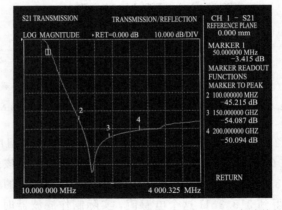

照片 2.6　制作成的 5 阶 π 形定 K 型 LPF 的衰减特性
（10～300MHz，10dB/div.）

2.4　m 推演型低通滤波器

定 K 型低通滤波器是以图 2.17 所示的电路形式和元件值作为基本结构而构成的滤波器。从前面对这种定 K 型 LPF 特性的介绍可以知道，如果要用它来滤除截止频率附近的信号，滤波器的阶数就得非常多。

在希望滤除截止频率附近信号的场合，最好采用称为 m 推演型 LPF 的滤波器。图 2.30 是一个 *m* 推演型 LPF 的仿真特性，它的截止频率是 100MHz，并且在 130MHz 的地方有一个陷波点。这个陷波点离截止频率很近，使得截止频率附近的衰减特性很陡峭，因而，滤波器只需要很少的阶数就能滤掉截止频率附近的信号。不过，从图 2.30 也可看出，这种滤波器在离截止频率较远的阻带区的衰减特性并不好。

因此，*m* 推演型 LPF 在一般情况下很少单独使用，而是经常与定 K 型 LPF 组合起来使用。

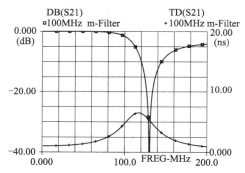

图 2.30　*m* 推演型 LPF 的特性示例（截止频率 100MHz，陷波频率 130MHz）

2.5　*m* 推演型 LPF 的归一化设计数据及滤波器设计方法

前面曾经说过，只要有了归一化的 LPF 设计数据，就能够很简单地设计出不同特征阻抗和不同截止频率的 LPF。而所谓归一化 LPF，就是截止频率为 $1/(2\pi)$ Hz 且特征阻抗为 1Ω 的 LPF。因此，要设计 *m* 推演型 LPF，也要首先给出归一化的 *m* 推演型 LPF。

m 推演型 LPF 由图 2.31 所示的基本单元电路组合而成。图 2.31 基本单元电路旁边的推演公式中，f_c 意味着 *m* 推演型 LPF 的截止频率；$f_{rejection}$ 称为零点频率或陷波频率，它用于选定所要阻挡的信号频率；Z_0 是该滤波器的特征阻抗。在 $m=0.6$ 的情况下，相应滤波器对特征阻抗 Z_0 的匹配性最好。因此，如果在滤波器的输入端和输出端各置一个 $m=0.6$ 的电路，则滤波器的阻抗匹配性将得到改善（参看后面的例子）。顺便说明一下，当 $m=1.0$ 时，*m* 推演型 LPF 的电路将变成与定 K 型 LPF 的电路相同。

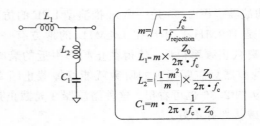

$$m=\sqrt{1-\frac{f_c^2}{f_{rejection}}}$$

$$L_1=m\times\frac{Z_0}{2\pi\cdot f_c}$$

$$L_2=\left(\frac{1-m^2}{m}\right)\times\frac{Z_0}{2\pi\cdot f_c}$$

$$C_1=m\cdot\frac{1}{2\pi\cdot f_c\cdot Z_0}$$

图 2.31 m 推演型低通滤波器的基本单元

由图 2.31 中的计算公式所算出的 m 推演型归一化 LPF 设计数据示于表 2.2。

$f_{rejection}/f_c$ 表示陷波点频率与截止频率之比。例如,当 $f_{rejection}/f_c=2.0$ 时,就表明陷波点位于截止频率 f_c 二倍的地方。前述图 2.30 所示的特性中,截止频率为 100MHz,陷波频率为 130MHz,它是以 $f_{rejection}/f_c=1.30$ 的归一化 LPF 数据为基准设计成的。

图 2.32 是截止频率为 100MHz 而参数 m 取不同值时的 m 推演型 LPF 的衰减特性和群延迟特性。

表 2.2 m 推演型归一化 LPF 的设计数据(截止频率 $1/(2\pi)$ Hz,特征阻抗 1Ω)

$f_{rejection}/f_c$	参数 m 的值	L_1(H)	L_2(H)	C_1(F)
1.01	0.14037	0.14037	6.98362	0.14037
1.02	0.19706	0.19706	4.87763	0.19706
1.03	0.23959	0.23959	3.93418	0.23959
1.04	0.27467	0.27467	3.36606	0.27467
1.05	0.30491	0.30491	2.97474	0.30491
1.06	0.33167	0.33167	2.68340	0.33167
1.07	0.35575	0.35575	2.45517	0.35575
1.08	0.37771	0.37771	2.26986	0.37771
1.09	0.39789	0.39789	2.11533	0.39789
1.10	0.41660	0.41660	1.98780	0.41660
1.20	0.55277	0.55277	1.25630	0.55277
1.25	0.60000	0.60000	1.06667	0.60000
1.30	0.63897	0.63897	0.92605	0.63897
1.40	0.69985	0.69985	0.72901	0.69985
1.50	0.74536	0.74536	0.59628	0.74536

续表 2.2

$f_{\text{rejection}}/f_c$	参数 m 的值	$L_1(\text{H})$	$L_2(\text{H})$	$C_1(\text{F})$
1.60	0.78062	0.78062	0.50040	0.78062
1.70	0.80869	0.80869	0.42788	0.80869
1.80	0.83148	0.83148	0.37120	0.83148
1.90	0.85029	0.85029	0.32578	0.85029
2.0	0.86603	0.86603	0.28868	0.86603
2.5	0.91652	0.91652	0.17457	0.91652
3.0	0.94281	0.94281	0.11785	0.94281
4.0	0.96825	0.96825	0.06455	0.96825
5.0	0.97980	0.97980	0.04082	0.97980
6.0	0.98601	0.98601	0.02817	0.98601
7.0	0.98974	0.98974	0.02062	0.98974
8.0	0.99216	0.99216	0.01575	0.99216
9.0	0.99381	0.99381	0.01242	0.99381
10.0	0.99499	0.99499	0.01005	0.99499

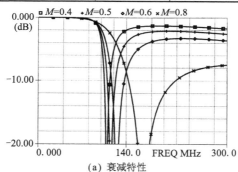

(a) 衰减特性

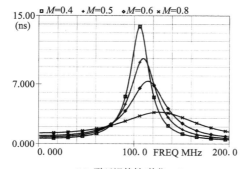

(b) 群延迟特性(单位:ns)

图 2.32 m 推演型低通滤波器的特性($m = 0.4 \sim 0.8$)

【例 2.7】 试设计截止频率为 100MHz、陷波频率为 130MHz、特征阻抗为 50Ω 的 m 推演型 LPF。

因为截止频率为 100MHz，陷波频率为 130MHz，所以

$$\frac{f_{\text{rejection}}}{f_c} = \frac{130 \times 10^6 \,\text{Hz}}{100 \times 10^6 \,\text{Hz}} = 1.30$$

根据 m 推演型归一化 LPF 的设计数据表可得基准归一化 LPF 的电路如图 2.33 所示。

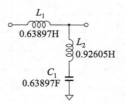

图 2.33 $f_{\text{rejection}}/f_c = 1.30$ 的 m 推演型归一化 LPF

采用与定 K 型滤波器设计相同的方法，将截止频率从 $1/(2\pi)\,\text{Hz}$ 变为 100MHz，进而再将特征阻抗从 1Ω 变为 50Ω。

首先为变更滤波器的截止频率而求比值 M。

$$M = \frac{待设计滤波器的截止频率}{基准滤波器的截止频率} = \frac{100\text{MHz}}{\left(\dfrac{1}{2\pi}\right)\text{Hz}}$$

$$= \frac{100 \times 10^6 \,\text{Hz}}{0.159154\cdots\text{Hz}} \approx 0.62831853 \times 10^9$$

然后利用这个 M 值计算截止频率变更后的滤波器元件参数，得到图 2.34(a)所示的电路(详细情况请参照定 K 型滤波器的设计例子)。

$$L_{1(\text{NEW})} = \frac{L_{1(\text{OLD})}}{M} = \frac{0.63897}{0.62831853 \times 10^9} \approx 1.0170 \times 10^{-9}\,(\text{H})$$

$$= 1.0170\text{nH}$$

$$L_{2(\text{NEW})} = \frac{L_{2(\text{OLD})}}{M} = \frac{0.92605}{0.62831853 \times 10^9} \approx 1.4739 \times 10^{-9}\,(\text{H})$$

$$= 1.4739\text{nH}$$

$$C_{(\text{NEW})} = \frac{C_{(\text{OLD})}}{M} = \frac{0.63897}{0.62831853 \times 10^9} \approx 1.0170 \times 10^{-9}\,(\text{F})$$

$$= 1.0170(\text{nF}) = 1017.0\text{pF}$$

进而再变更特征阻抗。为了变更特征阻抗，首先要求出比值 K，然后对图 2.34(a)所示电路的所有电感线圈值乘以 K，对所有的电容器值除以 K(详细情况请参照定 K 型滤波器中的例 2.1～例

2.3）。

$$K = \frac{待设计滤波器的特征阻抗}{基准滤波器的特征阻抗} = \frac{50\Omega}{1\Omega} = 50.0$$

$$L_{1(\mathrm{NEW})} = L_{1(\mathrm{OLD})} \times K = 1.0170(\mathrm{nH}) \times 50 \approx 50.9\mathrm{nH}$$

$$L_{2(\mathrm{NEW})} = L_{2(\mathrm{OLD})} \times K = 1.4739(\mathrm{nH}) \times 50 \approx 73.7\mathrm{nH}$$

$$C_{3(\mathrm{NEW})} = \frac{C_{1(\mathrm{OLD})}}{K} = \frac{1017.0}{50} \approx 20.3\mathrm{pF}$$

　　计算到此，所要设计的滤波器就完成了，最终电路如图 2.34
（b）所示，它的仿真特性就是前面曾介绍过的图 2.30。

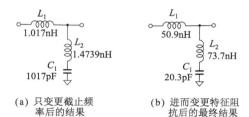

(a) 只变更截止频　　　(b) 进而变更特征阻
率后的结果　　　　　抗后的最终结果

图 2.34　m 推演型 LPF（截止频率 100MHz，
陷波频率 130MHz，特征阻抗 50Ω）

　　照片 2.7 是用空芯线圈和市售的片式电容器所试制成的 m 推
演型 LPF 的外形。这个滤波器的截止频率是 100MHz，其滤波特
性的实测结果如照片 2.8 所示，实测所用的仪器是矢量式网络分
析仪。

　　所使用的空芯线圈是按后面章节中所介绍的空芯线圈电感量
公式来设计的。线圈的设计数据如表 2.3 所示。

照片 2.7　用空芯线圈和片式电容器所试制成的 100MHz
截止频率、130MHz 陷波频率 m 推演型 LPF

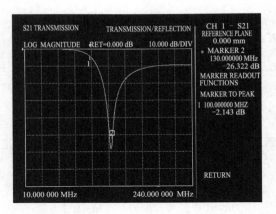

照片 2.8 试制成的截止频率为 100MHz，陷波频率为 130MHz
的 m 推演型 LPF 的衰减特性（10～240MHz，5dB/div.）

表 2.3 线圈的设计数据

电感值	线圈直径	圈 数	线圈全长
50.9nH	5.0mm	4 匝	5.50mm
73.7nH	5.0mm	5 匝	6.12mm

【例 2.8】 试用 m 推演型 LPF 的计算公式设计与例 2.7 相同的 LPF。

将待设计 LPF 的条件代入图 2.31 所示的 m 推演型 LPF 计算公式中，即可简单地求得 m、L_1、L_2 及 C_1 的值。

$$m = \sqrt{1 - \frac{f_c^2}{f_{\text{rejection}}^2}} = \sqrt{1 - \left(\frac{10 \times 10^6}{130 \times 10^6}\right)^2} = \sqrt{1 - \left(\frac{1.0}{1.3}\right)^2}$$

$$= \sqrt{1 - (0.76923)^2} = \sqrt{0.40828} \approx 0.63897$$

$$L_1 = m \times \frac{Z_0}{2\pi \cdot f_c} = 0.63897 \times \frac{50}{2 \times \pi \times 100 \times 10^6}$$

$$= \frac{50 \times 0.63897}{2 \times 3.141592 \times 100 \times 10^6}$$

$$= \frac{50 \times 0.63897}{2 \times 3.141592 \cdots \times 100} \times 10^{-6} \approx 50.847 (\text{nH})$$

$$L_2 = \left(\frac{1 - m^2}{m}\right) \times \frac{Z_0}{2\pi \cdot f_c}$$

$$= \left(\frac{1 - 0.40828}{0.63897}\right) \times \frac{50}{2\pi \times 100 \times 10^6}$$

$$= 0.92606 \times \frac{50}{2 \times 3.141592 \cdots \times 100} \times 10^{-6}$$

$$\approx 73.693(\mathrm{nH})$$

$$C_1 = m \cdot \frac{1}{2\pi \cdot f_c \cdot Z_0} = 0.63897 \times \frac{1}{2 \times \pi \times 100 \times 10^6 \times 50}$$

$$= \frac{0.63897}{2 \times 3.141592 \times \cdots \times 100 \times 50 \times 10^{-6}}$$

$$\approx 0.00002034 \times 10^{-6} = 20.34(\mathrm{pF})$$

根据以上计算结果,可知最终电路与例 2.7 电路相同。

【例 2.9】　试设计截止频率为 1.0kHz、陷波频率为 2.0kHz、特征阻抗为 600Ω 的 *m* 推演型 LPF。

由截止频率 1.0kHz 和陷波频率 2.0kHz 可求得 $f_{\text{rejection}}/f_c = 2.00$。同样,利用表 2.2 可求得作为基准的归一化 *m* 推演型 LPF 的电路为图 2.35。

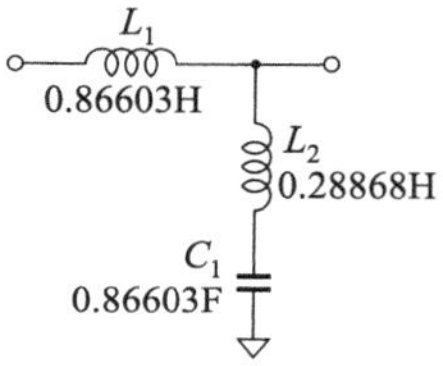

与前面的例子一样,把滤波器的截止频率从归一化滤波器的截止频率 $1/(2\pi)$ Hz 变更到待设计滤波器的截止频率 1kHz,变更滤器截止频率所用的频率比值 *M* 可由下式求出。

图 2.35　$f_{\text{rejection}}/f_c = 2.00$ 的 *m* 推演型归一化 LPF

$$M = \frac{\text{待设计滤波器的截止频率}}{\text{基准滤波器的截止频率}} = \frac{1.0 \mathrm{kHz}}{\left(\dfrac{1}{2\pi}\right) \mathrm{Hz}}$$

$$= \frac{1.0 \times 10^3 \mathrm{Hz}}{0.159154 \cdots \mathrm{Hz}} \approx 6283.1853$$

用这个 *M* 值计算截止频率变更后的滤波器的元件参数,即得图 2.36(a)所示的电路。

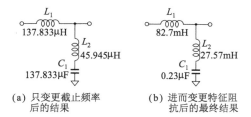

(a) 只变更截止频率后的结果　　(b) 进而变更特征阻抗后的最终结果

图 2.36　截止频率为 1kHz,陷波频率为 2kHz,特征阻抗为 600Ω 的 *m* 推演型 LPF 的设计

进而再变更特征阻抗。为了变更特征阻抗,要先求得变更前后的特征阻抗比值 *K*,然后用这个 *K* 从图 2.36(a)的电路计算出

最终电路的元件参数，所得电路为图 2.36(b)，它的仿真特性如图 2.37 所示。

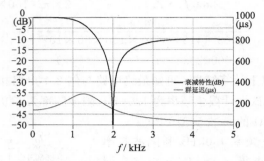

图 2.37 截止频率为 1kHz 且特征阻抗为 600Ω 的 m 推演型 LPF 的仿真结果

▶ 滤波器的特征阻抗和匹配性

前面曾说过，当 $m=0.6$ 时，m 推演型滤波器与滤波器设计阻抗(即特征阻抗)的匹配性最好。在对 m 推演型滤波器的匹配性好坏进行评述之前，我们先来简单地解释一下什么是匹配性的问题。所谓匹配性，指的是滤波器在多大程度上与设计阻抗相近。下面先以定 K 型滤波器来加以说明。

截止频率为 1kHz、特征阻抗为 100Ω 的 2 阶定 K 型 LPF 是个如图 2.38 所示的电路。如果我们把这个电路看成是一个黑匣子，像图 2.39 那样在黑匣子滤波器的一端接上一个数值等于所设计阻抗值的电阻，而在黑匣子的另一端测量其端口阻抗，那么，当所测得的阻抗值越接近设计阻抗值时，就表明这个黑匣子滤波器与设计阻抗 Z 的匹配性越好。

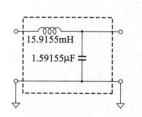

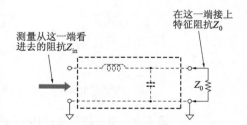

图 2.38 将 1kHz 100Ω 2 阶定
K 型 LPF 看成是个黑匣子

图 2.39 特征阻抗的实际测定

在图 2.38 所示滤波器的情况下，滤波器的设计阻抗是 100Ω，所以要在它的一端接上 100Ω 的电阻，并在另一端测量其端口阻抗 Z_{in}。这个叫作 Z_{in} 的阻抗中包含有相位信息，要用复数来表示，即采用大小加角度或者采用实部加虚部的形式来表示。

图 2.40 的两条曲线就是根据图 2.38 电路的仿真结果所求得的实部曲线和虚部曲线。从仿真结果可以看出只有在频率等于零（即直流）这一个点附近，这个滤波器才是与设计阻抗值 100Ω 完全匹配的。

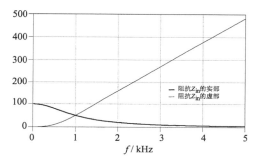

图 2.40 阻抗 Z_{in} 的实部和虚部

假如您对复阻抗的概念不熟悉，那就不能从图 2.40 的实部曲线和虚部曲线一眼看出匹配的程度。另外，还有一点要注意，这就是仅有图 2.41 那种表示阻抗大小的曲线是不可能正确表示匹配情形的。从图 2.41 来看，曲线上虽然有两个点的值等于 100Ω，但这并不能表明该滤波器的匹配性很好。实际上，达到匹配的只是直流附近那一小段。

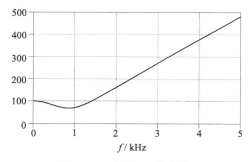

图 2.41 阻抗 Z_{in} 的大小

复阻抗 Z_{in} 的大小是用其绝对值 $|Z_{\text{in}}|$ 来表示的，设 $Z_{\text{in}}=a+jb$，则 $|Z_{\text{in}}|=\sqrt{a^2+b^2}$

如果像图 2.42 那样，用高频电路中常用的称之为反射损耗的参数来表示匹配性，那就很容易一眼看出匹配的程度了。

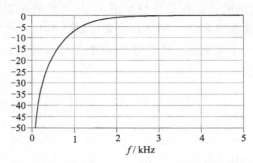

图 2.42 将阻抗 Z_{in} 换算为反射损耗的表示法

完全匹配的情况下，这个称为反射损耗参数的值将成为负无限大。也就是说，它的值越小，就表明匹配性越好。图 2.42 所示的例子中，直流附近的匹配性最好，随着频率的升高，匹配性就变差了。

今后，我们将采用反射损耗这个参数来表示匹配性。反射损耗可用下面的公式来计算，但通常，计算的必要性是很少的。

$$\text{反射损耗}=20\lg\left(\left|\frac{Z_{\text{in}}-Z_0}{Z_{\text{in}}+Z_0}\right|\right)$$

式中，Z_{in} 为所测得的复阻抗；Z_0 为特征阻抗（滤波器的设计阻抗）。

▶ m 推演型 LPF 的匹配性

下面，我们来看 m 推演型 LPF 的匹配性。图 2.43 是截止频率为 1MHz，陷波频率分别为 1.09MHz、1.25MHz、2.00MHz、5.00MHz 的四种 m 推演型 LPF 的衰减特性和反射损耗特性的仿真曲线。前面已经说过，反射损耗特性是表示滤波器匹配性的参数。

四种 m 推演型 LPF 的 m 值分别为 $m=0.39789$，0.60000，0.86603，0.97980（参看讲述 m 推演型滤波器设计的章节）。

从图 2.43（b）可以看出，就低通滤波器的通带总体（DC～1MHz）而言，四种滤波器中，$m=0.6$ 的滤波器的反射损耗是最小的。这就表明，$m=0.6$ 的 m 推演型 LPF 与设计阻抗匹配得最好。

图 2.44 是定 *K* 型 LPF 与 *m* 推演型 LPF 之间关于反射损耗特性的比较。从图中可以看出，在通带范围内，*m*＝0.6 的 *m* 推演型 LPF 的反射损耗要比定 *K* 型 LPF 的反射损耗小得多。这就表明，*m*＝0.6 的 *m* 推演型 LPF 的阻抗匹配性要比定 *K* 型 LPF 好得多。因而 *m*＝0.6 的 *m* 推演型滤波器也常用于改善定 *K* 型滤波器的匹配性。

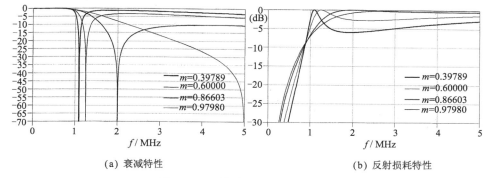

(a) 衰减特性　　　　　　　　　　(b) 反射损耗特性

图 2.43　*m* 推演型 LPF 的特性

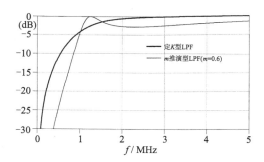

图 2.44　*m* 推演型 LPF 与定 *K* 型 LPF 的匹配性(反射损耗)的比较

2.6　*m* 推演型滤波器与定 *K* 型滤波器的组合设计

　　m 推演型滤波器对截止频率附近的信号有很强的衰减作用，但对离截止频率较远的信号的衰减作用却不大。与之相反，定 *K* 型滤波器对截止频率附近的信号衰减作用不大，对离截止频率较远的信号却有较强衰减作用。

　　如果能把这两种滤波器的特长结合起来，那就会对滤波器设计带来方便。事实上,这一想法早就在经典设计法中得到了应用,具体作法就是把这两种滤波器串联起来,使之构成一个兼有二者特长的滤波器。不过,这种把两种滤波器串联起来的设计方法,并不能用于由现代设计法所设计的滤波器。

【**例 2.10**】 试将截止频率为 1MHz 的 2 阶定 K 型滤波器与截止频率为 1MHz 且陷波频率为 1.5MHz 的 m 推演型滤波器组合起来,设计出截止频率为 1MHz 且特征阻抗为 50Ω 的 LPF。

首先设计出截止频率为 1MHz 且特征阻抗为 50Ω 的 2 阶定 K 型 LPF,其电路如图 2.45 所示(设计方法请参看例 2.3),图 2.46 是该电路的仿真结果。

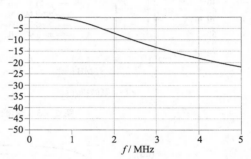

图 2.45 2 阶定 K 型 LPF
(截止频率 1MHz,特征阻抗 50Ω)

图 2.46 2 阶定 K 型 LPF 的仿真结果

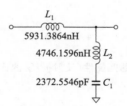

图 2.47 m 推演型 LPF
电路(截止频率 1MHz,
陷波频率 1.5MHz,
特征阻抗 50Ω)

其次,依照前面的例子,设计截止频率为 1MHz 且陷波频率为 1.5MHz 的 m 推演型 LPF,得到图 2.47 的电路,其仿真结果如图 2.48 所示。

最后,把这两个电路串联起来,得到图 2.49 所示的最终电路,其特性的仿真结果如图 2.50 所示。

从仿真结果可知,定 K 型和 m 推演型双方的特点都在所设计出的最终滤波器中有所体现。

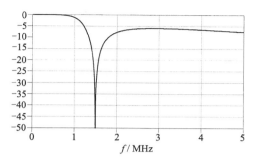

图 2.48 m 推演型 LPF 的仿真结果

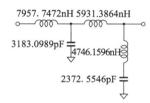

图 2.49 定 K 型和 m 推演型相组合的 LPF 电路
（截止频率 1MHz，特征阻抗 50Ω）

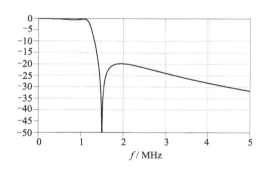

图 2.50 定 K 型和 m 推演型相组合的 LPF 的仿真结果

2.7 利用 m 推演型改善匹配性的滤波器设计技术

前面说过，$m=0.6$ 的 m 推演型滤波器具有与滤波器设计阻抗匹配性最好的特点。设计中适当地配以这种滤波器电路，便能够得到匹配性良好的滤波器。

例如，在设计定 K 型滤波器的时候，由于它的匹配性不好，因而可以像图 2.51 那样，在它的输入端和输出端再各配置一个 $m=0.6$

的 m 推演型滤波器,从而使整体滤波器的匹配性大为改善。

图 2.51　利用 $m=0.6$ 的 m 推演型滤波器改善定 K 型滤波器的匹配性

【**例 2.11**】　试将截止频率为 1MHz 的 2 阶定 K 型 LPF 与截止频率为 1MHz 且 $m=0.6$ 的 m 推演型 LPF 组合起来,设计成匹配性良好的 50Ω 滤波器。

截止频率为 1MHz、特征阻抗为 50Ω 的 2 阶定 K 型 LPF 可以通过对归一化 LPF 的计算来得到,其电路如图 2.52(a)所示(计算方法请参看例 2.3)。$m=0.6$ 的 m 推演型 LPF 可以参照例 2.7 的设计方法来设计,所得电路如图 2.52(b)所示。

把这两个滤波器组合在一起,便得到图 2.53 的最终设计电路,该电路的仿真结果如图 2.54 所示。

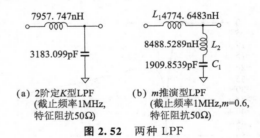

(a) 2阶定K型LPF
(截止频率1MHz,
特征阻抗50Ω)

(b) m推演型LPF
(截止频率1MHz,$m=0.6$,
特征阻抗50Ω)

图 2.52　两种 LPF

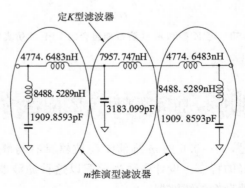

图 2.53　利用 $m=0.6$ 的 m 推演型 LPF 对匹配性进行改善后的 LPF(截止频率 1MHz,特征阻抗 50Ω)

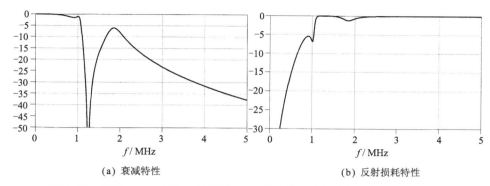

(a) 衰减特性　　　　　　　　　　　　(b) 反射损耗特性

图 2.54 利用 $m=0.6$ 的 m 推演型 LPF 对匹配性进行改善后的 LPF 特性

【**例 2.12**】 试利用定 K 型 LPF 和 m 推演型 LPF 构成截止频率
为 100MHz、陷波频率为 200MHz、特征阻抗为 50Ω 的 LPF。

实现这些条件要求时可采取不同的组合方案,作者所采用的
方案如图 2.55 所示,它要用到图 2.56 所示的三种滤波器电路。

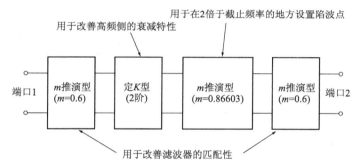

图 2.55 一种符合题目要求条件的滤波器结构方案

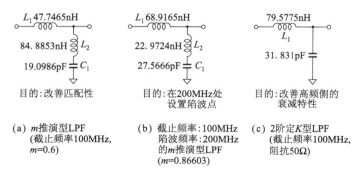

图 2.56 三种滤波器

　　将这三种电路组合在一起，便得到图 2.57(a)的电路。再把电路中相串联的电感线圈合并成一个线圈，便得到图 2.57(b)的最终设计电路。

　　图 2.58 示出了所设计出的 LPF 的仿真结果，其中的 125MHz 陷波点是因为要提高匹配性而使用了 $m=0.6$ 的 m 推演型 LPF 所带来的，详细情况不再赘述。

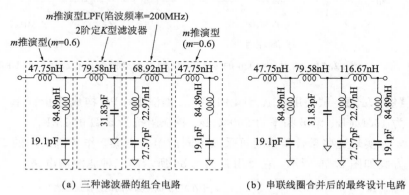

(a) 三种滤波器的组合电路　　　　　　　(b) 串联线圈合并后的最终设计电路

图 2.57　所设计出的 LPF(截止频率 100MHz，
陷波频率 200MHz，特征阻抗 50Ω)

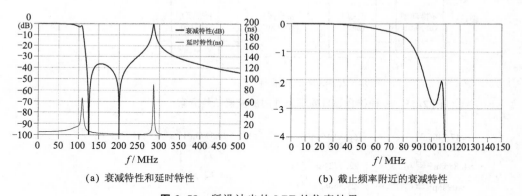

(a) 衰减特性和延时特性　　　　　　　　(b) 截止频率附近的衰减特性

图 2.58　所设计出的 LPF 的仿真结果

　　图 2.59 所示的组合方案也能满足题目要求，这种情况下所得到的滤波器电路如图 2.60(a)所示。对串联线圈进行合并后，即得到图 2.60(b)所示的电路，该电路的仿真结果示于图 2.61。

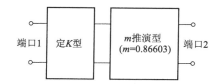

图 2.59 符合题目要求的另一种组合方案

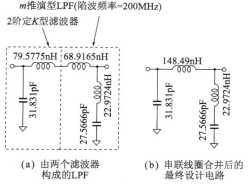

图 2.60 按图 5.59 方案所设计出的 LPF

（截止频率 100MHz，陷波频率 200MHz 特征阻抗 5Ω）

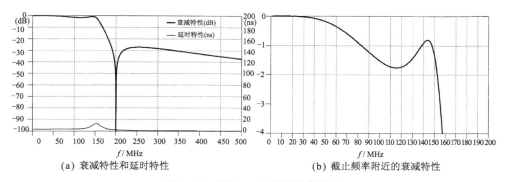

图 2.61 图 2.60 电路的仿真结果

【**例 2.13**】 试设计用于从占空比为 50% 的 400Hz 方波中取出 400Hz 正弦波的特征阻抗为 50Ω 的 LPF。

这是一种把对称方波变成正弦波的低通滤波器，也就是说，它只让信号的基波通过，而不让谐波通过。为此，可以像图 2.62 所示那样，用三个分别在截止频率的 3 倍、5 倍、7 倍各频率点上具有陷波点的 *m* 推演型 LPF 来实现。

所需的三个 *m* 推演型 LPF 如图 2.63 所示，图 2.64 中示出了三个滤波器的仿真特性。

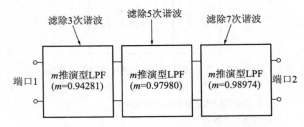

图 2.62 符合题目要求的滤波器组合方案

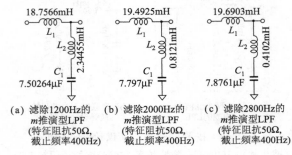

(a) 滤除1200Hz的 m推演型LPF (特征阻抗50Ω, 截止频率400Hz)

(b) 滤除2000Hz的 m推演型LPF (特征阻抗50Ω, 截止频率400Hz)

(c) 滤除2800Hz的 m推演型LPF (特征阻抗50Ω, 截止频率400Hz)

图 2.63 三个 LPF

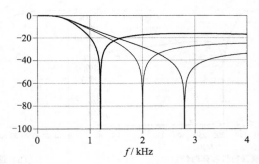

图 2.64 滤除 3 次、5 次、7 次谐波的三个 m 推演型 LPF 的特性

将这三个 LPF 串联在一起,就得到了所要设计的滤波器,其电路如图 2.65 所示。这里需要说明的是,用经典法所设计的滤波器可以像上面那样串联,而用本书后述的现代设计法所设计的滤波器是不能串联的。

所设计出的滤波器的仿真特性如图 2.66 所示。从仿真结果可以看出,该滤波器正如设计的那样,在 400Hz 的 3 倍、5 倍、7 倍频率点上具有陷波点。

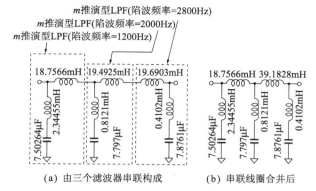

(a) 由三个滤波器串联构成　　　(b) 串联线圈合并后

图 2.65　滤除奇次谐波的 LPF（截止频率 $400\,\mathrm{Hz}$，陷波
频率 $1200\,\mathrm{Hz}$、$2000\,\mathrm{Hz}$、$2800\,\mathrm{Hz}$，特征阻抗 $50\,\Omega$）

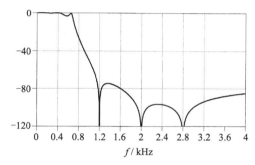

图 2.66　所设计出的滤除奇次谐波的 LPF 的特性

　　图 2.67 是个时域测试电路，它用于对所设计滤波器的效果
进行仿真验证，图 2.68 是其仿真测试结果。其结果表明，滤波器
的输出端的确只有 $400\,\mathrm{Hz}$ 的正弦波。

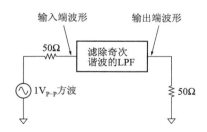

图 2.67　时域测试电路

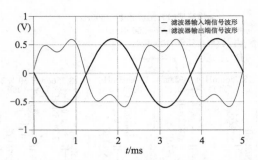

图 2.68 输入信号为方波时滤波器输入输出端波形

本书中在给出滤波器仿真特性时采用了以下的软件。

• Microwave Office(Applied Wave Research 公司)

该软件能进行高频信号的线性、非线性及 2.5 维 EM 仿真。

• Advanced Design System(Agilent 公司，EESof 公司)

该软件既能进行高频信号的线性、非线性及 2.5 维 EM 仿真，又能进行系统仿真、DSP 仿真及 DSP 代码生成。由于该软件吸取了 EESof 公司所开发的 Touchstone 和 HP 公司所开发的 MDS 两种软件的特点，因而确立了它作为接近业界标准的地位。

• Touchstone(Agilent 公司，EESof 公司)

它是能进行高频信号线性仿真的软件，是最早的标准式微波仿真器，既有能在工作站上运行的版本，又有 DOS 和 Windows 等版本。后来又实现了从 Academy 到 Libra 的变迁，进而又实现了到 Series IV 的变迁，与 MDS 合并，形成了上述 Advanced Design System。

下面给出这两个公司的相关主页，可供参考。

AWR   http：//www. mwoffice. com/products/mwoffice. html

EEsof   http：//contact. tm. agilent. com/tmo/hpeesof/index. html

第3章
巴特沃思型低通滤波器的设计
——以其通带衰减特性平坦而闻名，且易于设计

巴特沃思型滤波器(Butter-worth filter)有时也称为瓦格纳滤波器(Wagner filter)。在可用现代设计方法设计的滤波器中，巴特沃思滤波器是最为有名的滤波器。由于它设计简单，性能方面又没有明显的缺点，因而得到了广泛应用。又由于它构成滤波器的元件 Q 值要求较低，因而易于制作和达到设计性能。

当您对采用哪种滤波器拿不定主意的时候，作者建议您采用巴特沃思型滤波器。

3.1 巴特沃思型低通滤波器特性概述

图 3.1～图 3.3 给出了以变量 f 作为截止频率的巴特沃思型 LPF 特性曲线簇。由于这种特性曲线簇的坐标刻度是频率 f 的函数，因而利用它能够很简便地求得具有某个所希望截止频率的巴特沃思型 LPF 的衰减特性和延时特性。

3.2 依据归一化 LPF 来设计巴特沃思型低通滤波器

前面曾多次讲过，本书中所给出的归一化低通滤波器设计数据，指的是特征阻抗为 1Ω 且截止频率为 $1/(2\pi)(\approx 0.159\mathrm{Hz})$ 的低通滤波器的数据。用这种归一化低通滤波器的设计数据作为基准滤波器，按照图 3.4 所示的设计步骤，能够很简单地计算出具有任何截止频率和任何特征阻抗的滤波器。

在设计巴特沃思型 LPF 的情况下，就是以巴特沃思型的归一化 LPF 设计数据为基准滤波器，将它的截止频率和特征阻抗变换为待设计滤波器的相应值。

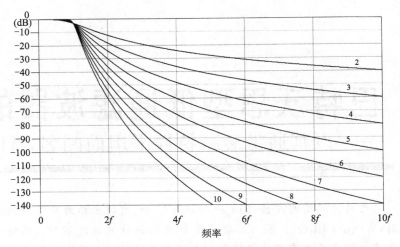

图 3.1 2 阶～10 阶巴特沃思型 LPF 的衰减特性

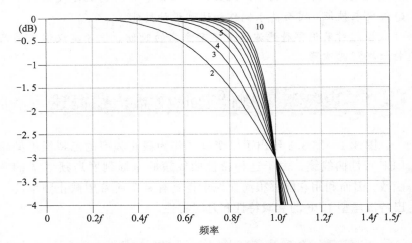

图 3.2 2 阶～10 阶巴特沃思型 LPF 截止频率附近的衰减特性

滤波器截止频率的变换是通过先求出待设计滤波器截止频率与基准滤波器截止频率的比值 M，再用这个 M 去除滤波器中的所有元件值来实现的，其计算公式如下：

$$M = \frac{待设计滤波器的截止频率}{基准滤波器的截止频率}$$

$$L_{(NEW)} = \frac{L_{(OLD)}}{M}$$

$$L_{(NEW)} = \frac{C_{(OLD)}}{M}$$

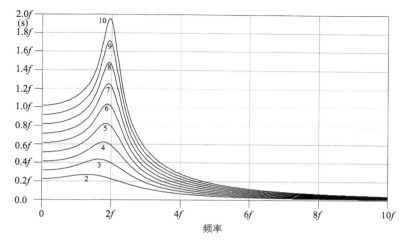

图 3.3 2 阶~10 阶巴特沃思型 LPF 的延时特性

　　滤波器特征阻抗的变换是通过先求出待设计滤波器特征阻抗与基准滤波器特征阻抗的比值 K，再用这个 K 去乘基准滤波器中的所有电感元件值和用这个 K 去除基准滤波器中的所有电容元件值来实现的。其公式如下：

$$K = \frac{\text{待设计滤波器的特征阻抗}}{\text{基准滤波器的特征阻抗}}$$

$$L_{\text{(NEW)}} = L_{\text{(OLD)}} \times K$$

$$C_{\text{(NEW)}} = \frac{C_{\text{(OLD)}}}{K}$$

　　下面，我们先在图 3.5 中给出 2 阶归一化巴特沃思型 LPF 的设计数据，然后以此为依据来设计几个滤波器。

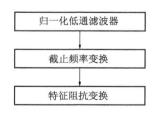

图 3.4 用归一化 LPF 设计　　**图 3.5** 2 阶归一化巴特沃思型 LPF(截止
数据来设计滤波器的步骤　　　　频率 $1/(2\pi)$ Hz，特征阻抗 1Ω)

【例 3.1】　试依据归一化巴特沃思型 LPF 的设计数据，设计特征阻抗为 1Ω 且截止频率为 100Hz 的 2 阶巴特沃思型 LPF。

像前一章所详细讲述过的定 K 型 LPF 设计一样，设计巴特沃思型滤波器时，也是要先把归一化巴特沃思型 LPF 的截止频率变换成待设计滤波器的截止频率，然后还要进行特征阻抗变换。本例题中，由于待设计滤波器的特征阻抗为 1Ω，它与归一化 LPF 的特征阻抗相等，所以特征阻抗的变换就不必进行了，只须把截止频率从归一化 LPF 的截止频率 $1/(2\pi)\mathrm{Hz}(\approx 0.159\mathrm{Hz})$ 变换成 100Hz 就可完成设计。

这里顺便说一句题外的话，$0.159\cdots\mathrm{Hz}$ 这个频率是个无理数，初看起来似乎会让人觉得不是个完整频率，但它在设计高通滤波器等场合却是非常有用的。

【步骤 1】　为进行频率变换而首先求出待设计滤波器截止频率与基准滤波器截止频率的比值 M。

$$M = \frac{待设计滤波器的截止频率}{基准滤波器的截止频率} = \frac{100\mathrm{Hz}}{\left(\dfrac{1}{2\pi}\right)\mathrm{Hz}}$$

$$= \frac{100\mathrm{Hz}}{0.159154\cdots\mathrm{Hz}} \approx 628.31853$$

【步骤 2】　像图 3.6 那样把所有的元件值除以 M 来实现频率变换。本例题的情况下，其计算如下：

$$L_{(\mathrm{NEW})} = \frac{L_{(\mathrm{OLD})}}{M} = \frac{1.41421}{628.31853} \approx 0.00225079(\mathrm{H})$$

$$= 2.25079(\mathrm{mH})$$

$$C_{(\mathrm{NEW})} = \frac{C_{(\mathrm{OLD})}}{M} = \frac{1.41421}{628.31853} \approx 0.00225079(\mathrm{F})$$

$$= 2.25079(\mathrm{mF}) = 2250.79\mu\mathrm{F}$$

所设计出的是一个特征阻抗为 1Ω、截止频率为 100Hz 的 2 阶巴特沃思型 LPF，其电路如图 3.7 所示，电路特性仿真结果示于图 3.8。

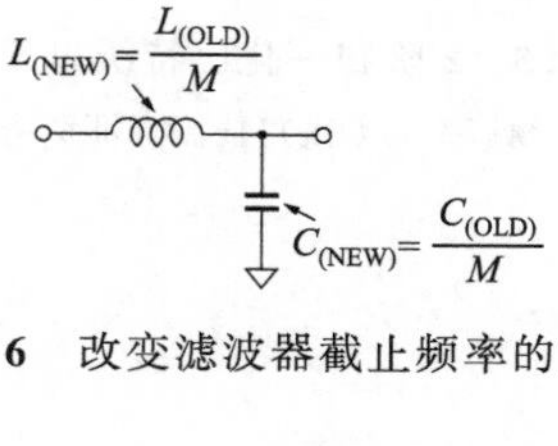

图 3.6　改变滤波器截止频率的方法

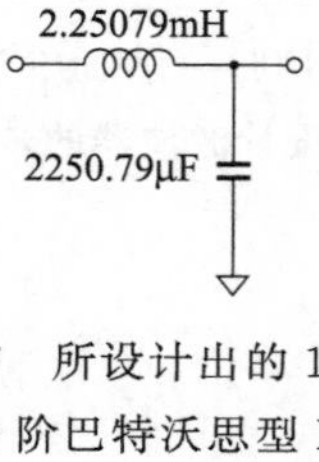

图 3.7　所设计出的 100Hz 1Ω 2 阶巴特沃思型 LPF

图 3.9 是截止频率附近的衰减特性放大图，它与由经典法所设计的定 K 型 LPF 及 m 推演型 LPF 有所不同，这就是，这里的截止频率设计值 100Hz 正好位于 -3dB 衰减点上，并没有出现定 K 型中那种截止频率设计值从 -3dB 跑到了 -1dB 上去的现象。事实上，用现代设计方法所设计出的所有滤波器都是这样的，即截止频率上的衰减值都能准确地与设计值相符。

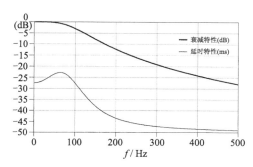

图 3.8 100Hz 1Ω 2 阶巴特沃思型 LPF 的衰减特性和延时特性

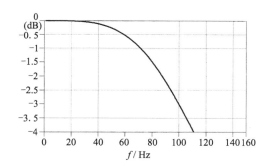

图 3.9 100Hz 1Ω 2 阶巴特沃思型 LPF 截止频率附近的衰减特性

【例 3.2】 试依据归一化巴特沃思型 LPF 的设计数据，设计特征阻抗为 1Ω 且截止频率为 1kHz 的 2 阶巴特沃思型 LPF，并将其与定 K 型 LPF 加以比较。

作为设计依据的 2 阶巴特沃思型归一化 LPF 电路，已在前面的图 3.5 中给出。

【步骤 1】 为进行频率变换而首先求出待设计滤波器截止频率与基准滤波器截止频率的比值 M。

$$M = \frac{\text{待设计滤波器的截止频率}}{\text{基准滤波器的截止频率}} = \frac{1\text{kHz}}{\left(\dfrac{1}{2\pi}\right)\text{Hz}} = \frac{1.0 \times 10^3\,\text{Hz}}{0.159154\cdots\text{Hz}}$$

$$\approx 6283.1853$$

【步骤 2】　用所求得的比值 M 进行频率变换。关于频率变换，前一章已经详细讲述过了，即经过下式的计算，并保持归一化特征阻抗值 1Ω 不变，就能够把截止频率变换成 1kHz。

$$L_{(\text{NEW})} = \frac{L_{(\text{OLD})}}{M} = \frac{1.41421}{6283.1853} \approx 0.000225079(\text{H})$$

$$= 0.225079\text{mH}$$

$$C_{(\text{NEW})} = \frac{C_{(\text{OLD})}}{M} = \frac{1.41421}{628.31853} \approx 0.000225079(\text{F})$$

$$= 0.225079(\text{mF}) = 225.079\mu\text{F}$$

0.225079mH

225.079μF

图 3.10　所设计出的 1kHz
1Ω 2 阶巴特沃思型 LPF

由于待设计滤波器的特征阻抗为 1Ω，它与归一化滤波器的特征阻抗相同，所以这里不再需要进行阻抗变换。所设计出的特征阻抗为 1Ω 且截止频率为 1kHz 的 2 阶巴特沃思型 LPF 电路如图 3.10 所示。这个 LPF 与第 2 章中所讲述的定 K 型 LPF 在性能上的差别，可以从图 3.11 的仿真特性比较图上得到验证。

从图 3.11 可以看出，巴特沃思型滤波器的截止特性优于定 K 型滤波器。此外在截止频率方面，尽管两种滤波器都是按 1kHz 设计的，但经典法所设计出的定 K 型 LPF 的实际截止频率却跑到了 1.4kHz，与设计值 1kHz 相差了 40%。不过在延时特性方面，定 K 型 LPF 则比巴特沃思型 LPF 好。

在匹配性方面，从反射损耗的仿真特性可以看出，对于同为 2 阶的滤波器来说，定 K 型 LPF 要比巴特沃思型 LPF 好。

【例 3.3】　试设计特征阻抗为 50Ω 且截止频率为 300kHz 的 2 阶巴特沃思型 LPF。

这个滤波器可以通过对图 3.5 所示的归一化 LPF 施以截止频率变换和特征阻抗变换来进行设计。

【步骤 1】　为进行频率变换而求待设计滤波器截止频率与基准滤波器截止频率的比值 M。

$$M = \frac{\text{待设计滤波器的截止频率}}{\text{基准滤波器的截止频率}} = \frac{300\text{kHz}}{\left(\dfrac{1}{2\pi}\right)\text{Hz}}$$

$$= \frac{300 \times 10^3\,\text{Hz}}{0.159154\cdots\text{Hz}} \approx 1884955.592$$

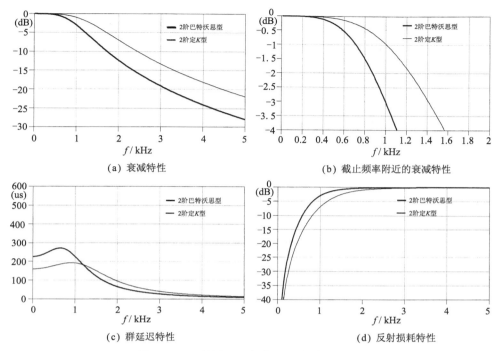

(a) 衰减特性

(b) 截止频率附近的衰减特性

(c) 群延迟特性

(d) 反射损耗特性

图 3.11 巴特沃思型与定 K 型的特性比较

（截止频率 1kHz，特征阻抗 1Ω）

【步骤 2】 将归一化 LPF 的所有的元件值除以 M，从而实现截止频率变换。

$$L_{(\text{NEW})} = \frac{L_{(\text{OLD})}}{M} = \frac{1.41421}{1884955.592} \approx 0.75026(\mu\text{H})$$

$$C_{(\text{NEW})} = \frac{C_{(\text{OLD})}}{M} = \frac{1.41421}{1884955.592} \approx 0.75026(\mu\text{F})$$

由于归一化 LPF 的特征阻抗是 1Ω，所以只进行过截止频率变换后所得到的滤波器，其特征阻抗仍然是 1Ω 而其截止频率则从 0.159154Hz 变成了 300kHz，所得到的 1Ω 2 阶巴特沃思型 LPF 电路如图 3.12(a) 所示。

【步骤 3】 为进行特征阻抗变换而求待设计滤波器特征阻抗与基准滤波器特征阻抗的比值 K。

$$K = \frac{\text{待设计滤波器的特征阻抗}}{\text{基准滤波器的特征阻抗}} = \frac{50\Omega}{1\Omega} = 50.0$$

【步骤 4】 将图 3.12(a) 滤波器的所有电感元件值乘以 K，将其所有的电容元件值除以 K，从而实现阻抗变换。

$$L_{(NEW)} = L_{(OLD)} \times K = 0.75026(\mu H) \times 50 = 37.513\mu H$$

$$C_{(NEW)} = \frac{C_{(OLD)}}{K} = \frac{0.75026(\mu F)}{50} \approx 0.015005(\mu F)$$

$$= 15005pF$$

最终所完成的滤波器就是所要设计的特征阻抗为 50Ω 且截止频率为 300kHz 的 2 阶巴特沃思型 LPF，其电路如图 3.12(b) 所示，电路特性仿真结果如图 3.13 所示。

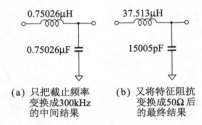

（a）只把截止频率
变换成300kHz
的中间结果

（b）又将特征阻抗
变换成50Ω后
的最终结果

图 3.12 截止频率为 300kHz，且特征阻抗为 50Ω 的
2 阶巴特沃思型 LPF 的设计

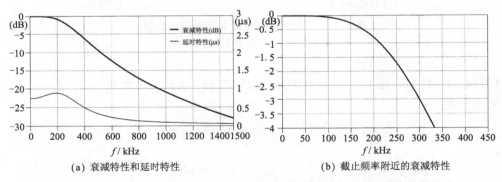

（a）衰减特性和延时特性

（b）截止频率附近的衰减特性

图 3.13 所设计出的 300kHz 50Ω 2 阶巴特沃思型 LPF 的仿真结果

【**例 3.4**】 试设计特征阻抗为 50Ω 且截止频率为 165MHz 的 2 阶巴特沃思型 LPF。

对图 3.5 的 2 阶巴特沃思型归一化 LPF 施以截止频率变换和特征阻抗变换，即可得到所要设计的滤波器。

【**步骤 1**】 为进行截止频率变换而求待设计滤波器截止频率与基准滤波器截止频率的比值 M。

$$M = \frac{待设计滤波器的截止频率}{基准波器的截止频率} = \frac{165.0\text{MHz}}{\left(\dfrac{1}{2\pi}\right)\text{Hz}}$$

$$= \frac{165 \times 10^6\,\text{Hz}}{0.159154\cdots\text{Hz}} \approx 1036.726 \times 10^6 = 1.036726 \times 10^9$$

【**步骤 2**】 将 2 阶归一化巴特思型 LPF 的所有元件值除以 M，得到特征阻抗为 1Ω 而截止频率为 165MHz 的 2 阶巴特沃思型 LPF，其电路如图 3.14(a) 所示。

$$L_{(\text{NEW})} = \frac{L_{(\text{OLD})}}{M} = \frac{1.41421}{1.036726 \times 10^9} = 1.36411 \times 10^{-9}\,(\text{H})$$

$$= 1.36411\,(\text{nH})$$

$$C_{(\text{NEW})} = \frac{C_{(\text{OLD})}}{M} = \frac{1.41421}{1.036726 \times 10^9} = 1.36411 \times 10^{-9}\,(\text{F})$$

$$= 1.36411\,(\text{nF}) = 1364.11\,(\text{pF})$$

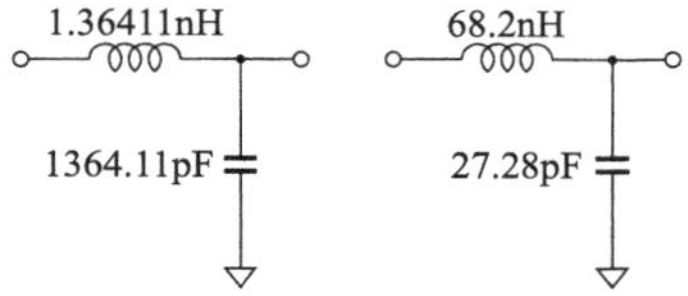

(a) 只改变截止频率后的中间结果　(b) 进而改变特征阻抗后的最终结果

图 3.14 截止频率为 165MHz 且特征阻抗为 50Ω 的 2 阶巴特沃思型 LPF 的设计

【**步骤 3**】 为进行特征阻抗变换而求待设计滤波器的特征阻抗与基准滤波器特征阻抗的比值 K。

$$K = \frac{待设计滤波器的特征阻抗}{基准滤波器的特征阻抗} = \frac{50\Omega}{1\Omega} = 50.0$$

【**步骤 4**】 将图 3.14(a) 电路的所有电感元件值乘以 K，其所有的电容元件值除以 K，从而实现阻抗变换。

$$L_{(\text{NEW})} = L_{(\text{OLD})} \times K = 1.36411\,(\text{nH}) \times 50 \approx 68.20\text{nH}$$

$$C_{(\text{NEW})} = \frac{C_{(\text{OLD})}}{K} = \frac{1364.11\,(\text{pF})}{50} \approx 27.28\text{pF}$$

最后所得到的便是特征阻抗为 50Ω 且截止频率为 165MHz 的 2 阶巴特沃思型 LPF，其电路如图 3.14(b) 所示，电路特性仿真结果如图 3.15 所示。

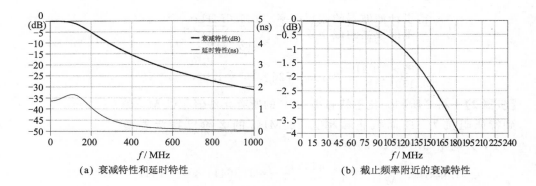

(a) 衰减特性和延时特性   (b) 截止频率附近的衰减特性

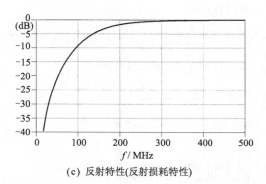

(c) 反射特性(反射损耗特性)

图 3.15 所设计出的 165MHz 50Ω 2 阶巴特沃思型 LPF 的仿真结果

3.3 归一化巴特沃思型 LPF 的设计数据

前面介绍了依据归一化 LPF 来设计具有所需截止频率和所需特征阻抗的滤波器设计方法,读者如果按顺序阅读了本书前面的内容,就已经能够利用归一化 LPF 的设计数据来自己设计滤波器了。

图 3.16 给出了 2 阶~10 阶的归一化巴特沃思型 LPF 设计数据,这些数据不但对巴特沃思型 LPF 设计有用,对于 HPF、BPF、BRF 等一切巴特沃思型滤波器的设计都是有用的。

粗看上去,这里所给出的归一化 LPF 电路似乎与定 K 型归一化 LPF 没有什么不同,仔细一看就会知道,二者虽然电路结构形式一样,但构成电路的各元件值是不同的。

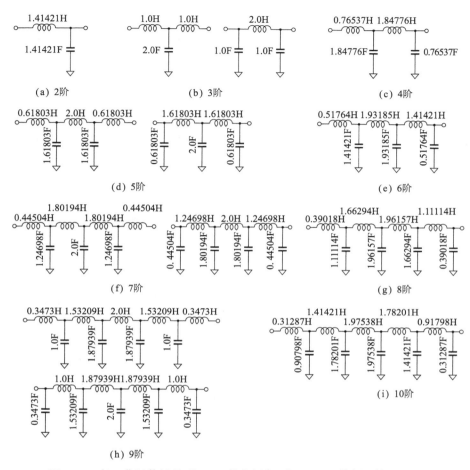

图 3.16 归一化巴特沃思型 LPF(截止频率 $1/(2\pi)$ Hz，特征阻抗 1Ω)

3.4 巴特沃思型 LPF 的电路元件值计算

图 3.16 所给出的只是 10 阶以下的归一化巴特沃思型 LPF 设计数据，11 阶以上的设计数据并未给出。不过，这并不要紧，因为巴特沃思型归一化 LPF 的元件值可以很简单地通过计算来求得。

当想要求得图 3.16 中所没有给出的高阶巴特沃思型滤波器的元件值时，或者想要根据所希望的衰减特性来求得所需滤波器的阶数时，可利用以下的关系式来计算。

▶ **衰减量与阶数 n 的关系**

下列公式是巴特沃思型滤波器的衰减量计算公式，是由巴特沃思型函数所确定的。

$$Att_{dB} = 10 \cdot \log\left[1 + \left(\frac{2\pi f_x}{2\pi f_c}\right)^{2n}\right]$$

式中，f_c 是滤波器的截止频率；n 是滤波器的阶数；f_x 是个频率变量，也就是说，当 f_c 和 n 确定之后，上式所算得的数值就是滤波器对频率为 f_x 的信号的衰减量。

▶ **归一化巴特沃思型 LPF 的元件值计算公式**

这里所说的归一化，当然还是指截止频率为 $1/(2\pi)\,\mathrm{Hz}$（即约等于 $0.15915\,\mathrm{Hz}$）且特征阻抗为 1Ω。各元件参数值的计算公式为：

$$C_k \text{ 或 } L_k = 2\sin\frac{(2k-1)\pi}{2n} \tag{3.1}$$

式中，$k = 1, 2, \cdots, n$

这里，$(2k-1)\pi/2n$ 是用弧度来表示的。在用手持式计算器计算正弦函数时要特别注意，有些计算器的按键采用的不是弧度制而是角度制。角度与弧度之间的换算关系为：

$$\frac{\text{角度值}}{180} \times \pi = \text{弧度值}, \quad \frac{\text{弧度值}}{\pi} \times 180 = \text{角度值}$$

下面，以 5 阶的归一化巴特沃思型 LPF 为例，来说明其元件值是如何算出的。

因为已确定了阶数为 5 阶，所以 $n = 5$。根据公式（3.1），可以得到 k 分别为 $1 \sim 5$ 的 5 个计算公式，并计算出如下的 C_1（或 L_1）$\sim C_5$（或 L_5）五个元件值。

$$C_1(\text{或 } L_1) = 2\sin\frac{(2\times1-1)\pi}{2\times5} \approx 0.61803$$

$$C_2(\text{或 } L_2) = 2\sin\frac{(2\times2-1)\pi}{2\times5} \approx 1.61803$$

$$C_3(\text{或 } L_3) = 2\sin\frac{(2\times3-1)\pi}{2\times5} \approx 2.00000$$

$$C_4(\text{或 } L_4) = 2\sin\frac{(2\times4-1)\pi}{2\times5} \approx 1.61803$$

$$C_6(\text{或 } L_5) = 2\sin\frac{(2\times5-1)\pi}{2\times5} \approx 0.61803$$

这五个值便是截止频率为 $1/(2\pi)\,\mathrm{Hz}$ 且特征阻抗为 1Ω 的 5 阶巴特沃思型 LPF 的元件值。5 阶滤波器的电路结构有 T 形和 π 形两种形式，所以所求出的元件值可分别构成图 3.16(d) 所示的

T 形或 π 形滤波器。

【例 3.5】 试设计截止频率为 1GHz 且特征阻抗为 50Ω 的 3 阶 T 形巴特沃思型 LPF。

要设计这个滤波器，就要有 3 阶归一化巴特沃思型 LPF 的设计数据。这个数据就是图 3.16(b)所给出的 3 阶 T 形归一化巴特沃思型 LPF 电路，它将作为设计时所依据的基准滤波器。

首先，按照例 3.1 等例题的相同方法进行截止频率变换。为此先求出待设计滤波器截止频率与基准滤波器截止频率的比值 M。

$$M = \frac{待设计滤波器的截止频率}{基准滤波器的截止频率} = \frac{1\text{GHz}}{\left(\dfrac{1}{2\pi}\right)}$$

$$= \frac{1.0 \times 10^9 \text{Hz}}{0.159154\cdots\text{Hz}} \approx 6.2831853 \times 10^9$$

然后，将基准滤波器的所有元件值除以 M，从而把滤波器的截止频率从 $1/(2\pi)\text{Hz}$ 变换成 1GHz。经过这一计算后所得到的滤波器电路如图 3.17(a)所示。

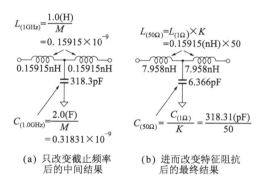

(a) 只改变截止频率后的中间结果   (b) 进而改变特征阻抗后的最终结果

图 3.17 3 阶 T 形巴特沃思型 LPF 的设计(截止频率 1GHz,特征阻抗 50Ω)

接着，再进行特征阻抗变换。为此先求出待设计滤波器特征阻抗与基准滤波器特征阻抗的比值 K。

$$K = \frac{待设计滤波器的特征阻抗}{基准波滤器的特征阻抗} = \frac{50\Omega}{1\Omega} = 50.0$$

最后，对图 3.17(a)电路的所有电感元件值乘以 K，对其所有电容元件值除以 K。经过这一计算后，即得到最终所设计出的滤波器，其电路如图 3.17(b)所示，其仿真特性如图 3.18 所示。

将本例的电路(见图 3.17)及其仿真特性(见图 3.18)与前一章例 2.4 的电路(见图 2.23)及其仿真特性(见图 2.24)相对照，可知二者是完全相同的。再对照二者的归一化 LPF，即图 3.16(b)

和图 2.17(b)，二者也是完全相同的。这就是说，在 3 阶的情况下，定 K 型滤波器与巴特沃思型滤波器是相同的。

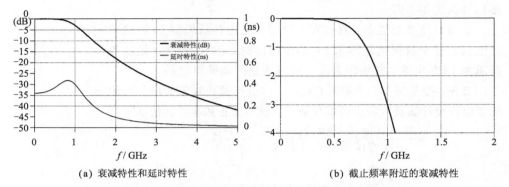

(a) 衰减特性和延时特性   (b) 截止频率附近的衰减特性

图 3.18 1GHz 3 阶 T 形巴特沃思型 LPF 仿真结果

【**例 3.6**】 试设计并制作截止频率为 190MHz 且特征阻抗为 50Ω 的 5 阶 π 形巴特沃思型 LPF。

设计这个滤波器时，需要用到 5 阶 π 形归一化巴特沃思型 LPF 的设计数据，其数据由图 3.16(d) 给出。以这个归一化 LPF 为基准滤波器，将截止频率从 $1/(2\pi)$ Hz 变换成 190MHz，将特征阻抗值从 1Ω 变换成 50Ω，即可得到所要设计的滤波器。

变换时所需的 M 值和 K 值可由下式算得，即

$$M = \frac{\text{待设计滤波器的截止频率}}{\text{基准滤波器的截止频率}} = \frac{190\text{MHz}}{\left(\dfrac{1}{2\pi}\right)\text{Hz}}$$

$$= \frac{190 \times 10^6 \text{Hz}}{0.159154\cdots\text{Hz}} \approx 1193.8052 \times 10^6$$

$$= 1.1938052 \times 10^9$$

$$K = \frac{\text{待设计滤波器的特征阻抗}}{\text{基准滤波器的特征阻抗}} = \frac{50\Omega}{1\Omega} = 50.0$$

所设计出的滤波器电路如图 3.19 所示。实际制作的时候，电感元件可选用 68nH 的标称线圈，电容元件可选用 10pF 和 33pF 的标称电容器。

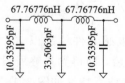

67.76776nH   67.76776nH

10.35395pF   33.5063pF   10.35395pF

图 3.19 所设计出的 5 阶巴特沃思型 LPF
（π 形，$f_c = 190\text{MHz}$，$Z_0 = 50\Omega$）

所设计出的滤波器的仿真特性如图 3.20 所示。其中的

图(c)是该滤波器的反射损耗特性,前一章在讲述定 K 型滤波器时曾说过,反射损耗特性是用于表征滤波器对设计阻抗匹配好坏的参数。

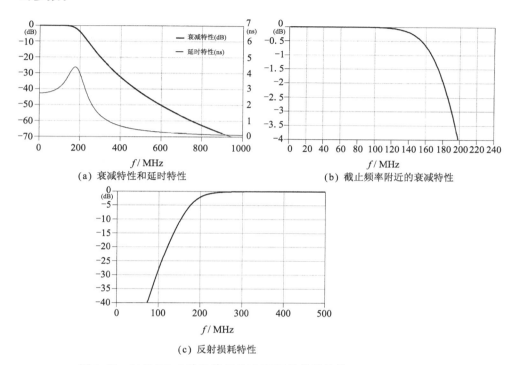

(a) 衰减特性和延时特性

(b) 截止频率附近的衰减特性

(c) 反射损耗特性

图 3.20 190MHz 5 阶巴特沃思型 LPF 的仿真结果

采用片式电感器和片式电容器所试制成的该滤波器实物如照片 3.1 所示,所使用的片式电感器和片式电容器的尺寸为 1.6mm×0.8mm。用矢量式网络分析仪对该实物滤波器进行测试的结果如图 3.21 所示。

从测试结果可以看出,实测特性曲线在 840MHz 附近出现了与仿真特性曲线很不相同的现象。产生这种现象的原因有以下几种。

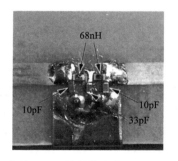

照片 3.1 所制作出的 190MHz
巴特沃思型 LPF(纸酚基板,$t=1.6$mm)

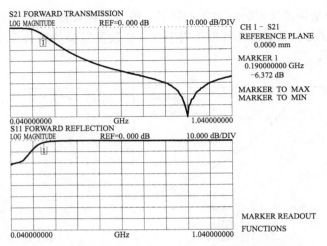

图 3.21 所制作出的巴特沃思型 LPF 的衰减特性和
反射损耗特性(40～1040MHz)

① 实际元件有寄生电容和寄生电感。

② 连接元件的 T 形接头(tee junction)的影响。

③ 元件与地线之间的电容的影响。

④ 元件与地线的连接方法的影响。

⑤ 杂散电容的影响。

关于①和②,各种书中都有详细说明,这里不再赘述。③和
⑤非常容易理解,这里也略去不讲。只有④最容易因忽视而带来
麻烦,下面对这一点进行解释。

从所制作出的滤波器实物(见照片 3.1)可以看出,所有的元
件都紧贴在基板的正面上,而基板背面的整块铜皮是作为地线使
用的,电容器的一个引线端要与地线相连接。图 3.22 夸张地画
出了一种用铜带从基板侧面把电容器连往基板背面铜皮地线的示
意。对于直流来说,这个铜带的确把电容器连接到了地线上,但
对于高频来说,这个铜带却表现为电感,也就是说,电容器实际
上相当于经过一个电感线圈后才接到地线上的。

所试制出的滤波器并不是采用上述接法,而是在紧挨着电容
器的地方打了一个孔,用铜线穿过这个孔把电容器连接到基板背
面的铜皮地线上的,以此来减小接地线的电感。制作滤波器成品
时,实际上采用的是印制电路板,并且在设计印制电路板时尽可
能地让接地引线孔靠近电容器,从而减小引线电感,达到增大高
频衰减量的目的。

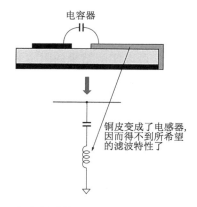

图 3.22 用以夸大说明接地电容器引线电感影响的联接方法

　　这里再介绍一种 LPF 的实际装配方法（见图 3.23），供读者参考。这种方法能够用小型片式元件很方便地制作出吉赫兹频段的滤波器。此外，还有一些具体的装配技术，作者在制作本例题的滤波器时虽然没有采用，但它们是非常有效的。例如，如果把元件交叉配置在微带引线的两侧，就能够减小电容器之间因杂散电容而造成的电耦合和电感线圈之间的磁耦合，从而改善高频域的隔离程度，这种技术对于高阻抗滤波器特别有效。不过，对于 50Ω 特征阻抗的滤波器来说，其支配性的影响因素主要还在于片式电容器和引线孔的电感分量，因而关键是在装配中要尽可能地减小引线电感。

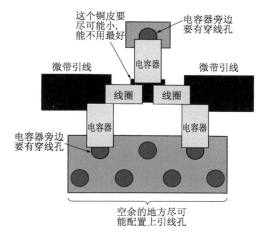

图 3.23 用集中参数元件制作滤波器时的实际装配方法示例

图 3.24 是在去掉了电容器旁边的两根铜线后，对前面所试制出的 LPF 进行实测的结果。由于这时电容器必须经由铜板接地，而铜板的电感很大，所以实测结果的阻带衰减特性很差。

制作高频所用的滤波器时，基板的厚度越薄越好。这种办法能够减小引线孔的电感，从而改善滤波器的高频衰减特性。另一方面，电容器要选用自感量小的元件。

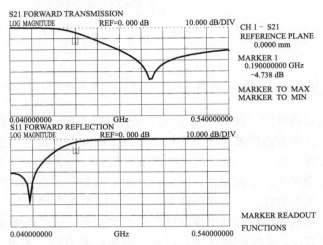

图 3.24 拿掉电容器旁边的铜线后所测得的衰减特性和反射损耗特性(40～540MHz)

【例 3.7】 试设计和制作截止频率为 1.3GHz 且特征阻抗为 50Ω 的 5 阶 T 形巴特沃思型 LPF。

设计这个滤波器所需要的 5 阶归一化 T 形巴特沃思型 LPF 设计数据由图 3.16(d) 的左侧电路给出。对所给出的归一化滤波器施以截止频率变换和特征阻抗变换，将截止频率变换成 1.3GHz，将特征阻抗变换成 50Ω。经过与前例相同的计算，即可得到图 3.25 所示的电路及元件值。

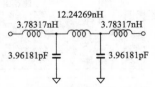

图 3.25 所设计出的 5 阶巴特沃思型 LPF(T 形 f_c=1300MHz，Z_0=50Ω)

所得电路的特性仿真结果如图 3.26 所示，其中，图 3.26(a) 是衰减特性和反射损耗特性，图 3.26(b) 是截止频率附近的衰减

特性。反射损耗是表征滤波器匹配性的指标，这一点在前一章已
经讲过了。

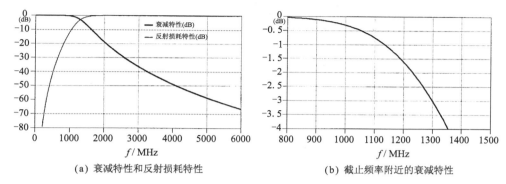

(a) 衰减特性和反射损耗特性　　　　(b) 截止频率附近的衰减特性

图 3.26 所设计出的 1300MHz 5 阶巴特沃思型 LPF 的仿真结果

　　现在，我们就来制作这个滤波器。为了尽可能地减小电容器
和引线孔电感的影响，这一次我们要在装配上采取一些措施，这
就是采用图 3.27 所示的元件装配办法，使引线孔的电感可以看
成是线圈电感的一部分。这样，我们就可以把串联到电容器上的
电感值选得小一些，制作时就不必担心引线孔电感的影响了。

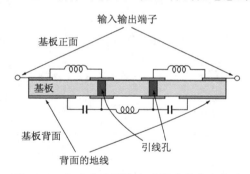

图 3.27 能减小引线孔电感影响的装配方法
（5 阶 T 形滤波器的场合 ）

　　照片 3.2 是从基板正面看去的滤波器外观及其放大图。照片
3.3 是从基板背面看去的滤波器外观及其放大图。

　　该滤波器的实测结果如照片 3.4 所示。与前一章所制作的
1GHz 定 K 型 LPF 相比，这里所制作出的巴特沃思型 LPF 的阻
带衰减量更大一些。这个衰减量的增大并不是因为滤波器的阶数
增加了的缘故，而是地线与电容器间电感的减小所带来的好处。

(a) 正面外观   (b) 放大了的正面

照片 3.2 所制作出的 1.3GHz LPF 的正面

(a) 背面外观   (b) 放大了的背面

照片 3.3 所设计出的 1.3GHz LPF 背面

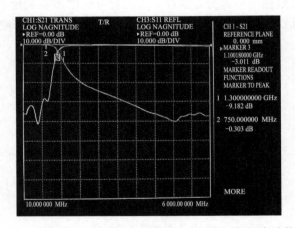

照片 3.4 所制作出的 5 阶 1.3GHz LPF 的测定结果(衰减特性和
反射损耗特性,10MHz~6GHz, 10dB/div)

    该滤波器的通带内匹配特性也相当好,其反射特性可达
−30dB。这一良好特性的获得是由于采用了市售片式电容器的结
果。这种装配方法虽然排除了引线孔电感的影响,但由于电容器
还有一些寄生电感,因而阻带中的衰减量仍然降不到−40dB
以下。

要想减小电容器的寄生电感,可以采用将一个电容器分为两个只有一半容量的电容器后再并联起来的办法。这样一来,从理论上来说,电感量就可以减小一半。照片 3.5 的测试结果表明,采用这种办法的结果是阻带衰减量实际上改善了大约 10dB。

从这一结果也可以推知,阻带内衰减特性没有达到仿真特性的原因并不在于线圈之间的耦合,而主要是因为电容器与地线之间存在着寄生电感的缘故。也就是说,如果认为是由于线圈之间或输入输出端之间存在着高频耦合而造成了阻带内衰减特性未能达到仿真特性,那么,电容器寄生感的减小就不应该使阻带内衰减量发生变化。然而,这里的实测结果却是阻带内衰减量确实改善了大约 10dB。

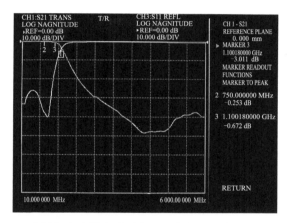

照片 3.5 采用把电容器变成两个 1/2 容量的电容器相并联的方法
所装配成的滤波器的实测结果(10MHz～6GHz,10dB/div)

第 4 章
切比雪夫型低通滤波器的设计
——以通带内允许特性起伏来换取截止特性陡峭

切比雪夫型滤波器(Chebyshev filter)也称为等起伏滤波器或等波纹滤波器，这一称呼来源于这种滤波器的通带内衰减特性具有等波纹起伏这一显著特点。由于允许通带内特性有起伏，因而其截止特性变陡峭了，但与之相伴的是其群延迟特性也变差了。

因而，当切比雪夫型滤波器作为 A-D/D-A 变换器的前置或后置滤波器，或者作为数字信号的滤波器来使用时，就不能光考虑其截止特性是否满足使用要求，而是还要考虑它是否满足实际输入信号所允许波形失真范围的要求。

4.1 切比雪夫型低通滤波器特性概述

下面给出几个以 f 作为截止频率的切比雪夫型 LPF 的特性曲线簇。由于这种特性曲线簇的坐标是频率 f 的函数，因而利用它们能够很方便地求得具有某个实际截止频率的切比雪夫型 LPF 的截止特性及群延迟特性。

图 4.1~图 4.5 所给出的是通带起伏量为 0.001dB 的 3 阶~9 阶切比雪夫型 LPF 的特性。这种滤波器的一个主要特点是它的通带内衰减特性的起伏是等波纹的，这可从图 4.2 很清楚地看出。

起伏程度的大小与匹配性好坏相关联。如图 4.5 所示，具有相同起伏大小的不同切比雪夫型 LPF，其通带内的反射损耗也具有相同大小的极大值。

图 4.6~图 4.9 所示为通带内起伏量等于 1.0dB 的 3 阶~9 阶切比雪型 LPF 的特性。与图 4.1~图 4.5 所示具有 0.001dB 通带内起伏量的滤波器相比，这些具有 1.0dB 通带内起伏量的滤波

器的截止特性更为陡峭，而同时它们的匹配性和群延迟特性也更差。因为它们的匹配性更差，所以其反射损耗也就更大，也就是说，其极大值更接近于零。

加大切比雪夫型 LPF 的通带起伏程度有利于获得更陡峭的截止特性，但同时会使群延迟特性和匹配性更差。

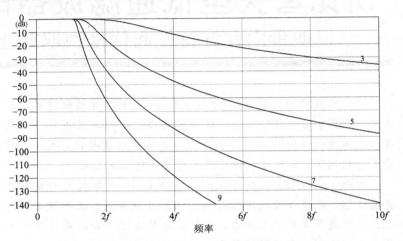

图 4.1 通带内起伏量为 0.001dB 的切比雪夫型 LPF 的
衰减特性（全貌）（3 阶～9 阶）

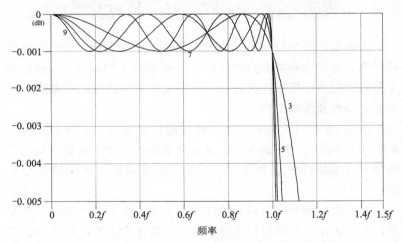

图 4.2 通带内起伏量为 0.001dB 的切比雪夫型 LPF 的衰减特性
（通带侧放大图）（3 阶～9 阶）

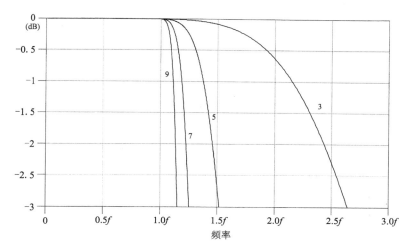

图 4.3 通带内起伏量为 0.001dB 的切比雪夫型 LPF 的衰减特性
（截止频率附近的放大图）（3 阶～9 阶）

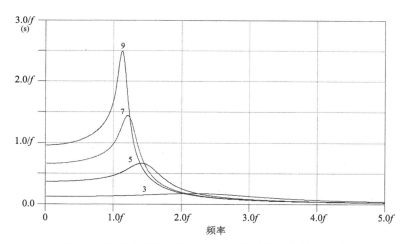

图 4.4 通带内起伏量为 0.001dB 的切比雪夫型 LPF 的
延时特性（3 阶～9 阶）

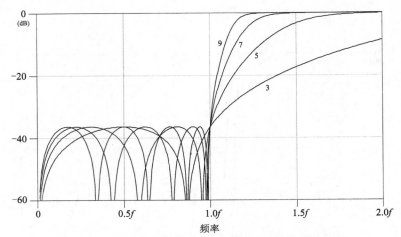

图 4.5 通带内起伏量为 0.001dB 的切比雪夫型 LPF 的
反射损耗特性(3 阶～9 阶)

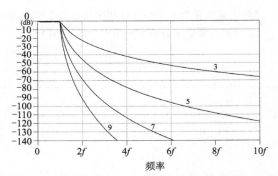

图 4.6 通带内起伏量为 1.0dB 的切比雪夫型 LPF 的
衰减特性(全貌)(3 阶～9 阶)

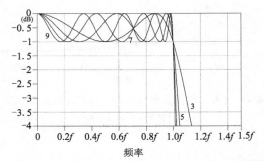

图 4.7 通带内起伏量为 1.0dB 的切比雪夫型 LPF 的衰减特性
(通带侧放大图)(3 阶～9 阶)

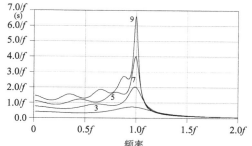

图 4.8　通带内起伏量为 1.0dB 的切比雪夫型 LPF
的延时特性(3 阶～9 阶)

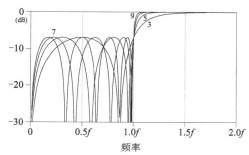

图 4.9　通带内起伏量为 1.0dB 的切比雪夫型 LPF
反射损耗特性(3 阶～9 阶)

4.2　依据归一化 LPF 来设计切比雪夫型低通滤波器

　　本书中将给出归一化的切比雪夫型 LPF 设计数据。这里所说的归一化 LPF,仍然是指特征阻抗为 1Ω 且截止频率为 $1/(2\pi)$ Hz($\approx$0.159Hz)的 LPF。

　　但是,在切比雪夫型滤波器的场合,从实用方便考虑,截止频率没有采用－3dB 点的频率,而是采用了"等起伏带宽截止频率"的概念。也就是说,把能够得到等波纹起伏的频带宽度作为归一化截止频率 $1/(2\pi)$ Hz。正如我们一再强调的那样,这样做的目的是为了能够很简便地按图 4.10 的步骤,从归一化低通滤波器计算出待设计的滤波器。

　　也就是说,在设计切比雪夫型低通滤波器的时候,是以切比雪夫型归一化 LPF 的设计数据为基准滤波器,把它的等起伏带宽截止频率和特征阻抗的值,变换成待设计滤波器的等起伏带宽截止频率和特征阻抗的值。

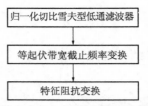

图 4.10 利用归一化切比雪夫型 LPF 设计数据来设计滤波器时的步骤

实现截止频率变换的步骤是先求出待设计滤波器等起伏带宽截止频率与基准滤波器等起伏带宽截止频率的比值 M，并用这个 M 去除基准滤波器的各元件值。

$$M = \frac{待设计滤波器的等起伏带宽截止频率}{基准滤波器的等起伏带宽截止频率}$$

$$L_{(NEW)} = \frac{L_{(OLD)}}{M}$$

$$C_{(NEW)} = \frac{C_{(OLD)}}{M}$$

实现特征阻抗变换的步骤是先求出待设计滤波器特征阻抗与基准滤波器特征阻抗的比值 K，并把经过截止频率变换后所得到的滤波器各电感元件值乘以 K，把各电容元件值除以 K。

$$K = \frac{待设计滤波器的特征阻抗}{基准滤波器的特征阻抗}$$

$$L_{(NEW)} = L_{(OLD)} \times K$$

$$C_{(NEW)} = \frac{C_{(OLD)}}{K}$$

下面，我们先介绍几个 3 阶归一化切比雪夫型 LPF 的设计数据，以及以这些设计数据进行截止频率变换和特征阻抗变换的例子。

设计切比雪夫型滤波器的时候，首先要确定所允许的待设计滤波器通带内起伏的大小，这里，我们先看 1.0dB 的情形。通带内起伏量为 1.0dB 的 3 阶归一化切比雪夫型 LPF 设计数据如图 4.11 所示。

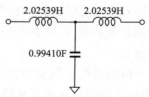

图 4.11 通带内起伏量为 1.0dB 的 3 阶归一化切比雪夫型 LPF
（等起伏带宽 $1/(2\pi)$ Hz，特征阻抗 1Ω）

【例 4.1】 试以归一化 LPF 的设计数据为依据，设计出特征阻抗为 1Ω、等起伏带宽为 1kHz、起伏量为 1.0dB 的切比雪夫型 LPF，并将其特性与 3 阶巴特沃思型 LPF 的特性加以比较。

这个例子就是依据图 4.11 所示的归一化 LPF 设计数据，计算出特征阻抗为 1Ω、等起伏带宽截止频率为 1kHz 的切比雪夫型 LPF。

【步骤 1】 计算待设计滤波器等起伏带宽截止频率与基准滤波器等起伏带宽截止频率的比值 M。

$$M = \frac{待设计滤波器的等起伏带宽截止频率}{基准滤波器的等起伏带宽截止频率} = \frac{1\text{kHz}}{\left(\frac{1}{2\pi}\right)\text{Hz}}$$

$$= \frac{1.0 \times 10^3\,\text{Hz}}{0.159154\cdots\text{Hz}} \approx 6283.185$$

【步骤 2】 将归一化切比雪夫型 LPF 的所有元件值除以 M。

$$L_{(\text{NEW})} = \frac{L_{(\text{OLD})}}{M} = \frac{2.02539}{6283.1853} \approx 0.000322350\,(\text{H})$$

$$= 0.32235\text{mH}$$

$$C_{(\text{NEW})} = \frac{C_{(\text{OLD})}}{M} = \frac{0.99410}{6283.1853} \approx 0.0001582159\,(\text{F})$$

$$= 0.158216\,(\text{mF}) = 158.216\mu\text{F}$$

至此，设计便告完成，得到特征阻抗为 1Ω 且等起伏带宽截止频率为 1kHz 的 3 阶切比雪夫型 LPF，其电路如图 4.12 所示，其仿真特性如图 4.13 所示。图 4.13 上同时示出了按同一设计条件所设计出的巴特沃思型 LPF 的特性。

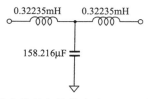

图 4.12 所设计出的等起伏带宽为 1kHz、特征阻抗为 1Ω、
起伏量为 1.0dB 的 3 阶切比雪夫型 LPF

图 4.13(b) 是截止频率附近的衰减特性放大图。从图中可以看出，巴特沃思型 LPF 在 1kHz 处的衰减量是 -3dB，而切比雪夫型 LPF 在 1kHz 处的衰减量是 -1.0dB。这种情形是必然的，因为该切比雪夫型 LPF 本来就是以 1.0dB 等起伏带宽滤波器数据进行设计的。从图中可以明显看出，切比雪夫型 LPF 的截止特性要比巴特沃思型滤波器陡峭得多。

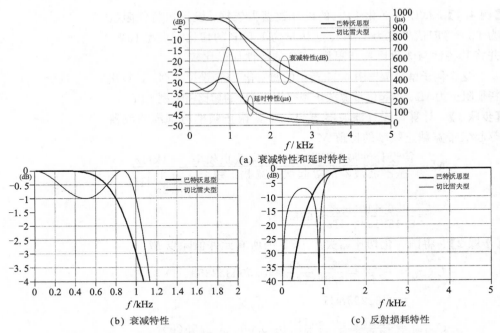

(a) 衰减特性和延时特性

(b) 衰减特性　　　　　　　　　　　　　(c) 反射损耗特性

图 4.13　等起伏带宽为 1kHz、特征阻抗为 1Ω、起伏量为 1.0dB 的
3 阶切比雪夫型 LPF 与巴特沃思型 LPF 的特性比较

【**例 4.2**】　试设计特征阻抗为 50Ω、等起伏带宽为 300kHz、起伏
量为 1.0dB 的 3 阶切比雪夫型 LPF。

　　这个滤波器的设计依据也是图 4.11 所示的 3 阶切比雪夫型
归一化 LPF(起伏量为 1.0dB),但设计当中既要进行截止频率变
换,又要进行特征阻抗变换。

【**步骤 1**】　为进行截止频率变换而求比值 M。

$$M = \frac{\text{待设计滤波器的等起伏带宽截止频率}}{\text{基准滤波器的等起伏带宽截止频率}} = \frac{300\text{kHz}}{\left(\dfrac{1}{2\pi}\right)\text{Hz}}$$

$$= \frac{300 \times 10^3\,\text{Hz}}{0.159154\cdots\text{Hz}} \approx 1884955.592$$

【**步骤 2**】　将图 4.11 的 3 阶切比雪夫型归一化 LPF 的所有元件
值除以 M,从而实现截止频率变换。所得到的是特征阻抗为 1Ω
而等起伏带宽从 0.15915Hz 变成了 300kHz 的 3 阶切比雪夫型
LPF,其电路如图 4.14(a)所示。

$$L_{(\text{NEW})} = \frac{L_{(\text{OLD})}}{M} = \frac{2.02539}{1884955.592} \approx 1.074503(\mu\text{H})$$

$$C_{(\text{NEW})} = \frac{C_{(\text{OLD})}}{M} = \frac{0.99410}{1884955.592} \approx 0.527386(\mu F)$$

【步骤 3】 为进行特征阻抗变换而求比值 K。

$$K = \frac{待设计滤波器的特征阻抗}{基准滤波器的特征阻抗} = \frac{50\Omega}{1\Omega} = 50.0$$

【步骤 4】 将步骤 2 所得到的滤波器的所有电感元件值乘以 K，将它的所有电容元件值除以 K，从而实现特征阻抗变换。

$$L_{(\text{NEW})} = L_{(\text{OLD})} \times K = 1.074503(\mu H) \times 50 \approx 53.725(\mu H)$$

$$C_{(\text{NEW})} = \frac{C_{(\text{OLD})}}{K} = \frac{0.527386(\mu F)}{50} = 0.0105477(\mu F)$$

$$= 10.5477(\text{nF}) \approx 10547.7\text{pF}$$

最后所得到的电路便是特征阻抗为 50Ω、等起伏带宽为 300kHz、起伏量为 1.0dB 的 3 阶切比雪夫型 LPF，其电路如图 4.14(b)所示。

对这个滤波器进行仿真的结果示于图 4.15。与同为 3 阶的巴特沃思型滤波器相比，它的截止特性要陡峭得多。

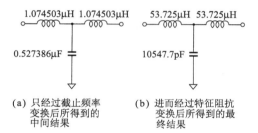

(a) 只经过截止频率
变换后所得到的
中间结果

(b) 进而经过特征阻抗
变换后所得到的最
终结果

图 4.14 通内起伏量为 1.0dB 的 3 阶切比雪夫型 LPF 的设计
（等起伏带宽 300kHz，特征阻抗 50Ω）

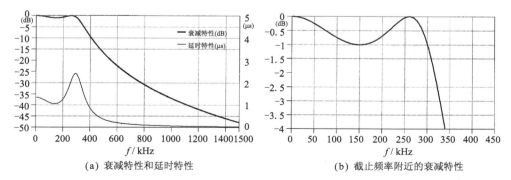

(a) 衰减特性和延时特性

(b) 截止频率附近的衰减特性

图 4.15 所设计出的 300kHz、50Ω、通带内起伏量为 1.0dB 的 3 阶切比雪夫型 LPF 的仿真结果

　　图 4.15(b)是截止频率附近的衰减特性放大图。由于该滤波器是依据通带内起伏量为 1.0dB 的归一化 LPF 进行设计的，所以所设计出的滤波器也具有 1.0dB 的通带特性起伏量，并且截止频率 300kHz 处的衰减值等于－1.0dB,与通电带起伏大小相等。

【例 4.3】　试设计特征阻抗为 50Ω、等起伏带宽为 165MHz、起伏量为 1.0dB 的 3 阶切比雪夫型 LPF。

　　这个滤波器的设计依据仍然是图 4.11 所示的 3 阶切比雪夫型归一化 LPF(起伏量为 1.0dB)，其设计步骤如下。

【步骤 1】　为进行截止频率变换而求比值 M。

$$M = \frac{待设计滤波器的等起伏带宽截止频率}{基准滤波器的等起伏带宽截止频率} = \frac{165\text{MHz}}{\left(\frac{1}{2\pi}\right)\text{Hz}}$$

$$= \frac{165 \times 10^6}{0.159154\cdots\text{Hz}} \approx 1036.726 \times 10^6 = 1.03672 \times 10^9$$

【步骤 2】　通过将 3 阶归一化切比雪夫型 LPF 的所有元件值除以 M 来实现截止频率变换，其计算结果如下。

$$L_{(\text{NEW})} = \frac{L_{(\text{OLD})}}{M} = \frac{2.02539}{1.036726 \times 10^9} \approx 1.9536 \times 10^{-9}\,(\text{H})$$

$$= 1.9536\text{nH}$$

$$C_{(\text{NEW})} = \frac{C_{(\text{OLD})}}{M} = \frac{0.99410}{1.036726 \times 10^9} \approx 0.95888 \times 10^{-9}\,(\text{F})$$

$$= 0.95888(\text{nF}) = 958.88\text{pF}$$

　　经过截止频率变换后，所得到的电路是特征阻抗为 1Ω、等起伏带宽为 165MHz 的 3 阶切比雪夫型 LPF 电路，其结果如图 4.16(a)所示。

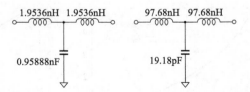

1.9536nH　1.9536nH　　　　97.68nH　97.68nH

0.95888nF　　　　　　　19.18pF

(a) 只经过截止频率变换　　(b) 进而经过特征阻抗变换
　　后所得到的中间结果　　　　后所得到的最终结果

图 4.16　通带内起伏量为 1.0dB 的 3 阶切比雪夫型 LPF 的设计
(等起伏带宽 165MHz，特征阻抗 50Ω)

【**步骤 3**】　为了把特征阻抗从 1Ω 变换成 50Ω 而求比值 K。

$$K=\frac{待设计滤波器的特征阻抗}{基准滤波器的特征阻抗}=\frac{50\Omega}{1\Omega}=50.0$$

【**步骤 4**】　将步骤 2 所得到的滤波器的所有电感元件乘以 K，将它的所有电容元件值除以 K，从而实现特征阻抗变换。

$$L_{(NEW)}=L_{(OLD)}\times K=1.9536(nH)\times50=97.68nH$$

$$C_{(NEW)}=\frac{C_{(OLD)}}{K}=\frac{958.88(pF)}{50}\approx19.18pF$$

最后所得到的电路便是所要设计的特征阻抗为 50Ω、等起伏带宽为 165MHz、起伏量为 1.0dB 的 3 阶切比雪夫型 LPF，其电路如图 4.16(b)所示，其特性仿真结果示于图 4.17。

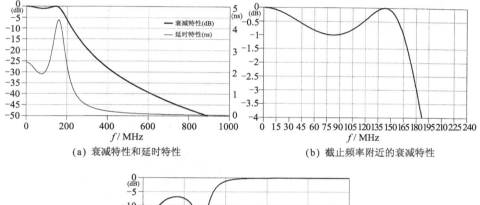

(a) 衰减特性和延时特性　　　　　　(b) 截止频率附近的衰减特性

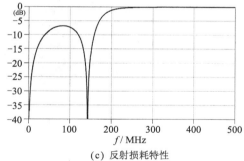

(c) 反射损耗特性

图 4.17　通带内起伏量为 1.0dB 的 3 阶切比雪夫型 LPF 的仿真结果(等起伏带宽 165MHz，特征阻抗 50Ω)

照片 4.1 是采用空芯线圈和片式电容器(20pF)所制作的起伏量为 1.0dB、等起伏带宽为 165MHz 的切比雪夫型 LPF 的外观。所使用的 97.68nH 空芯线圈是利用本书后半部分所介绍的空芯线圈电感量求解公式设计的，表 4.1 是本次设计时所用的设计数据。

照片 4.1 所制作出的 3 阶切比雪夫型 LPF

（等起伏带宽 165MHz，起伏量 1.0dB）

表 4.1 97.68nH 线圈的空芯设计数据

电感量	线圈直径	匝数	线圈长度
97.68nH	5.0mm	5 匝	4.05mm

照片 4.2 是其通带内起伏特性的实测结果，照片 4.3 是其通带内反射损耗特性的实测结果。前面的章节中曾经讲过，在表征滤波器的匹配性时，反射损耗曲线是个很方便的特性曲线。

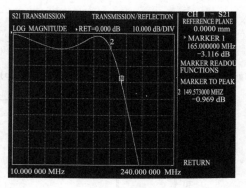

照片 4.2 所制作出的 3 阶切比雪夫型 LPF 的通带内起伏特性

（10～240MHz，1dB/div）

本来，等起伏带宽设计值是 165MHz，但照片 4.2 的实测结果却位于 150MHz 附近（参看图右侧的文字标注），比设计值小了约 10%。这种减小是电容器的自感和连接基板正反面地线的铜线电感所造成的。

照片 4.4 的衰减特性实测结果中，阻带部分出现了图 4.17 仿真结果中所没有的陷波点。为了减小这种影响，需要在基板正反面装配方面采取恰当的措施，以及选用自感量小的电容器。

照片 4.5 是截止频率附近的延时特性实测曲线。

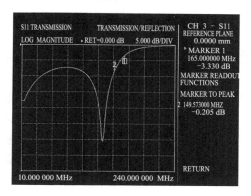

照片 4.3 所制作出的 3 阶切比雪夫型 LPF 的带内
反射损耗特性(10～240MHz,5dB/div)

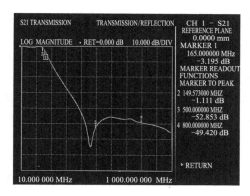

照片 4.4 所制作出的 3 阶切比雪夫型 LPF 的衰减特性
(10MHz～1GHz,10dB/div)

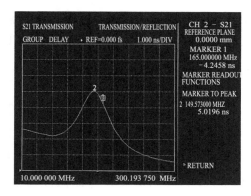

照片 4.5 所制作出的 3 阶切比雪夫型 LPF 的延时特性
(10～300MHz,1ns/div)

4.3 归一化切比雪夫型 LPF 的设计数据

图 4.18 给出了切比雪夫型归一化 LPF 的设计数据。切比雪夫型的归一化 LPF 设计数据没有采用－3dB 截止频率，而是采用了衰减特性中等起伏结束处的频率作为截止频率，它也就是等起伏带宽的值。之所以采用这个频率，是因为它在实际设计使用中比较方便。

也就是说，这里所给出的归一化切比雪夫型 LPF 设计数据与其他的归一化滤波器的设计数据是不同的，它的 $1/(2\pi)$ Hz 不在－3dB 点上，而是在等起伏带宽的终点频率上。图 4.19 中示出了等起伏带宽与－3dB 带宽的区别，显然，－3dB 带宽比等起伏带宽要宽一些。

另外，2 阶、4 阶、6 阶…等偶阶次的切比雪夫型滤波器，其输入特征阻抗与输出特征阻抗不相等。因而，图 4.18 中的偶阶滤波器设计数据中同时标出了与之对应的匹配阻抗值。

【例 4.4】 试设计等起伏带宽为 44kHz、特征阻抗为 600Ω、通带内起伏量为 0.5dB 的 9 阶 T 形切比雪夫型 LPF。

根据图 4.18 所给出的归一化 LPF 图表，可得起伏量为 0.5dB 的 9 阶 T 形归一化切比雪夫型 LPF 的设计数据如图 4.20 所示。

为了设计所要求的滤波器，就要把这个归一化 LPF 的截止频率 $1/(2\pi)$ Hz 变换成待设计滤波器的截止频率 44kHz，并把这个归一化 LPF 的特征阻抗 1Ω 变换成待设计滤波器的特征阻抗 600Ω。变换时所需的两个比值 M 和 K 分别如下算出。

$$M = \frac{待设计滤波器的等起伏带宽截止频率}{基准滤波器的等起伏带宽截止频率} = \frac{44\text{kHz}}{\left(\dfrac{1}{2\pi}\right)\text{Hz}}$$

$$= \frac{44 \times 10^3 \text{ Hz}}{0.159154\cdots\text{Hz}} \approx 276.460 \times 10^3$$

$$K = \frac{待设计滤波器的特征阻抗}{基准滤波器的特征阻抗} = \frac{600\Omega}{1\Omega} = 600.0$$

由此可以进一步计算出所要设计的滤波器电路如图 4.21 所示。

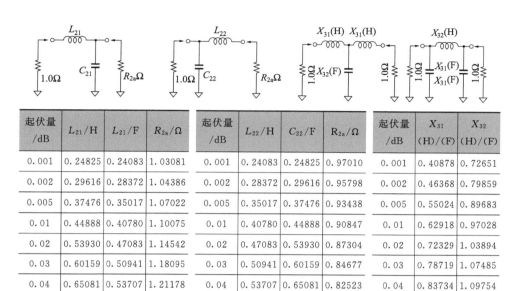

起伏量 /dB	L_{21}/H	L_{21}/F	R_{2a}/Ω	起伏量 /dB	L_{22}/H	C_{22}/F	R_{2a}/Ω	起伏量 /dB	X_{31} (H)/(F)	X_{32} (H)/(F)
0.001	0.24825	0.24083	1.03081	0.001	0.24083	0.24825	0.97010	0.001	0.40878	0.72651
0.002	0.29616	0.28372	1.04386	0.002	0.28372	0.29616	0.95798	0.002	0.46368	0.79859
0.005	0.37476	0.35017	1.07022	0.005	0.35017	0.37476	0.93438	0.005	0.55024	0.89683
0.01	0.44888	0.40780	1.10075	0.01	0.40780	0.44888	0.90847	0.01	0.62918	0.97028
0.02	0.53930	0.47083	1.14542	0.02	0.47083	0.53930	0.87304	0.02	0.72329	1.03894
0.03	0.60159	0.50941	1.18095	0.03	0.50941	0.60159	0.84677	0.03	0.78719	1.07485
0.04	0.65081	0.53707	1.21178	0.04	0.53707	0.65081	0.82523	0.04	0.83734	1.09754
0.05	0.69227	0.55845	1.23962	0.05	0.55845	0.69227	0.80670	0.05	0.87940	1.11316
0.06	0.72849	0.57572	1.26535	0.06	0.57572	0.72849	0.79030	0.06	0.91606	1.12443
0.07	0.76092	0.59009	1.28950	0.07	0.59009	0.76092	0.77550	0.07	0.94880	1.13278
0.08	0.79045	0.60230	1.31241	0.08	0.60230	0.79045	0.76196	0.08	0.97859	1.13907
0.09	0.81768	0.61282	1.33430	0.09	0.61282	0.81768	0.74946	0.09	1.00602	1.14382
0.10	0.84304	0.62201	1.35536	0.10	0.62201	0.84304	0.73781	0.10	1.03156	1.14740
0.20	1.03784	0.67455	1.53855	0.20	0.67455	1.03784	0.64996	0.20	1.22755	1.15254
0.30	1.18042	0.69572	1.69670	0.30	0.69572	1.18042	0.58938	0.30	1.37122	1.13786
0.40	1.29881	0.70455	1.84345	0.40	0.70455	1.29881	0.54246	0.40	1.49083	1.11801
0.50	1.40290	0.70708	1.98406	0.50	0.70708	1.40290	0.50402	0.50	1.59628	1.09669
0.60	1.49745	0.70595	2.12118	0.60	0.70595	1.49745	0.47144	0.60	1.69232	1.07519
0.70	1.58519	0.70253	2.25641	0.70	0.70253	1.58519	0.44318	0.70	1.78163	1.05401
0.80	1.66780	0.69760	2.39078	0.80	0.69760	1.66780	0.41827	0.80	1.86591	1.03340
0.90	1.74645	0.69156	2.52504	0.90	0.69165	1.74645	0.39603	0.90	1.94630	1.01342
1.00	1.82194	0.68501	2.65972	1.00	0.68501	1.82194	0.37598	1.00	2.02359	0.99410

(a) 2 阶 L-C 型 (b) 2 阶 C-L 型 (c) 3 阶

图 4.18 归一化切比雪夫型 LPF(等起伏带宽 $1/(2\pi)$ Hz，特征阻抗 1Ω)

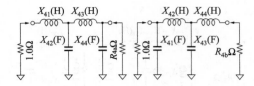

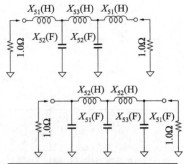

起伏量	X_{41}	X_{42}	X_{43}	X_{44}	X_{4a}	X_{4b}	起伏量	X_{51}	X_{52}	X_{53}
/dB	(H)/(F)	(H)/(F)	(H)/(F)	(H)/(F)	/Ω	/Ω	/dB	(H)/(F)	(H)/(F)	(H)/(F)
0.001	0.49488	0.98817	1.01862	0.48008	1.03081	0.97010	0.001	0.54266	1.12188	1.31019
0.002	0.54959	1.05487	1.10113	0.52650	1.04386	0.95798	0.002	0.59627	1.18120	1.38448
0.005	0.63518	1.14065	1.22076	0.59350	1.07022	0.93438	0.005	0.68013	1.25536	148986
0.01	0.71287	1.20035	1.32128	0.64762	1.10075	0.90847	0.01	0.75633	1.30492	1.57731
0.02	0.80532	1.25145	1.43344	0.70307	1.14542	0.87304	0.02	0.84717	1.34488	1.67481
0.03	0.86809	1.27540	1.50618	0.73508	1.18095	0.84677	0.03	0.90898	1.36192	1.73845
0.04	0.91740	1.28890	1.56190	0.75707	1.21178	0.82523	0.04	0.95758	1.37039	1.78752
0.05	0.95877	1.29701	1.60780	0.77344	1.23962	0.80670	0.05	0.99842	1.37454	1.82832
0.06	0.99486	1.30193	1.64740	0.78623	1.26535	0.79030	0.06	1.03407	1.37619	1.86370
0.07	1.02713	1.30477	1.68250	0.79653	1.28950	0.77550	0.07	1.06598	1.37625	1.89526
0.08	1.05650	1.30618	1.71424	0.80501	1.31241	0.76196	0.08	1.09503	1.37525	1.92394
0.09	1.08357	1.30656	1.74335	0.81209	1.33430	0.74946	0.09	1.12184	1.37350	1.95037
0.10	1.10879	1.30618	1.77035	0.81808	1.355536	0.73781	0.10	1.14681	1.37121	1.97500
0.20	1.30284	1.28443	1.97617	0.84680	1.53855	0.64996	0.20	1.33945	1.33702	2.16605
0.30	1.44569	1.25370	1.12714	0.85206	1.69670	0.58938	0.30	1.48164	1.29922	2.30947
0.40	1.56494	1.22253	2.25368	0.84892	1.84345	0.54246	0.40	1.60057	1.26322	2.43141
0.50	1.67031	1.19257	2.36612	0.84187	1.98406	0.50402	0.50	1.70577	1.22963	2.54083
0.60	1.76643	1.16412	2.46930	0.83276	2.12118	0.47144	0.60	1.80185	1.19831	2.64199
0.70	1.85596	1.13719	2.56596	0.82253	2.25641	0.44318	0.70	1.89141	1.16903	2.73730
0.80	1.94055	1.11168	2.65779	0.81168	2.39078	0.41827	0.80	1.97609	1.14153	2.82827
0.90	2.02132	1.08747	2.74591	0.80051	2.52504	0.39603	0.90	2.05698	1.11562	2.91591
1.00	2.09905	1.06444	2.83112	0.78920	2.65972	0.37598	1.00	2.13488	1.09111	3.00092

(d) 4 阶 　　　　　　　　　　　　　　　　　　　　(e) 5 阶

图 4.18 归一化切比雪夫型 LPF(等起伏带宽 $1/(2\pi)$Hz,特征阻抗 1Ω)(续)

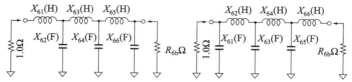

起伏量 /dB	X_{61} (H)/(F)	X_{62} (H)/(F)	X_{63} (H)/(F)	X_{64} (H)/(F)	X_{65} (H)/(F)	X_{66} (H)/(F)	R_{6a} /Ω	R_{6a} /Ω
0.001	0.57115	1.19630	1.45332	1.40988	1.23317	0.55408	1.03081	0.97010
0.002	0.62379	1.25031	1.51890	1.45509	1.30514	0.59759	1.04386	0.95798
0.005	0.70627	1.31674	1.61194	1.50617	1.40921	0.65992	1.07022	0.93438
0.01	0.78135	1.36001	1.68967	1.53503	1.49703	0.70984	1.10075	0.90847
0.02	0.87105	1.39338	1.77739	1.55173	1.59601	0.76046	1.14542	0.87304
0.03	0.93218	1.40647	1.83539	1.55416	1.66097	0.78935	1.18095	0.84677
0.04	0.98031	1.41211	1.88053	1.55188	1.71117	0.80899	1.21178	0.82523
0.05	1.02079	1.41407	1.91834	1.54752	1.75291	0.82347	1.23962	0.80670
0.06	1.05615	1.41393	1.95133	1.54213	1.78912	0.83467	1.26535	0.79030
0.07	1.08781	1.41248	1.98090	1.53618	1.82140	0.84359	1.28950	0.77550
0.08	1.11666	1.41017	2.00790	1.52993	1.85072	0.85085	1.31241	0.76196
0.09	1.14329	1.40728	2.03287	1.52354	1.87774	0.85685	1.33430	0.74964
0.10	1.16811	1.40397	2.05621	1.51710	1.90289	0.86185	1.35536	0.73781
0.20	1.35981	1.36322	2.23947	1.45557	2.09738	0.88383	1.53855	0.64996
0.30	1.50158	1.32178	2.37899	1.40213	2.24265	0.88500	1.69670	0.58938
0.40	1.62028	1.28331	2.49854	1.35536	2.36571	0.87894	1.84345	0.54246
0.50	1.72536	1.24787	2.60637	1.31366	2.47584	0.86962	1.98406	0.50402
0.60	1.82140	1.21510	2.70643	1.27591	2.57745	0.85867	2.12118	0.47144
0.70	1.91095	1.18643	2.80096	1.24134	2.67302	0.84690	2.25641	0.44318
0.80	1.99566	1.15615	2.89138	1.20939	2.76410	0.83473	2.39078	0.41827
0.90	2.07661	1.12939	2.97864	1.17964	2.85175	0.82241	2.52504	0.39603
1.00	2.15459	1.10413	3.06342	1.15178	2.93669	0.81008	2.65972	0.37598

(f) 6 阶

图 4.18 归一化切比雪夫型 LPF(等起伏带宽 $1/(2\pi)$ Hz,特征阻抗 1Ω)(续)

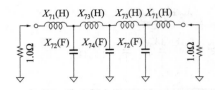

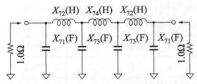

起伏量 /dB	X_{71} (H)/(F)	X_{72} (H)/(F)	X_{73} (H)/(F)	X_{74} (H)/(F)
0.001	0.58928	1.24139	1.53181	1.54694
0.002	0.64119	1.29178	1.59141	1.58115
0.005	0.72265	1.35316	1.67642	1.61665
0.01	0.79695	1.39242	1.74813	1.63313
0.02	0.88585	1.42169	1.83001	1.63718
0.03	0.94653	1.43237	1.88472	1.63215
0.04	0.99434	1.43631	1.92761	1.62461
0.05	1.03458	1.43695	1.96372	1.61619
0.06	1.06974	1.43573	1.99536	1.60750
0.07	1.10124	1.43338	2.02382	1.59878
0.08	1.12995	1.43029	2.04987	1.59016
0.09	1.15646	1.42672	2.07404	1.58169
0.10	1.18118	1.42281	2.09667	1.57340
0.20	1.37226	1.37820	2.27566	1.50016
0.30	1.51374	1.33464	2.41307	1.44031
0.40	1.63229	1.29474	2.53133	1.38923
0.50	1.73729	1.25824	2.63829	1.34433
0.60	1.83328	1.22464	2.73775	1.30409
0.70	1.92283	1.19349	2.83185	1.26748
0.80	2.00756	1.16443	2.92196	1.23383
0.90	2.08854	1.13718	3.00901	1.20264
1.00	2.16656	1.11151	3.09364	1.17352

(g) 7 阶

起伏量 /dB	X_{91} (H)/(F)	X_{92} (H)/(F)	X_{93} (H)/(F)	X_{94} (H)/(F)	X_{95} (H)/(F)
0.001	0.60999	1.29064	1.60995	1.66501	1.74458
0.002	0.66095	1.33677	1.66279	1.68762	1.78761
0.005	0.74113	1.39231	1.73903	1.70767	1.85055
0.01	0.81446	1.42706	1.80436	1.71254	1.90579
0.02	0.90241	1.45178	1.88016	1.70519	1.97173
0.03	0.96253	1.45981	1.93151	1.69367	2.01749
0.04	1.00997	1.46188	1.97212	1.68161	2.05426
0.05	1.04991	1.46109	2.00652	1.66975	2.08576
0.06	1.08485	1.45871	2.03681	1.65830	2.11375
0.07	1.11616	1.45539	2.06415	1.64729	2.13919
0.08	1.14471	1.45147	2.08927	1.63670	2.16269
0.09	1.17108	1.44716	2.11262	1.62652	2.18466
0.10	1.19567	1.44260	2.13455	1.61672	2.20537
0.20	1.38603	1.39389	2.30932	1.53405	2.37280
0.30	1.52717	1.34807	2.44466	1.46913	2.50450
0.40	1.64554	1.30666	2.56166	1.41469	2.61927
0.50	1.75044	1.26904	2.66778	1.36733	2.72390
0.60	1.84638	1.23457	2.76664	1.32516	2.82173
0.70	1.93592	1.20271	2.86032	1.28699	2.91467
0.80	2.02065	1.17305	2.95013	1.25205	3.00394
0.90	2.10166	1.14529	3.03695	1.21975	3.09040
1.00	2.17972	1.11918	3.12143	1.18967	3.17463

(h) 9 阶

图 4.18 归一化切比雪夫型 LPF(等起伏带宽 $1/(2\pi)$ Hz,特征阻抗(1Ω)(续)

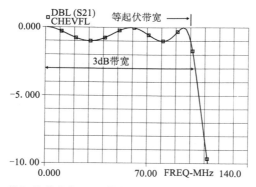

图 4.19 等起伏带宽与 3dB 带宽的区别（起伏量为 10dB 的情况下）

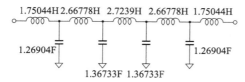

图 4.20 9 阶 T 形归一化切比雪夫型 LPF（通带内起伏量为 0.5dB）

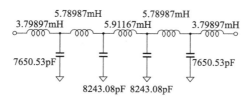

图 4.21 所设计出的 9 阶 T 形切比雪夫型 LPF
（等起伏带宽 44kHz，特征阻抗 600Ω，起伏量 0.5dB）

　　该滤波器的仿真特性如图 4.22 所示。从图 4.22（b）可以看出，滤波器通带内的峰值个数和谷值个数加起来共有 9 个，这个总个数恰好等于滤波器的阶数。反之，从滤波器的阶数也可以肯定，它的通带内衰减特性曲线上一定有 9 个极值（极大和极小）点。

　　图 4.22（c）是该滤波器与特征阻抗 600Ω 的匹配性的仿真结果。切比雪夫型滤波器的情况下，通带内的起伏程度与通带内的阻抗匹配性（反射损耗特性）密切相关（关于匹配性问题，讲述定 K 型 LPF 设计的章节中已经详细解释过了）。如果加大通带内的起伏程度，通带内的匹配性就会变差。反之，如果想要让通带内的匹配性好一些，就得减小通带内的起伏程度。

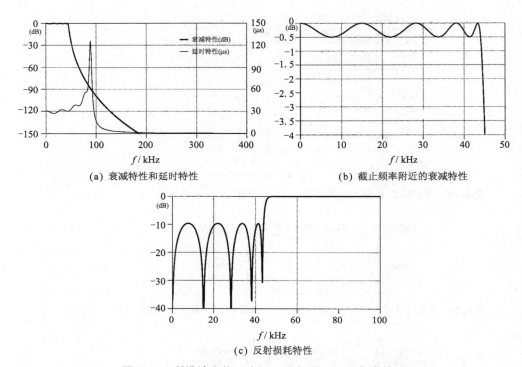

(a) 衰减特性和延时特性   (b) 截止频率附近的衰减特性

(c) 反射损耗特性

图 4.22 所设计出的 9 阶切比雪夫型 LPF 的仿真结果

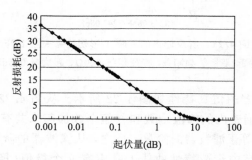

图 4.23 起伏量与反射损耗的关系

图 4.23 的曲线示出了通带内起伏量与通带内反射损耗最大值之间的关系。表示这一关系的计算公式如下，即

$$通带内的起伏量(dB) = -10\log(1 - \Gamma^2)$$

式中，Γ 为反射系数，$\Gamma = 10^{\frac{-RL}{20}}$；RL 为反射损耗（dB），$RL = -20\log|\Gamma|$

$$VSWR = \frac{1 + |\Gamma|}{1 - |\Gamma|}$$

例如，反射损耗为 20dB 情况下的反射系数为 $\Gamma=0.1$，这时，可计算出通带内的起伏量为 0.04dB。

【例 4.5】 试设计等起伏带宽为 190MHz、特征阻抗为 50Ω、通带内起伏量为 0.1dB 的 5 阶 π 形切比雪夫型 LPF。

根据图 4.18 所给出的归一化 LPF 图表，可得起伏量为 0.1dB 的 5 阶 π 形归一化切比雪夫型 LPF 的设计数据如图 4.24 所示。

通过把这个归一化 LPF 的截止频率 $1/(2\pi)$Hz 变换成待设计滤波器的截止频率 190MHz，并把这个归一化 LPF 的特征阻抗 1Ω 变换成待设计滤波器的特征阻抗 50Ω，即可得到所要设计的滤波器。变换时所要用到的两个比值 M 和 K 分别如下计算。

$$M = \frac{待设计滤波器的等起伏带宽截止频率}{基准滤波器的等起伏带宽截止频率} = \frac{190\text{MHz}}{\left(\dfrac{1}{2\pi}\right)\text{Hz}}$$

$$= \frac{190\times10^6\,\text{Hz}}{0.159154\cdots\text{Hz}} \approx 1193.8052\times10^6$$

$$= 1.1938025\times10^9$$

$$K = \frac{待设计滤波器的特征阻抗}{基准滤波器的特征阻抗} = \frac{50\Omega}{1\Omega} = 50.0$$

再通过对各元件值的计算，即得图 4.25 所示的滤波器电路。这个滤波器的仿真特性如图 4.26 所示。由于该滤波器的阶数是 5，所以图 4.26(b) 的通带内可以看到有 5 个极值（极大和极小）点。

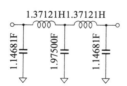

图 4.24 5 阶归一化切比雪夫型 LPF（等起伏带宽 $1/(2\pi)$Hz，特征阻抗 1Ω，起伏量 0.1dB）

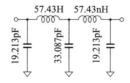

图 4.25 所设计出的 5 阶切比雪夫型 LPF

（等起伏带宽 190MHz，通带内起伏量 0.1dB，特征阻抗 50Ω）

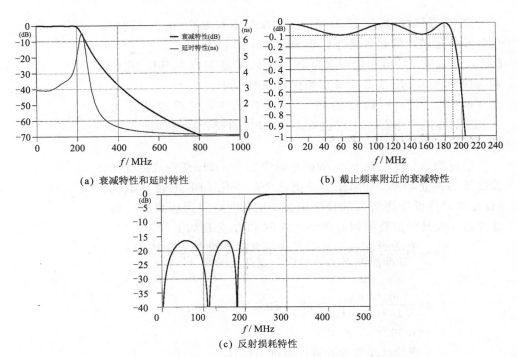

(a) 衰减特性和延时特性   (b) 截止频率附近的衰减特性

(c) 反射损耗特性

图 4.26 所设计 5 阶切比雪夫型 LPF 的仿真结果

【例 4.6】 试设计出一侧端口特征阻抗为 50Ω、等起伏带宽为 $300\mathrm{kHz}$、起伏量为 $0.3\mathrm{dB}$ 的 2 阶切比雪夫型 LPF，并求出另一侧端口的特征阻抗值。

起伏量为 $0.3\mathrm{dB}$ 的 2 阶切比雪夫型归一化 LPF 有两种电路形式，根据图 4.18 所给出的设计数据，可得，这两种归一化电路及其参数如图 4.27 所示。

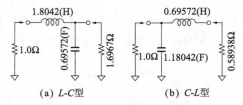

(a) L-C型   (b) C-L型

图 4.27 2 阶归一化切比雪夫型 LPF(起伏量 $0.3\mathrm{dB}$，
等起伏带宽 $1/(2\pi)\mathrm{Hz}$，特征阻抗 1Ω)

我们先来按图 4.27(a)的归一化 L-C 型滤波器进行设计。

【步骤 1】 为进行截止频率变换而求比值 M。

$$M = \frac{\text{待设计滤波器的等起伏带宽截止频率}}{\text{基准滤波器的等起伏带宽截止频率}} = \frac{300\text{kHz}}{\left(\frac{1}{2\pi}\right)\text{Hz}}$$

$$= \frac{300 \times 10^3 \text{Hz}}{0.159154\cdots\text{Hz}} \approx 1.8849556 \times 10^6$$

【步骤 2】 将图 4.27(a)的归一化 LPF 的所有元件值除以 M，得到实现了截止频率变换的滤波器构成元件值。

$$L_{(\text{NEW})} = \frac{L_{(\text{OLD})}}{M} = \frac{1.18042(\text{H})}{1884955.592} \approx 0.62632\mu\text{H}$$

$$C_{(\text{NEW})} = \frac{C_{(\text{OLD})}}{M} = \frac{0.69572(\text{F})}{1884955.592} \approx 0.369091\mu\text{F}$$

至此，得到的是特征阻抗为 1Ω、等起伏带宽为 300kHz 的 2 阶切比雪夫型 LPF，其电路如图 4.28(a)所示。

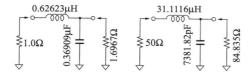

(a) 只经过截止频率变换   (b) 进而经过特征阻抗变换后
后所得的中间结果   所得的最终结果

图 4.28 2 阶切比雪夫型 LPF(起伏量 0.3dB，
等起伏带宽 300kHz，特征阻抗 50Ω)

【步骤 3】 为了把图 4.27(a)电路左侧端口的归一化特征阻抗 1Ω 变换成 50Ω 而求比值 K。

$$K = \frac{\text{待设计滤波器的特征阻抗}}{\text{基准滤波器的特征阻抗}} = \frac{50\Omega}{1\Omega} = 50.0$$

【步骤 4】 将步骤 2 所得到的滤波器的所有电感元件值乘以 K，将其所有的电容元件值除以 K。

$$L_{(\text{NEW})} = L_{(\text{OLD})} \times K = 0.626232(\mu\text{H}) \times 50 = 31.3116\mu\text{H}$$

$$C_{(\text{NEW})} = \frac{C_{(\text{OLD})}}{K} = \frac{0.369091\mu\text{F}}{50} = 0.00738182(\mu\text{F})$$

$$= 7.38182(\text{nF}) = 7381.82\text{pF}$$

至此，便得到了左侧特征阻抗为 50Ω 的 2 阶切比雪夫型 LPF，它的等起伏带宽为 300kHz、通带内起伏量为 0.3dB，其电路如图 4.28(b)所示。另外，图 4.28(b)已标出了右端特征阻抗值为 84.835Ω，它是从图 4.27(a)电路上所给出的右端特征阻抗值(亦即图 4.28(a)电路的右端特征阻抗值)1.69670Ω，按照下式计算出来的。

$$Z=1.69670\Omega\times50=84.835\Omega$$

如果用一端特征阻抗为 50Ω、另一端特征阻抗为 84.835Ω 的测定器对上面所设计出的滤波器进行测试，将得到如图 4.29 所示的特性曲线。

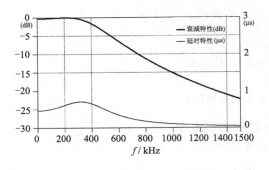

(a) 衰减特性和延时特性

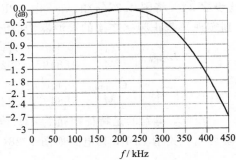

(b) 截止频率附近的衰减特性

图 4.29 所设计出的 300kHz 50Ω 2 阶切比雪夫型 LPF 的仿真结果
（端口按所设计特征阻抗严格终接的情况下）

应该注意的是，由于偶阶切比雪夫型滤波器两个端口上的特征阻抗不同，所以，如果不加区分地给两端都接上 50Ω 终接电阻，其结果是滤波器将不能得到图 4.29 所示的设计特性，而是得到图 4.30 所示的特性。显然，这个特性是很差的。

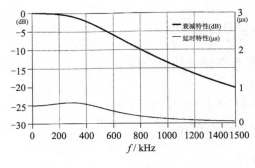

(a) 衰减特性和延时特性

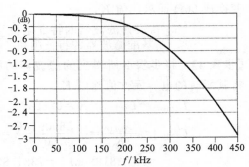

(b) 截止频率附近的衰减特性

图 4.30 所设计出的 300kHz 50Ω 2 阶切比雪夫型 LPF 的仿真结果
（两个端口都用 50Ω 终接的情况下）

输入/输出特征阻抗不同的滤波器在实际应用中很不方便，为此，可以采用附录 A 所述的电路变换方法，将其变换成输入/

输出特征相同的电路。

如果按图 4.27(b)的 C-L 型归一化滤波器进行设计的话,可得图 4.31 所示的电路。这种情况下,由于归一化 LPF 的右端特征阻抗是 0.58938Ω,因而算得的待设计滤波器右端特征阻抗为 29.469Ω。

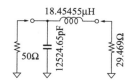

图 4.31 所设计出的 2 阶切比雪夫型 LPF(起伏量 0.3dB,
等起伏带宽 300kHz,特征阻抗 50Ω)

【**例 4.7**】 对于截止频率为 20MHz 的 7 阶巴特沃思型 LPF 和具有同程度截止特性的切比雪夫 LPF,同时输入占空比为 50% 的 2MHz 方波信号,观察分析其响应情形。

参照前一章中的图 3.16(f),可获得 7 阶 π 形归一化巴特沃思型 LPF 的设计数据,对这个设计数据进行截止频率变换和特征阻抗变换之后,可得到截止频率为 20MHz、特征阻抗 50Ω 的 7 阶 π 形巴特沃思型 LPF,其电路如图 4.32(a)所示。

我们把这个巴特沃思型 LPF 与具有同程度截止特性且通带内起伏为 1.0dB 的 5 阶切比雪夫型 LPF 来作比较,为此,我们再设计一个等起伏带宽为 20MHz、起伏量为 1.0dB、特征阻抗为 50Ω 的 5 阶切比雪夫型 LPF。其设计依据就是图 4.18(e)的 π 形 5 阶切比雪夫型归一化 LPF,其归一化元件值可根据起伏量 1.0dB,从图 4.18(e)的表格中获取。所设计出的滤波器如图 4.32(b)所示。

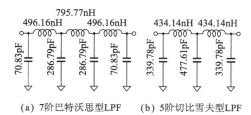

(a) 7阶巴特沃思型LPF   (b) 5阶切比雪夫型LPF

图 4.32 截止频率为 20MHz 且特征阻抗为 50Ω 的两种不同 LPF

将具有 50Ω 阻抗的 2MHz 方波信号源加到这两个滤波器的

输入端(具体连接方法可参考例 2.13)进行仿真测试,其结果如图 4.33 所示。

因为所加信号是重复频率为 2MHz 的方波,而滤波器的带宽是该重复频率的 10 倍,所以高次谐波应该能够顺利通过。一般谈论滤波器的时域响应时,常常只是关心输出波形的情形而不大注意输入端所受到的影响。但这里我们注意到,图 4.33 的滤波器输入端口波形也发生了失真。如果存在着将信号在输入端加以分配而由其他电路来使用该信号的情形,这种输入端上的波形失真就会成为相当大的问题。

这两个滤波器的频带都高达 20MHz,都能让输入方波的 10 次谐波顺利通过,初看上去似乎二者的输出端所输出的都是方波信号。但是实际上,由于二者对不同频率的延时特性并不相同,所以输出端的波形失真也不相同。

也就是说,由于基波和高次谐波出现在输出端的时间先后是不相同的,因而输出端也就不能规整地合成出方波信号波形。从图中可以看出,延时特性差的切比雪夫型滤波器的输入端波形扭曲程度较为严重,其输出端波形中的振铃持续时间也较长。

这个对比结果告诉我们,在处理高次谐波成分较多的信号时,要选用群延迟特性好的滤波器,这样,才能够得到良好的结果。

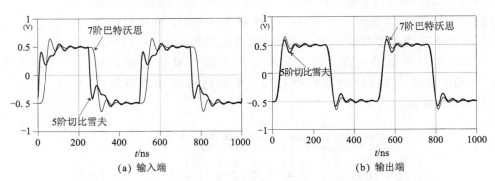

(a) 输入端   (b) 输出端

图 4.33 占空比为 50% 的 2MHz 方波加在截止频率同为 20MHz 的两种不同 LPF 输入端时的输入/输出端波形

第 5 章

贝塞尔型低通滤波器的设计
——通带内群延迟特性最平坦的滤波器

贝塞尔型滤波器（Bessel filter）有时也称为汤姆逊滤波器（Thomson filter）。这种滤波器的特点是它的通带内群延迟特性最为平坦。由于群延迟特性平坦，因而这种滤波器能够无失真地传送诸如方波、三角波等频谱很宽的信号。

贝塞尔型滤波器与下一章将要讲到的高斯型滤波器在特性上非常相似，但高斯型滤波器的群延迟特性不如贝塞尔型滤波器的群延迟特性平坦。

贝塞尔型滤波器也有缺点，这就是它的衰减特性不好。

5.1　贝塞尔型低通滤波器特性概述

图 5.1～图 5.3 示出了以变量 f 作为截止频率的贝塞尔型 LPF 特性曲线簇。由于这种特性曲线簇的坐标刻度是频率 f 的函数，因而用它们能够很方便地求得具有某个所希望截止频率的贝塞尔滤波器的衰减特性和延时特性。

5.2　依据归一化 LPF 来设计贝塞尔型低通滤波器

我们随时都在交代，本书中所说的归一化 LPF，指的是特征阻抗为 1Ω 且截止频率为 $1/(2\pi)$ Hz 的低通滤波器，书中所给出的归一化 LPF 设计数据也都是这种意义上的归一化数据。有了这种归一化 LPF 设计数据作为基本依据，具有任何截止频率和任何特征阻抗的滤波器都可以按照图 5.4 所示的设计步骤很简便地计算出来。

在设计贝塞尔型 LPF 的情况下，就是以贝塞尔型归一

LPF 设计数据为基准,将它的截止频率值和特征阻抗值变换成待设计滤波器的截止频率值和特征阻抗值。

滤波器截止频率的变换,就是按下式求得一个比值 M,并把作为基准的归一化 LPF 的所有元件值除以这个 M。

$$M = \frac{\text{待设计滤波器的截止频率}}{\text{基准滤波器的截止频率}}$$

$$L_{(\text{NEW})} = \frac{L_{(\text{OLD})}}{M}$$

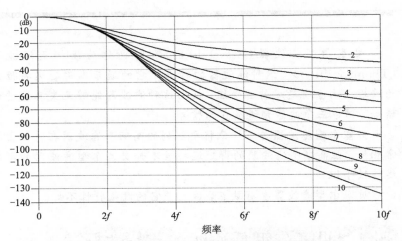

图 5.1 2 阶～10 阶贝塞尔型 LPF 的衰减特性

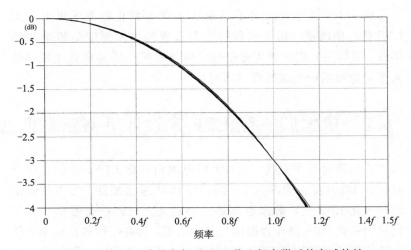

图 5.2 2 阶～10 阶贝塞尔型 LPF 截止频率附近的衰减特性

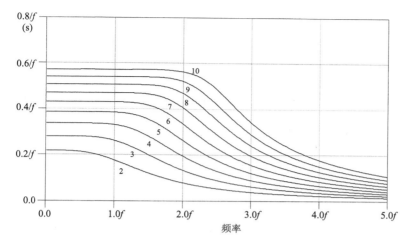

图 5.3　2 阶～10 阶贝塞尔型 LPF 的延时特性

$$C_{(\text{NEW})}=\frac{C_{(\text{OLD})}}{M}$$

滤波器特征阻抗的变换，就是按下式求得一个比值 K，并把作为基准的归—化 LPF 的所有电感元件值乘以 K，将其所有电容元件值除以 K。

$$K=\frac{待设计滤波器的特征阻抗}{基准滤波器的特征阻抗}$$

$$L_{(\text{NEW})}=L_{(\text{OLD})}\times K$$

$$C_{(\text{NEW})}=\frac{C_{(\text{OLD})}}{K}$$

图 5.5 给出了 2 阶归—化贝塞尔型 LPF 的设计数据。现在，我们就以这个设计数据为基准来设计几个滤波器。

图 5.4　利用归—化 LPF 设计数据
来设计滤波器时的步骤

图 5.5　2 阶归—化贝塞尔型 LPF
（截止频率 $1/(2\pi)$ Hz，特征阻抗 1Ω）

【例 5.1】　试设计出特征阻抗为 1Ω 且截止频率为 100 Hz 的 2 阶贝塞尔型 LPF，并将其特性与同阶巴特沃思型 LPF 的特性加以比较。

由于待设计滤波器的特征阻抗为 1Ω，它与归一化 LPF 的特征阻抗相同，因而只要将归一化 LPF 的截止频率 $1/(2\pi)$ Hz 变换成 100Hz，就得到了所要设计的滤波器。

【步骤 1】 计算待设计滤波器截止频率与作为基准的归一化 LPF 截止频率的比值 M。

$$M = \frac{\text{待设计滤波器的截止频率}}{\text{基准滤波器的截止频率}} = \frac{100\text{Hz}}{\left(\dfrac{1}{2\pi}\right)\text{Hz}}$$

$$= \frac{100\text{Hz}}{0.159154\cdots\text{Hz}} \approx 628.31853$$

【步骤 2】 将归一化 LPF 的所有元件值除以 M，即得待设计滤波器的各元件值，其计算结果如下。

$$L_{(\text{NEW})} = \frac{L_{(\text{OLD})}}{M} = \frac{2.147805}{628.31853} \approx 0.00341834\,(\text{H})$$

$$= 3.41834\text{mH}$$

$$C_{(\text{NEW})} = \frac{C_{(\text{OLD})}}{M} = \frac{0.575503}{628.31853} \approx 0.00091594\,(\text{F})$$

$$= 0.91594\,(\text{mF}) = 915.94\,\mu\text{F}$$

3.41834mH

915.94μF

图 5.6 所设计出的截止频率为 100Hz 且特征阻抗为 1Ω 的 2 阶贝塞尔型 LPF

所得到的特征阻抗为 1Ω 且截止频率为 100Hz 的 2 阶贝塞尔型 LPF 电路如图 5.6 所示，该滤波器特性的仿真结果示于图 5.7。

与切比雪夫型 LPF 及巴特沃思型 LPF 相比，贝塞尔型 LPF 显示出了良好延时特性，但衰减特性并不好。图 5.7(b) 是截止频率附近的衰减特性放大图。与采用经典设计法所设计的定 K 型 LPF 和 m 推演型 LPF 不同，贝塞尔型 LPF 的截止频率设计值 100Hz 准确地落在了 −3dB 衰减点上。

【例 5.2】 试设计特征阻抗为 50Ω 且截止频率为 300kHz 的 2 阶贝塞尔型 LPF。

这个滤波器的设计仍然是依据图 5.5 所示的归一化 LPF 设计数据来进行，但因为既要改变截止频率，又要改变特征阻抗，所以设计步骤需要 4 步。

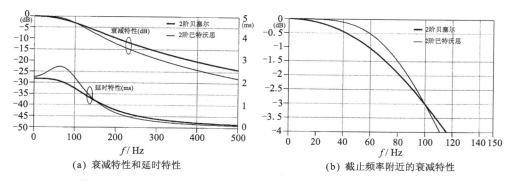

(a) 衰减特性和延时特性　　　　　　　　(b) 截止频率附近的衰减特性

图 5.7 100Hz 1Ω 2 阶贝塞尔型 LPF 与巴特沃思型 LPF 的特性比较

【步骤 1】 为进行截止频率变换而求比值 M。

$$M = \frac{待设计滤波器的截止频率}{基准滤波器的截止频率} = \frac{300\text{kHz}}{\left(\dfrac{1}{2\pi}\right)\text{Hz}}$$

$$= \frac{300 \times 10^3 \text{Hz}}{0.159154 \cdots \text{Hz}} \approx 1.8849556 \times 10^6$$

【步骤 2】 将归一化 LPF 的所有元件值除以 M，从而实现截止频率变换。

$$L_{(\text{NEW})} = \frac{L_{(\text{OLD})}}{M} = \frac{2.147805}{1.8849556} \approx 1.139446 \times 10^{-6} \text{(H)}$$

$$= 1.139446\mu\text{H}$$

$$C_{(\text{NEW})} = \frac{C_{(\text{OLD})}}{M} = \frac{0.575503}{1.8849556 \times 10^6} \approx 0.305314 \times 10^{-6} \text{(F)}$$

$$= 0.305314\mu\text{F}$$

到这一步为止，只是对归一化 LPF 施加了截止频率变换，所设计出的滤波器，其特征阻抗仍保持 1Ω 不变，只有截止频率从 0.15915Hz 变成了 300kHz。变换后所得到的 2 阶贝塞尔型 LPF 如图 5.8(a) 所示。

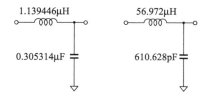

(a) 只经过截止频率变换　　　(b) 进而经过特征阻抗变换
　　　后所得到的中间结果　　　　　　后所得到的最终结果

图 5.8 截止频率为 300kHz 且特征阻抗为 50Ω 的 2 阶贝塞尔型 LPF 的设计

【**步骤 3**】 为进行特征阻抗变换而求比值 K。

$$K = \frac{待设计滤波器的特征阻抗}{基准滤波器的特征阻抗} = \frac{50\Omega}{1\Omega} = 50.0$$

【**步骤 4**】 将步骤 2 所得滤波器的所有电感元件值乘以 K，将其所有电容元件值除以 K，从而实现特征阻抗变换。

$$L_{(NEW)} = L_{(OLD)} \times K = 1.139446(\mu H) \times 50 \approx 56.972\mu H$$

$$C_{(NEW)} = \frac{C_{(OLD)}}{K} = \frac{0.305314(\mu F)}{50} = 0.00610628\mu F$$

$$= 6106.28pF$$

到这一步为止，设计计算即告完成，所完成的特征阻抗为 50Ω 且截止频率为 300kHz 的 2 阶贝塞尔型 LPF 电路如图 5.8 (b)所示，该电路的仿真特性示于图 5.9。与切比雪夫型等滤波器相比，它的延时特性曲线基本上是平直的，即群延迟特性相当好。

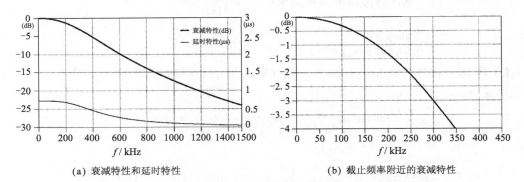

(a) 衰减特性和延时特性   (b) 截止频率附近的衰减特性

图 5.9 所设计出的 300kHz 50Ω 2 阶贝塞尔型 LPF 的仿真结果

5.3 归一化贝塞尔型 LPF 的设计数据

前面介绍了几个依据归一化 LPF 来设计所需要滤波器的例子。这些例子说明，只要有了归一化 LPF 的设计数据，就可以通过对其施加截止频率变换和特征阻抗变换，来自由地设计所希望的滤波器。

图 5.10 给出了 2 阶～11 阶的归一化贝塞尔型 LPF 的设计数据。

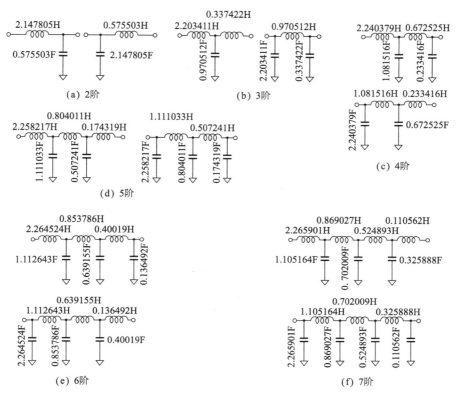

图 5.10 归一化贝塞尔型 LPF(截止频率 $1/(2\pi)$ Hz,特征阻抗 1Ω)

【**例 5.3**】 试设计特征阻抗为 75Ω 且截止频率为 120MHz 的 2 阶贝塞尔型 LPF。

这个例题是依据本节中所给出的归一化 LPF 设计数据来设计贝塞尔型 LPF 的例子,待设计滤波器的特征阻抗为 75Ω,其截止频率为 120MHz,其阶数为 2 阶。我们选用图 5.10(a)右侧所示的 2 阶归一化 LPF 来进行设计。

【**步骤 1**】 为进行截止频率变换而求取比值 M。

$$M=\frac{\text{待设计滤波器的截止频率}}{\text{基准滤波器的截止频率}}=\frac{120\text{MHz}}{\left(\dfrac{1}{2\pi}\right)\text{Hz}}$$

$$=\frac{120\times10^6\text{Hz}}{0.159154\cdots\text{Hz}}\approx753.9822\times10^6=0.7539822\times10^9$$

【**步骤 2**】 将归一化 LPF 的所有元件值除以 M,从而实现截止频率变换。

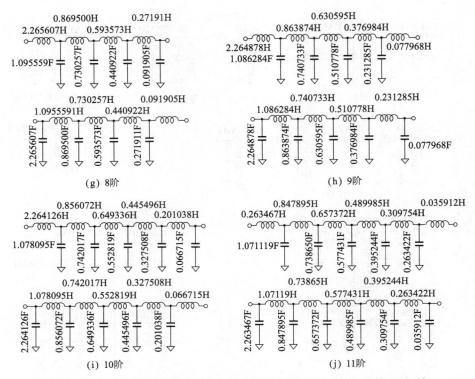

图 5.10 归一化贝塞尔型 LPF（截止频率 $1/(2\pi)$ Hz，特征阻抗 1Ω）（续）

$$L_{(NEW)}=\frac{L_{(OLD)}}{M}=\frac{0.575503}{0.7539822\times10^9}\approx0.76328\times10^{-9}\,(H)$$
$$=0.76328(nH)$$

$$C_{(NEW)}=\frac{C_{(OLD)}}{M}=\frac{0.575503}{1.036726\times10^9}\approx2.84861\times10^{-9}\,(F)$$
$$=2.84861nF=2848.61pF$$

所得到的滤波器为特征阻抗与归一化 LPF 特征阻抗 1Ω 相同而截止频率已变为 120MHz 的 2 阶贝塞尔型 LPF，其电路如图 5.11(a)所示。

【步骤 3】 为进行特征阻抗变换而求取比值 K。

$$K=\frac{待设计滤波器的特征阻抗}{基准滤波器的特征阻抗}=\frac{75\Omega}{1\Omega}=75.0$$

【步骤 4】 将步骤 2 所得滤波器的所有电感元件值乘以 K，将其所有电容元件值除以 K，从而实现阻抗变换。

$$L_{(NEW)}=L_{(OLD)}\times K=0.76328(nH)\times75=57.246nH$$

$$C_{(\text{NEW})} = \frac{C_{(\text{OLD})}}{M} = \frac{2848.61(\mu\text{F})}{75} \approx 37.981\text{pF}$$

至此，设计即告结束。所完成的特征阻抗为 75Ω 且截止频率为 120MHz 的 2 阶贝塞尔型 LPF 电路如图 5.11(b)所示。该滤波器特性的仿真结果示于图 5.12。

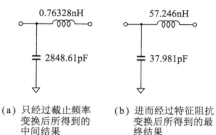

(a) 只经过截止频率　　(b) 进而经过特征阻抗
　　变换后所得到的　　　变换后所得到的最
　　中间结果　　　　　　终结果

图 5.11 截止频率为 120MHz 且特征阻抗为 75Ω
的 2 阶贝塞尔型 LPF 的设计

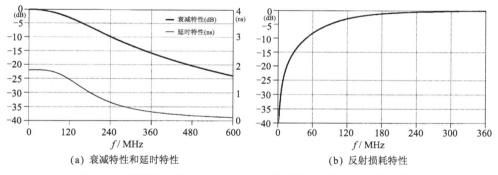

(a) 衰减特性和延时特性　　　　　　(b) 反射损耗特性

图 5.12 所设计出的 120MHz 75Ω 2 阶贝塞尔型 LPF 的仿真结果

【例 5.4】 先设计出截止频率为 20MHz 且特征阻抗为 50Ω 的 3 阶 π 形贝塞尔型 LPF，然后将 10MHz 的方波输入给该滤波器进行信号通过滤波器的仿真试验，并将试验结果与同阶数同截止频率的巴特沃思型 LPF 进行比较。

首先，参照前述的归一化 LPF 设计数据，得到 3 阶 π 形归一化切贝塞尔型 LPF 的电路如图 5.10(b)的右侧电路所示。

接着，将归一化 LPF 的截止频率变换成 20MHz。为此要按下式计算出待设计滤波器截止频率与基准滤波器截止频率的比值 M。

$$M = \frac{\text{待设计滤波器的截止频率}}{\text{基准滤波器的截止频率}} = \frac{20\text{MHz}}{\left(\dfrac{1}{2\pi}\right)\text{Hz}}$$

$$= \frac{20 \times 10^6 \text{Hz}}{0.159154 \cdots \text{Hz}} \approx 125.6637 \times 10^6$$

利用这个 M 值改变归一化 LPF 的电路元件值,使截止频率变为待设计滤波器的截止频率,得到图 5.13(a)所示的中间结果电路。

进而,将图 5.13(a)电路的特征阻抗(也就是归一化 LPF 的特征阻抗)1Ω 变换成 50Ω。为此要按下式计算出待设计滤波器特征阻抗与基准滤波器特征阻抗的比值 K。

$$K = \frac{\text{待设计滤波器的特征阻抗}}{\text{基准滤波器的特征阻抗}} = \frac{50\Omega}{1\Omega} = 50.0$$

利用这个 K 值进行特征阻抗变换后,即得到图 5.13(b)所示的最终结果电路。

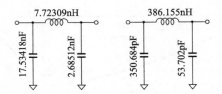

(a) 只经过截止频率变   (b) 进而经过特征阻抗变
     换后的中间结果   换后的最终结果

图 5.13 截止频率为 20MHz 且特征阻抗为 50Ω 的
3 阶 π 形贝塞尔型 LPF 的设计

图 5.14 3 阶 π 形巴特沃思型 LPF
(截止频率 20MHz,特征阻抗 50Ω)

此外,作为比较之用,再设计一个截止频率为 20MHz 且特征阻抗为 50Ω 的 3 阶 π 形巴特沃思型 LPF,这个滤波器也是通过对归一化 LPF 施以截止频率变换和特征阻抗变换而求得的,它的电路如图 5.14 所示。

最后,进行方波信号通过滤波器时的仿真试验,即把重复频率为所设计滤波器截止频率一半的 10MHz 方波加给滤波器,观察滤波器输入端和输出端上的信号波形变化情形。

仿真结果如图 5.15 所示。从仿真结果可以看出,由于贝塞尔型滤波器的延时特性是平坦的,因而方波通过该滤波器后失真较小，而巴特沃思型滤波器的输出波形失真则较大。此外，由于巴特沃思型滤波器的截止特性陡峭，因而它的输出端方波边沿变化也就较为缓慢。当然，如果这里作为比较用的滤波器是切比雪夫型等延时特性差的滤波器，那么，输出方波的失真就会更大。

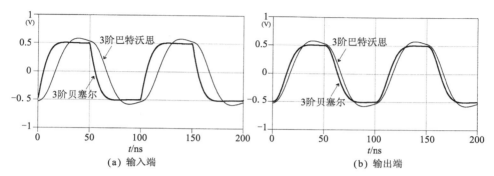

(a) 输入端　　　　　　　　　　　(b) 输出端

图 5.15　占空比为 50％、重复频率为 10MHz、振幅为 ±1V 的方波信号通过截止频率为 20MHz 的 LPF 时的波形变化情形

仿真试验的结果告诉我们，当想要传送频谱较宽的信号时，不仅要注意所使用滤波器的衰减特性，并且要注意滤波器的延时特性。

【例 5.5】　观察分析占空比为 50％且重复频率为 2MHz 的方波信号，通过 7 阶滤波器后的波形变化的情况。所用滤波器采用截止频率为 20MHz 且特征阻抗为 50Ω 的 7 阶 π 形贝塞尔型 LPF，以及同阶同截止频率的巴特沃思型 LPF。

首先，依据图 5.10(f) 所给出的 7 阶 π 形归一化贝塞尔型 LPF 设计数据，将其截止频率变换成 20MHz，将其特征阻抗变换成 50Ω，得到图 5.16(a) 所示的 7 阶 π 形贝塞尔型 LPF。

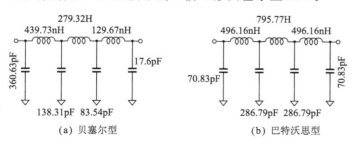

(a) 贝塞尔型　　　　　　　　　(b) 巴特沃思型

图 5.16　7 阶 π 型 LPF（截止频率 20MHz，特征阻抗 50Ω）

同样，依据巴特沃思型 LPF 章节中所给出的 7 阶 π 形巴特沃

思型归一化 LPF 设计数据,将其截止频率变换成 20MHz,将其特征阻抗变换成 50Ω,得到图 5.16(b)所示的 7 阶 π 形巴特沃思型 LPF。

分别给这两个滤波器加上重复频率为 2MHz、振幅为 ±1V 的方波信号,以对比的方式记录下它们的输入输出端信号波形,其仿真结果如图 5.17 所示。

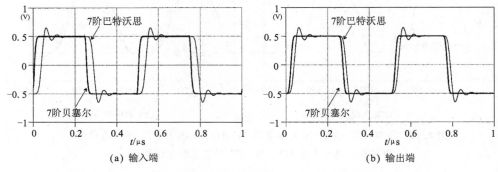

(a) 输入端   (b) 输出端

图 5.17 占空比为 50%,重复频率为 2MHz,振幅为 ±1V 的方波信号通过截止频率为 20MHz 的 LPF 时的波形变化情况

由于这两个滤波器的截止频率都是 20MHz,而所加方波信号的重复频率是 2MHz,因而两个滤波器都能让方波信号的高次谐波顺利通过,方波波形似乎都不应该有失真。但是,巴特沃思型滤波器上的方波波形却出现了振铃现象。这种现象就是因为巴特沃思型滤波器的延时特性不平坦,所以它对方波的基波和高次谐波的延时量不同,从而造成了基波和高次谐波到达滤波器输出端的时间不一致。这样,合成的方波就产生了振铃失真。

这个仿真实验的结果告诉我们,在传送含有高次谐波成分的信号时,要特别注意群延迟特性。贝塞尔型滤波器具有平坦的群延迟特性,它能够不失真地传送信号波形。

第 6 章
高斯型低通滤波器的设计
——群延迟特性在通带内就开始缓慢变化的滤波器

高斯型滤波器（Gaussian filter）的特性与前一章所讲过的贝塞尔型滤波器非常相似。二者的主要差别在于：贝塞尔型滤波器的延时特性曲线在通带内特别平坦，并且是在进入阻带区以后才开始迅速趋近于零值的；而高斯型滤波器的延时特性曲线则是在通带内就开始缓慢变化，并且趋近于零值的速度较慢。

与贝塞型尔滤波器一样，高斯型滤波器的截止特性也不好。

6.1 高斯型低通滤波器特性概述

图 6.1～图 6.3 示出了以 f 作为截止频率的高斯型 LPF 的特性曲线簇。由于这种特性曲线簇的坐标刻度是频率 f 的函数，因

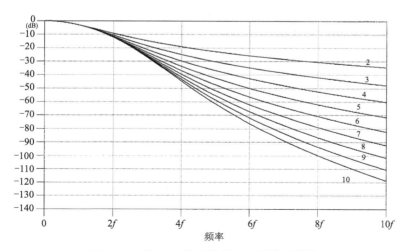

图 6.1 2 阶～10 阶高斯型 LPF 的衰减特性

而用它能够很简便地求得具有所希望截止频率的滤波器的衰减特性和延时特性。

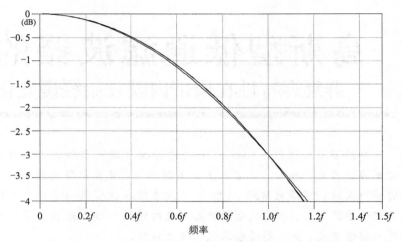

图 6.2　2 阶～10 阶高斯型 LPF 截止频率附近的衰减特性

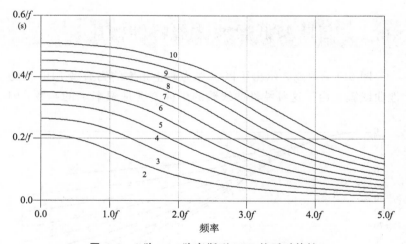

图 6.3　2 阶～10 阶高斯型 LPF 的延时特性

6.2　依据归一化 LPF 来设计高斯型低通滤波器

本书中所说的归一化 LPF，指的是特征阻抗为 1Ω 且截止频率为 $1/(2\pi)\,\mathrm{Hz}$ 的低通滤波器，书中所给出的归一化 LPF 设计数据也都是这种意义上的归一化数据。有了这种归一化 LPF 设计数据作为基本依据，具有任何截止频率和任何特征阻抗的滤波器都可以按照图 6.4 所示的设计步骤很简便地计算出来。

在设计高斯型低通滤波器的情况下，就是以高斯型的归一化 LPF 设计数据为基准，将它的截止频率和特征阻抗值变换成待设计滤波器的截止频率值和特征阻抗值。

滤波器截止频率的变换，就是按下式求得一个比值 M，并将作为基准的滤波器的所有元件值除以 M。

$$M = \frac{待设计滤波器的截止频率}{基准滤波器的截止频率}$$

$$L_{(\mathrm{NEW})} = \frac{L_{(\mathrm{OLD})}}{M}$$

$$C_{(\mathrm{NEW})} = \frac{C_{(\mathrm{OLD})}}{M}$$

滤波器特征阻抗的变换，就是按下式求得一个比值 K，并将作为基准的滤波器的所有电感元件值乘以 K，将其所有的电容元件值除以 K。

$$K = \frac{待设计滤波器的特征阻抗}{基准滤波器的特征阻抗}$$

$$L_{(\mathrm{NEW})} = L_{(\mathrm{OLD})} \times K$$

$$C_{(\mathrm{NEW})} = \frac{C_{(\mathrm{OLD})}}{K}$$

图 6.5 给出了 2 阶归一化高斯型 LPF 的设计数据。下面，我们就用这个归一化滤波器作为基准，实际设计几个滤波器。

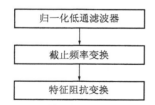

图 6.4 利用归一化 LPF 设计
数据来设计滤波器时的步骤

2.185008H

0.473809F

图 6.5 2 阶归一化高斯型 LPF
（截止频率 $1/(2\pi)$ Hz，特征阻抗 1Ω）

【**例 6.1**】 试设计特征阻抗为 1Ω 且截止频率为 $500\mathrm{Hz}$ 的 2 阶高斯型 LPF，并将其特性与同阶同截止频率的贝塞尔型 LPF 特性相比较。

本例题待设计滤波器的特征阻抗为 1Ω，它与归一化 LPF 的特征阻抗相同，因而只要把归一化 LPF 的截止频率 $1/(2\pi)$ Hz 变换成 $500\mathrm{Hz}$，就得到了所要设计的滤波器。

【**步骤1**】 为进行频率变换而求待设计滤波器截止频率与基准滤波器截止频率的比值 M。

$$M = \frac{待设计滤波器的截止频率}{基准滤波器的截止频率} = \frac{500\text{Hz}}{\left(\frac{1}{2\pi}\right)\text{Hz}}$$

$$= \frac{500\text{Hz}}{0.159154\cdots\text{Hz}} \approx 3141.5926$$

【**步骤2**】 将作为基准的归一化 LPF 所有元件值除以 M，即得待设计滤波器的各元件值，其计算如下。

$$L_{(\text{NEW})} = \frac{L_{(\text{OLD})}}{M} = \frac{2.185008(\text{H})}{3141.5916} \approx 0.69551(\text{mH})$$

$$= 695.51\mu\text{H}$$

$$C_{(\text{NEW})} = \frac{C_{(\text{OLD})}}{M} = \frac{0.473809(\text{F})}{3141.5926} \approx 0.150818(\text{mF})$$

$$= 150.818\mu\text{F}$$

0.69551mH

150.818μF

图 6.6　所设计出的 500Hz
1Ω 2 阶高斯型 LPF

所完成的特征阻抗为 1Ω 且截止频率为 500Hz 的 2 阶高斯型 LPF 的电路如图 6.6 所示，该滤波器特性的仿真结果示于图 6.7。

高斯型滤波器与贝塞尔型滤波器的最大不同在于其延时特性。从图 6.7(a)可以看出，2 阶贝尔塞型 LPF 在其通带内具有较为平直的延时特性，而 2 阶高斯型 LPF 的通带内延时特性则呈现明显的斜坡状。

图 6.7(b)是截止频率附近的衰减特性放大图，两种滤波器的这一特性没有多大差别。

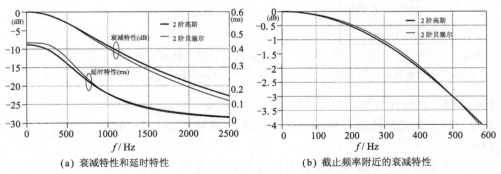

(a) 衰减特性和延时特性　　　　　(b) 截止频率附近的衰减特性

图 6.7　500Hz 1Ω 2 阶高斯型与贝塞尔型 LPF 的仿真结果

【例 6.2】 试设计特征阻抗为 8Ω 且截止频率为 $6\mathrm{kHz}$ 的 2 阶高斯型 LPF。

本例题是基于图 6.5 所示的归一化 LPF 设计数据来设计特征阻抗为 8Ω 且截止频率为 $6\mathrm{kHz}$ 的 2 阶高斯型 LPF 的例子，其设计步骤需要 4 步。

【步骤 1】 计算待设计滤波器截止频率与作为基准的归一化 LPF 截止频率的比值 M，为实施截止频率变换作准备。

$$M = \frac{\text{待设计滤波器的截止频率}}{\text{基准滤波器的截止频率}} = \frac{6\mathrm{kHz}}{\left(\frac{1}{2\pi}\right)\mathrm{Hz}}$$

$$= \frac{6 \times 10^3\,\mathrm{Hz}}{0.159154\cdots\mathrm{Hz}} \approx 37.6991 \times 10^3$$

【步骤 2】 将作为基准的归一化 LPF 的所有元件值除以比值 M，使截止频率变换得以实现。

$$L_{(\mathrm{NEW})} = \frac{L_{(\mathrm{NEW})}}{M} = \frac{2.185008}{37.6991 \times 10^3} \approx 0.0579591 \times 10^{-3}$$

$$= 57.9591(\mu\mathrm{H})$$

$$C_{(\mathrm{NEW})} = \frac{C_{(\mathrm{NEW})}}{M} = \frac{0.473809}{37.6991 \times 10^3} \approx 0.0125682 \times 10^{-3}$$

$$= 12.5682(\mu\mathrm{F})$$

经过这一计算后，得到的是特征阻抗等于归一化 LPF 特征阻抗 1Ω 而截止频率从 $0.15915\mathrm{Hz}$ 变成了 $6\mathrm{kHz}$ 的 2 阶高斯型 LPF，其电路及元件值如图 6.8(a)所示。对于本例题来说，它只是个中间结果。

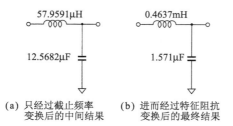

57.9591μH   0.4637mH

12.5682μF   1.571μF

(a) 只经过截止频率   (b) 进而经过特征阻抗
    变换后的中间结果   变换后的最终结果

图 6.8 截止频率为 $6\mathrm{kHz}$ 且特征阻抗为 8Ω 的 2 阶高斯型 LPF 的设计

【步骤 3】 计算待设计滤波器特征阻抗与作为基准的归一化 LPF 特征阻抗的比值 K，为实施特征阻抗变换作准备。

$$K = \frac{\text{待设计滤波器的特征阻抗}}{\text{基准滤波器的特征阻抗}} = \frac{8\Omega}{1\Omega} = 8.0$$

【**步骤 4**】 将步骤 2 所得到的中间结果滤波器的所有电感元件值乘以 K,将它的所有电容元件值除以 K,使特征阻抗变换得以实现。

$$L_{(NEW)} = L_{(OLD)} \times K = 57.9591(\mu H) \times 8 = 463.6728\mu H$$

$$C_{(NEW)} = \frac{C_{(OLD)}}{K} = \frac{12.5682(\mu F)}{8} = 1.571025\mu F$$

经过这一计算后,即得最终设计结果。所得到的特征阻抗为 8Ω 且截止频率为 $6kHz$ 的 2 阶高斯型 LPF 的电路及其各元件值如图 6.8(b) 所示。该滤波器的仿真特性示于图 6.9,可以看出,它的截止特性相当差(截止频率附近衰减特性曲线从通带转入阻带的变化很平缓),而延时特性相当好(通带内延时特性曲线基本上是平直的)。

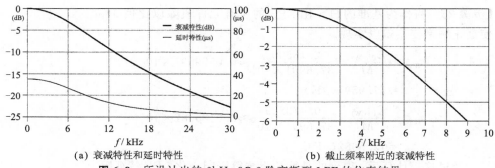

(a) 衰减特性和延时特性   (b) 截止频率附近的衰减特性

图 6.9 所设计出的 $6kHz$ 8Ω 2 阶高斯型 LPF 的仿真结果

【**例 6.3**】 试设计特征阻抗为 50Ω 且截止频率为 $15MHz$ 的 2 阶高斯型 LPF。

这个例题也是以图 6.5 所示的归一化 LPF 的数据来进行设计计算的例题。因为待设计滤波器的特征阻抗为 50Ω,且其截止频率为 $15MHz$,所以需要进行两次变换,即截止频率变换和特征阻抗变换。

【**步骤 1**】 为进行截止频率变换而求比值 M。

$$M = \frac{\text{待设计滤波器的截止频率}}{\text{基准滤波器的截止频率}} = \frac{15MHz}{\left(\frac{1}{2\pi}\right)Hz}$$

$$= \frac{15 \times 10^6 Hz}{0.159154\cdots Hz} \approx 94.2478 \times 10^6$$

【**步骤 2**】 将归一化 LPF 的所有元件值除以 M,从而实现截止频率变换。

$$L_{(NEW)} = \frac{L_{(OLD)}}{M} = \frac{2.185008}{94.2478 \times 10^6} \approx 0.023148 \times 10^{-6} (H)$$

$$=0.023184(\mu\text{H})=23.184(\text{nH})$$

$$C_{(\text{NEW})}=\frac{C_{(\text{OLD})}}{M}=\frac{0.473809}{94.2478\times10^{6}}\approx0.00502727\times10^{-6}(\text{F})$$

$$=0.00502727(\mu\text{F})=5.02727(\text{nF})=5027.27\text{pF}$$

经过这一计算后，得到的是特征阻抗为 1Ω，截止频率为 15MHz 的 2 阶高斯型 LPF 电路，其电路如图 6.10(a) 所示。

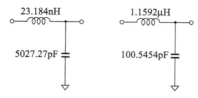

(a) 只经过截止频率　　(b) 进而经过特征阻抗
换后的中间结果　　　变换后的最终结果

图 6.10 截止频率为 15MHz 且特征阻抗为 50Ω
的 2 阶高斯型 LPF 的设计

【步骤 3】 为进行特征阻抗变换而求比值 K。

$$K=\frac{\text{待设计滤波器的特征阻抗}}{\text{基准滤波器的特征阻抗}}=\frac{50\Omega}{1\Omega}=50.0$$

【步骤 4】 将步骤 2 所得电路的所有电感元件值乘以 K，将它的所有电容元件除以 K，从而实现特征阻抗变换。

$$L_{(\text{NEW})}=L_{(\text{OLD})}\times K=23.184(\text{nH})\times50=1159.2(\text{nH})$$

$$=1.1592\mu\text{H}$$

$$C_{(\text{NEW})}=\frac{C_{(\text{OLD})}}{K}=\frac{5027.27(\text{pF})}{50}=100.5454\text{pF}$$

经过这一计算后，即得所要设计的特征阻抗为 50Ω 且截止频率为 15MHz 的 2 阶高斯型 LPF，其电路如图 6.10(b) 所示。该电路特性的仿真结果示于图 6.11。

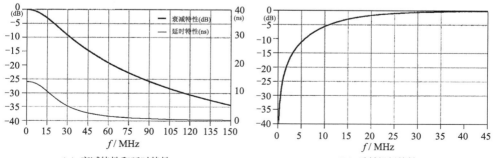

(a) 衰减特性和延时特性　　　　　　　　(b) 反射损耗特性
图 6.11 所设计出的 15MHz 50Ω 2 阶高斯型 LPF 的仿真结果

6.3　归一化高斯型 LPF 的设计数据

　　例 6.1～例 6.3 介绍了依据归一化 LPF 来计算所要设计的滤波器的方法。只要有了归一化 LPF 的数据，就可以通过频率变换和阻抗变换来自由地设计想要得到的滤波器。

　　图 6.12 给出了 2 阶～10 阶的归一化高斯型 LPF 的设计数据[1]。这些数据不但可用于设计高斯型 LPF（低通滤波器），而且可用于设计高斯型的 HPF（高通滤波器）、BPF（带通滤波器）、BRF（带阻滤波器）等各种不同通带要求的滤波器。

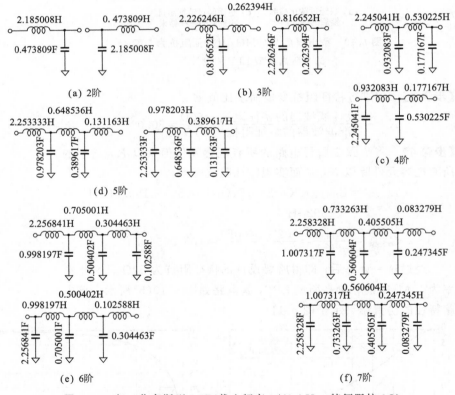

图 6.12　归一化高斯型 LPF（截止频率 $1/(2\pi)$ Hz，特征阻抗 1Ω）

---

　　1) 这些数据是作者所计算出来的。可能是由于计算精度上的缘故，有几个数据与已公布的滤波器参数不大一致。这些不一致的数据，都已在图 6.12 的归一化 LPF 数据上用括号标了出来，括号中的数值是所公布的滤波器参数。

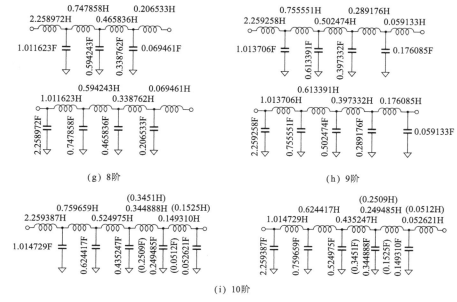

(g) 8阶　　　　　　　　　　　　(h) 9阶

(i) 10阶

图 6.12　归一化高斯型 LPF(截止频率 $1/(2\pi)$ Hz，特征阻抗 1Ω)(续)

【**例 6.4**】　试设计截止频率为 20MHz 且特征阻抗为 50Ω 的 7 阶 π 形高斯型 LPF。

这个滤波器的设计要以 7 阶 π 形高斯型归一化 LPF 设计数据为基准滤波器来进行，该基准滤波器由图 6.12(f) 给出。具体设计步骤与前述各例题一样，共需四步。

【**步骤 1**】　为进行截止频率变换而求比值 M。

$$M = \frac{待设计滤波器的截止频率}{基准滤波器的截止频率} = \frac{20\text{MHz}}{\left(\dfrac{1}{2\pi}\right)\text{Hz}}$$

$$= \frac{20 \times 10^{6}\,\text{Hz}}{0.159154\cdots\text{Hz}} \approx 125.6637 \times 10^{6} = 0.1256637 \times 10^{9}$$

【**步骤 2**】　将基准滤波器的所有元件值除以 M，实现其从归一化 LPF 截止频率变为待设计 LPF 截止频率的变换。

【**步骤 3**】　为进行特征阻抗变换而求比值 K。

$$K = \frac{待设计滤波器的特征阻抗}{基准滤波器的特征阻抗} = \frac{50\Omega}{1\Omega} = 50.0$$

【**步骤 4**】　将经过截止频率变换后得到的中间结果滤波器的所有电感元件值乘以 K，将它的所有电容元件值除以 K，实现其从归一化 LPF 特征阻抗变为待设计 LPF 特征阻抗的变换。

经过截止频率变换和特征阻抗变换后，便得到截止频率为 20MHz 且特征阻抗为 50Ω 的 7 阶 π 形高斯型 LPF，其电路如图 6.13 所示。

利用仿真工具对上述所设计出的滤波器进行仿真，所得滤波器衰减特性和延时特性如图 6.14 所示。

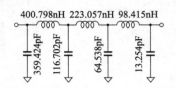

图 6.13　所设计出的 7 阶 π 形高斯型 LPF

（截止频率 20MHz，特征阻抗 50Ω）

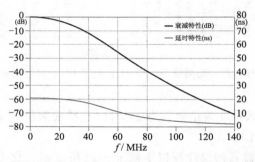

图 6.14　所设计出的 7 阶 π 形高斯型 LPF 的衰减特性和延时特性

第7章
高通滤波器的设计方法
——先把归一化 LPF 变换成归一化 HPF，再求待设计 HPF 的元件值

高通滤波器一词的英文是"High Pass Filter"，其缩写形式为 HPF，它常作为高通滤波器的简称和标记符号来使用。

高通滤波器的设计其实也很简单。只要按照图 7.1 所示的步骤，就可以设计出高通滤波器。整个设计过程又可区分为两个阶段，第一阶段是从归一化 LPF 求出归一化 HPF，第二阶段是对已求得的归一化 HPF 进行截止频率变换和特征阻抗变换。

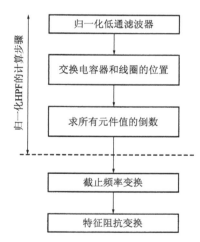

图 7.1 依据归一化 LPF 的设计数据来设计高通滤波器时的步骤

之所以能用如此简单的步骤来设计高通滤波器，是因为作为基本依据的基准滤波器采用了以截止频率为 $1/(2\pi)$ Hz 且特征阻抗为 1Ω 的归一化 LPF 的缘故。如果是基于截止频率由 1Hz 等数值来表示的设计数据来进行设计，那就不可能这么简单了，就得先进行把截止频率修正为 $1/(2\pi)$ Hz 的变换。

为了省去这种麻烦事，本书在给出归一化 LPF 设计数据时，其截止频率特意采用了 $1/(2\pi)\mathrm{Hz}=0.159154\cdots\mathrm{Hz}$ 这种看似不完整的无理数。这样一来，从归一化 LPF 求取归一化 HPF 时就简明得多了，HPF 的设计工作量也就轻松得多了。

下面，我们就结合实际例子来说明高通滤波器的设计步骤。

7.1 依据定 K 型 LPF 的数据来设计高通滤波器

首先来看依据定 K 型归一化 LPF 求取定 K 型归一化 HPF 的例子及其计算步骤。

【例 7.1】 试依据定 K 型 2 阶归一化 LPF 的数据来求取定 K 型 2 阶归一化 HPF 的数据。

定 K 型 2 阶归一化 LPF 的设计数据已在第 2 章的图 2.17(a) 中给出。以其为依据来求取定 K 型 2 阶归一化 HPF 的过程如图 7.2 所示。

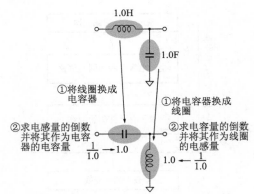

图 7.2　依据归一化 LPF 求取归一化 HPF

① 将归一化 LPF 电路中的电感元件换成电容元件，并以原电感元件的电感量数值作为现电容元件的电容量数值；将其电路中的电容元件换成电感元件，并以原电容元件的电容量数值作为现电感元件的电感量数值。

② 对变换后电路的所有元件值求倒数。

经过以上的变换，即得到定 K 型 2 阶归一化 HPF 的电

图 7.3　2 阶定 K 型归一化 HPF
（截止频率 $1/(2\pi)\mathrm{Hz}$，特征阻抗 1Ω）

路如图 7.3 所示。这一过程也是从各种归一化 LPF 求取相应归一化 HPF 的通用步骤。

【例 7.2】 试依据定 K 型 3 阶归一化 LPF 的数据来求取定 K 型 3 阶归一化 HPF 的数据。

定 K 型 3 阶归一化 LPF 的设计数据已在第 2 章图 2.17(b) 中给出,这里选用其 π 形电路,重画于图 7.4 的最左侧。

从归一化 LPF 求取归一化 HPF 的第一步是将归一化 LPF 的所有电感元件换成电容元件,并以原电感元件的电感值作为现电容元件的电容值;同时,将它的所有电容元件换成电感元件,并以原电容元件的电容值作为现电感元件的电感值。

第 2 步是对变换后电路的所有元件值求倒数。

至此,归一化 HPF 的设计便告完成。所设计出的定 K 型 3 阶归一化 HPF 如图 7.4 最右侧电路所示。

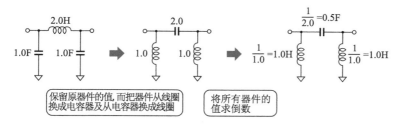

图 7.4 3 阶定 K 型归一化 HPF(截止频率 $1/(2\pi)$Hz, 特征阻抗 1Ω)的求取

下面再来看依据定 K 型 3 阶归一化 LPF 来设计截止频率和特征阻抗为某个所希望值的 HPF 的例子。

【例 7.3】 试依据定 K 型 3 阶归一化 LPF 的数据,设计截止频率为 1kHz 且特征阻抗为 600Ω 的定 K 型 3 阶 HPF。

我们把图 7.1 所示的设计步骤进一步归纳成如下三步,在本例中就是:

【步骤 1】 依据归一化 LPF 设计归一化 HPF。这一步实际上包括了图 7.1 中所示的交换电容器和线圈位置及求取所有元件值倒数两道手续。本例中采用了图 7.4 左侧的归一化 LPF 作为基本设计依据,所求得的归一化 HPF 即为图 7.4 右侧电路。

接着应该进行的两个步骤是把归一化 HPF 的截止频率 $1/(2\pi)$Hz 变换成所要设计的 HPF 的截止频率 1kHz,以及把归一化 HPF 的特征阻抗 1Ω 变换成所要设计的滤波器的特征阻抗

600Ω。

【步骤2】 依据已设计出的归一化 HPF 进行截止频率变换。这一步实际上包括了前几章介绍低通滤波器设计时所讲过的求取比值 M 及用 M 值计算中间结果滤波器元件参数两步。当然，这里作为设计依据的基准滤波器是归一化 HPF 而不是归一化 LPF，这里的截止频率位于滤波器的低频侧而不是位于滤波器的高频侧。

本例题的具体计算公式及其结果为以下三式，所得中间结果电路如图 7.5(a)所示。

$$M = \frac{待设计滤波器的截止频率}{基准滤波器的截止频率} = \frac{1\text{kHz}}{\left(\frac{1}{2\pi}\right)\text{Hz}}$$

$$= \frac{1.0 \times 10^3\,\text{Hz}}{0.159154\cdots\text{Hz}} \approx 6283.1853$$

$$L_{(\text{NEW})} = \frac{L_{(\text{OLD})}}{M} = \frac{1.0}{6283.1853\cdots} \approx 0.000159155\,(\text{H})$$

$$= 0.159155\,\text{mH}$$

$$C_{(\text{NEW})} = \frac{C_{(\text{OLD})}}{M} = \frac{0.5}{6283.1853\cdots} \approx 0.000079577\,(\text{F})$$

$$= 0.079577\,\text{mF} = 79.577\,\mu\text{F}$$

【步骤3】 依据步骤 2 所设计出的中间结果滤波器进行特征阻抗变换。这一步实际上包括了前几章介绍低通滤波器设计时所讲过的求取比值 K 及用 K 值计算最终结果滤波器元件参数两步。

本例题的具体计算公式及其结果为以下三式，所得最终结果即为所要求的截止频率为 1kHz 且特征阻抗为 600Ω 的定 K 型 3 阶 π 形 HPF，其电路如图 7.5(b)所示，其特性仿真结果如图 7.6 所示。

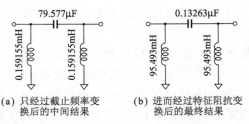

(a) 只经过截止频率变   (b) 进而经过特征阻抗变
换后的中间结果   换后的最终结果

图 7.5 3 阶定 K 型 HPF(截止频率 1kHz，特征阻抗 600Ω)的设计

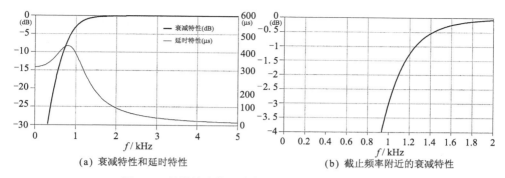

(a) 衰减特性和延时特性   (b) 截止频率附近的衰减特性

图 7.6 所设计出的 3 阶定 K 型 HPF 的仿真结果

7.2 定 K 型 HPF 的特性

图 7.7～图 7.9 示出了以变量 f 作为截止频率的定 K 型归一化 HPF 的特性曲线簇。由于这种特性曲线簇的坐标刻度是频率 f 的函数，因而它们可以用来很简便地求得具有某个所希望截止频率的定 K 型 HPF 的衰减特性和延时特性。

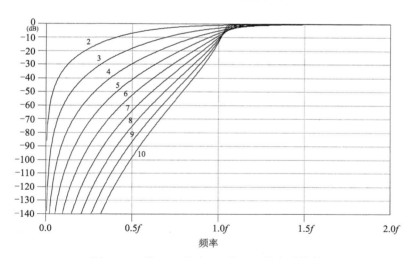

图 7.7 2 阶～10 阶定 K 型 LPF 的衰减特性

对比图 2.1～图 2.3 的特性曲线簇和图 7.7～图 7.9 的特性曲线簇可以看出，HPF 的特性与 LPF 的特性有某种对应关系。例如，就衰减特性而言，LPF 在 $2f$ 处的衰减量与 HPF 在 $0.5f$

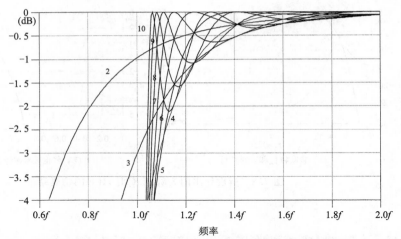

图 7.8 2 阶～10 阶定 K 型 HPF 截止频率附近的衰减特性

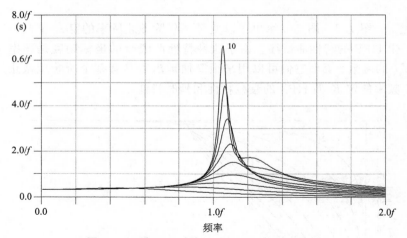

图 7.9 2 阶～10 阶定 K 型 HPF 的延时特性

处的衰减量是相同的,更一般地说,LPF 在 af 处的衰减量与 HPF 在 $\frac{1}{a}f$ 处的衰减量是相同的。利用这一关系,就可以像图 7.10 那样,通过把 LPF 衰减特性的频率轴刻度,按倒数标注而获得 HPF 的衰减特性。本章的图 7.10 正是用这种方法从第 2 章的图 2.1 得到的。

遗憾的是,虽然延时特性看上去也有大致与上述关系相似的规律,但却不能像衰减特性那样从 LPF 的数据来简单地推知 HPF 的延时特性。

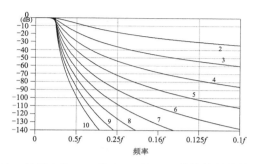

图 7.10 利用 2 阶~10 阶定 K 型 LPF 特性数据直接经频率
轴刻度取倒数所求得的 HPF 衰减特性

7.3 依据 m 推演型归一化 LPF 的数据来设计高通滤波器

利用图 7.1 的设计步骤也可以设计以 m 推演型归一化 LPF 为依据的高通滤波器,不过,需要注意陷波点频率位置的问题。例如,当采用陷波频率位于 2 倍截止频率处的归一化 m 推演型 LPF 来设计 HPF 时,要注意所设计 HPF 的陷波频率将位于 $\frac{1}{2}$ 截止频率处。再如,采用陷波频率位于 1.25 倍截止频率处的归一化 m 推演型 LPF 来设计 HPF 时,所设计 HPF 的陷波频率位于 $1/1.25 = 0.8$ 倍截止频率处。

【例 7.4】 试设计截止频率为 120MHz,陷波频率为 80MHz,特征阻抗为 50Ω 的 m 推演型 HPF。

待设计 HPF 的截止频率为 120MHz,陷波频率为 80MHz,这表明高通滤波器的陷波频率位于其截止频率的 0.6667 处,因而作为设计依据的归一化 LPF 的陷波频率就要位于其截止频率 $1/(2\pi)$Hz 的 1.5 倍处($120\text{MHz} \div 80\text{MHz} = 1.5 \approx \frac{1}{0.6667}$),即归一化 LPF 应有的陷波频率可根据下式所计算出的比值来求得。

$$\frac{f_{\text{rejection}}}{f_{\text{c}}} = \frac{120 \times 10^6}{80 \times 10^6} = 1.5$$

这样,就可以利用第 2 章中的表 2.2,求得作为设计基准的归一化 m 推演型 LPF 如图 7.11 的左侧电路所示。

接着,按照图 7.1 的设计步骤,把这个归一化 LPF 变换成归一化 HPF。即首先暂时保留归一化 LPF 电路中各元件的参数值不变，而把线圈换成电容器，把电容器换成线圈，然后再对所有的元件值求其倒数。所得到的 m 推演型归一化 HPF 如图 7.11 的右侧电路所示。

L_1=0.74536H
L_2=0.59628H
C_1=0.74536F
将线圈(电容器)改换成电容器(线圈)
0.74536
0.59628
0.74536
将所有的元件值变成倒数
1/0.74536 =1.3416F
1/0.59628 =1.6771F
1/0.74536 =1.3416H

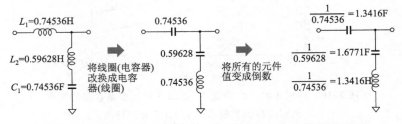

图 7.11 依据归一化 m 推演型 LPF 设计归一化 m 推演型 HPF

有了 m 推演型归一化 HPF，就可以通过对其进行截止频率变换和特征阻抗变换来求得所要设计的 m 推演型 HPF。

为了把 m 推演型归一化 HPF 的截止频率 $1/(2\pi)$ Hz 变换成待设计 HPF 的截止频率 120MHz，首先要按下式求得比值 M。

$$M=\frac{\text{待设计滤波器的截止频率}}{\text{基准滤波器的截止频率}}=\frac{120\text{MHz}}{\left(\frac{1}{2\pi}\right)\text{Hz}}$$

$$=\frac{120\times10^6\,\text{Hz}}{0.159154\cdots\text{Hz}}\approx753.9822\times10^6$$

有了这个比值 M，就可以通过将 m 推演型归一化 HPF 的所有元件值除以 M，得到只实现了截止频率变换的 m 推演型 HPF，其电路如图 7.12(a)所示。不用说，这仅是个中间结果，它的特征阻抗仍然是归一化 m 推演型 HPF 的特征阻抗 1Ω。

$\frac{1.3416}{M}$=1.7794×10^{-9}
=1.7794nF
$\frac{1.6771}{M}$=2.2243×10^{-9}
=2.2243nF
$\frac{1.3416}{M}$=1.7794×10^{-9}
=1.7794nH
35.59pF
44.49pF
88.97nH

(a) 只经过截止频率变换后的中间结果　(b) 进而经过特征阻抗变换后的最终结果

图 7.12 利用归一化 m 推演型 HPF 设计截止频率为 120MHz、陷波频率为 80MHz、特征阻抗为 50Ω 的 HPF

为了把中间结果电路的特征阻抗 1Ω 变换成待设计 HPF 的

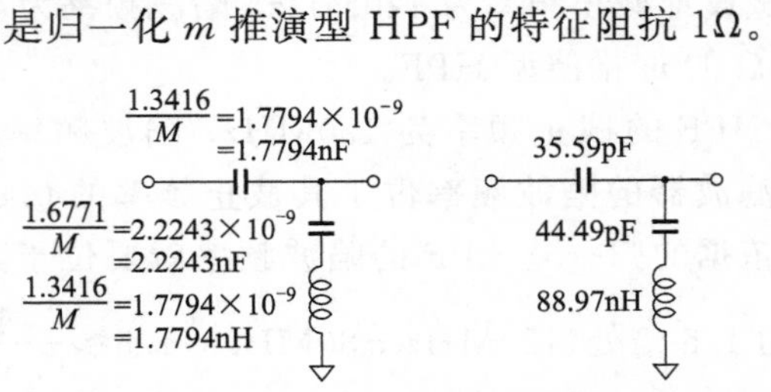

特征阻抗 50Ω，首先要按下式求得比值 *K*。

$$K=\frac{待设计滤波器的特征阻抗}{基准滤波器的特征阻抗}=\frac{50\Omega}{1\Omega}=50.0$$

将中间结果电路的所有电感元件值乘以 *K*，将它的所有电容元件值除以 *K*，即得最终设计结果。其电路如图 7.12(b)所示，其衰减特性仿真结果如图 7.13 所示。

利用片式电容器和以后将要讲到的空芯线圈所制作成的 *m* 推演型 HPF 的外观如照片 7.1 所示。其中，空芯线圈的设计数据为

线圈电感量：88.968nH

线圈直径：φ5mm

线圈匝数：5 匝

线圈长度：4.67mm

照片 7.2 是该滤波器衰减特性的实测结果。实测结果表明，所制作出的滤波器达到了与设计特性（即仿真特性图 7.13）几乎完全相同的结果。

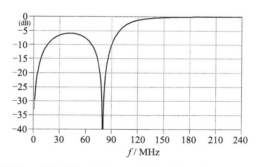

图 7.13 依据 *m* 推演型归一化 LPF 所设计出的截止频率为 120MHz、陷波频率为 80MHz、特征阻抗为 50Ω 的 HPF 的仿真特性

照片 7.1 所制作出的截止频率 120MHz 陷波频率 80MHz，特征阻抗 50Ω 的 *m* 推演型 HPF

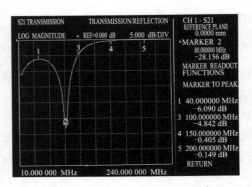

照片 7.2　所制作出的截止频率 120MHz、陷波频率 80MHz、特征阻抗
50Ω 的 m 推演型 HPF 测定结果（10～240MHz，5dB/div）

【**例 7.5**】　试设计具有 16kHz 和 40kHz 两个陷波频率、600Ω 特
征阻抗和 80kHz 截止频率的 m 推演型 HPF。

这个滤波器可以按图 7.14 所示的办法，通过两个 m 推演型
HPF 的组合来实现。这样，就可以只用由经典法所设计的滤波器
来组合出所要设计的滤波器。

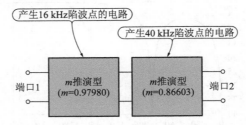

图 7.14　由两个具有不同陷波频率的 m 推演型 HPF
来组合成具有两个陷波频率的 HPF

这两个 m 推演型 HPF 都具有 80kHz 的截止频率，但一个具
有 16kHz 的陷波频率，另一个具有 40kHz 的陷波频率。因而，设
计前一个 HPF 所依据的归一化 m 推演型 LPF 的陷波频率应该是
截止频率的 5 倍（$f_{rejection}/f_c = 80kHz/16kHz = 5$），而设计后一个
HPF 所依据的归一化 m 推演型 LPF 的陷波频率应该是截止频率
的 2 倍（$f_{rejection}/f_c = 80kHz/40kHz = 2$）。根据这两个 $f_{rejection}/f_c$
比值，即可由表 2.2 得到这里所需要的两个归一化 m 推演型
LPF，其电路如图 7.15 所示。

将这两个归一化 m 推演型 LPF 变换成归一化 m 推演型
HPF，其电路如图 7.16 所示。

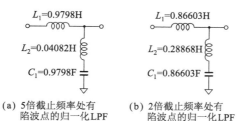

(a) 5倍截止频率处有
陷波点的归一化LPF

(b) 2倍截止频率处有
陷波点的归一化LPF

图 7.15 两个 m 推演型归一化 LPF 的电路数据

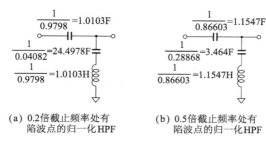

(a) 0.2倍截止频率处有
陷波点的归一化HPF

(b) 0.5倍截止频率处有
陷波点的归一化HPF

图 7.16 两个 m 推演型归一化 HPF 的电路数据

将这两个归一化 m 推演型 HPF 的截止频率从 $1/(2\pi)\,\mathrm{Hz}$ 变换成 $80\mathrm{kHz}$，将它们的特征阻抗从 1Ω 变换成 600Ω，即可得到图 7.17 所示的最终设计结果。

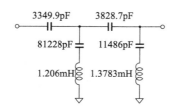

图 7.17 所设计出的具有 $16\mathrm{kHz}$ 和
$40\mathrm{kHz}$ 两个陷波点的 HPF

图 7.18 是最终所设计出的滤波器的仿真特性。从仿真特性可以看出，该滤波器的确像题目所要求的那样，在 $16\mathrm{kHz}$ 和 $40\mathrm{kHz}$ 两个频率处具有陷波点。

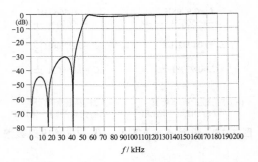

图 7.18　所设计出的具有 16kHz 和 40kHz
两个陷波点的 HPF 的衰减特性

7.4　依据巴特沃思型归一化 LPF 的数据来设计高通滤波器

本节将通过实际例子来解说依据第 3 章中所讲过的巴特沃思型归一化 LPF 来进行 HPF 设计的方法，并对所设计出的 HPF 进行实际制作和特性测试。

【例 7.6】　试依据巴特沃思型 5 阶归一化 LPF 的数据，设计并制作截止频率为 190MHz 且特征阻抗为 50Ω 的 5 阶 T 形巴特沃思型 HPF。

5 阶 T 形归一化巴特沃思型 LPF 的数据如第 3 章中的图 3.16(d) 所示，它是设计 5 阶 T 形归一化巴特沃思型 HPF 的依据。

首先，保留 5 阶 T 形归一化巴特沃思型 LPF 各元件的参数数值，而把电容器换成线圈，把线圈换成电容器，然后把所保留的元件参数数值全部取倒数。经过这两个操作后，便得到了 5 阶 T 形归一化巴特沃思型 HPF 的设计数据，如图 7.19 所示。

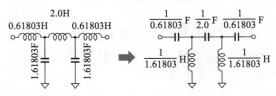

图 7.19　归一化 HPF(T 形，截止频率 $1/(2\pi)$Hz，特征阻抗 1Ω)

接着，将这个归一化 HPF 的截止频率 $1/(2\pi)$ Hz 变换成 190MHz，将其特征阻抗 1Ω 变换成 50Ω。经过这两个变换后，便得到了所要设计的 5 阶 T 形巴特沃思型 HPF，如图 7.20 所示。

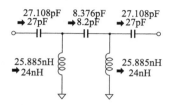

图 7.20　所设计出的 HPF
（T 形，截止频率 190MHz，特征阻抗 50Ω）

实际制作滤波器的时候，各元件的值可选用图 7.20 中箭头所标注的系列化元件值。请注意，这里所选用的电容器值和电感线圈值都比设计计算出来的值小。这可以说是个基本选件原则，因为装配当中必然会有分布参数加入而使电路中的实际工作参数加大。尤其是引线孔和铜线的电感量，它们在高频的情况下将是个非常可观的数值。

对所设计出的 HPF 进行特性仿真的结果如图 7.21 所示，其中图 7.21(a) 是衰减特性和延时特性，图 7.21(b) 是截止频率附近的衰减特性。仿真中所用的元件参数值是设计中所计算出的准确值。

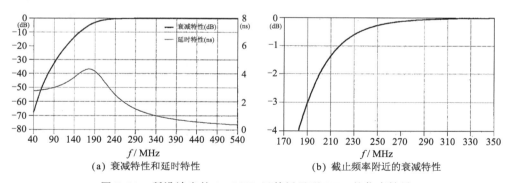

(a) 衰减特性和延时特性　　　　　　(b) 截止频率附近的衰减特性

图 7.21　所设计出的 190MHz 巴特沃思型 HPF 的仿真结果

采用市售的片式电容器和片式电感线圈所制成的 5 阶 T 形巴特沃思型 HPF 的外观如照片 7.3 所示。

这个试制 HPF 的实测特性为图 7.22，其反射损耗特性不大好，但基本上与仿真结果一致。从 0.04GHz 到 5.0GHz 的的宽带实测结果来看，虽然通带内的衰减随着频率增高而有所增大，但已足以供一般实验等场合使用。

(a) 全貌   (b) 局部放大

照片 7.3 所试制出的 190MHz 巴特沃思型 HPF（基板：低酚基板，$t=1.6$mm）

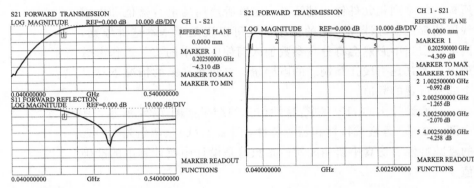

(a) 衰减/反射特性(40~50MHz,10dB/div.   (b) 宽频带特性(40MHz~50GHz,10dB/div.)
上：衰减特性,下：反射特性)

图 7.22 190MHz 巴特沃思型 HPF 试制品的实测特性

试制当中所用的元件并不是特意按微波波段要求所制作的元件，而是选用了市售的片式元件。尽管如此，所试制出的滤波器仍然得到了足够好的特性。不过，如果还想让通带内衰减更小一些，那就得专门按微波波段的使用要求，制作 Q 值高的元件，基板也得采用高频损耗小的基板。

7.5 巴特沃思型归一化 HPF 的设计数据

巴特沃思型归一化 HPF 的设计数据如图 7.23 所示。这些数据可以通过把第 3 章中所介绍的巴特沃思型归一化 LPF 的电容器换成线圈，把它的线圈换成电容器，以及把所有的元件值变成倒数来得到。不用说,这里所绘出的数据就是按上述方法计算出来的。尽管其计算非常简单,但由于巴特沃思型 HPF 用得很多,所以本书中特意提前将其计算好放在这里,以便参考。

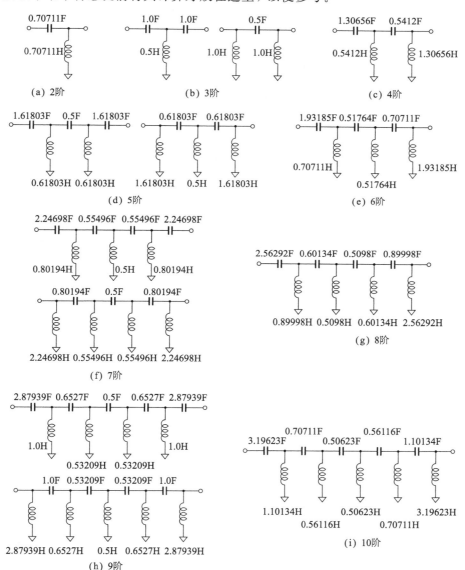

图 7.23 归一化巴特沃思型 HPF(截止频率 $1/(2\pi)$ Hz,特征阻抗 1Ω)

图 7.24~图 7.26 示出了以变量 f 作为截止频率的巴特沃思型 HPF 的特性曲线簇。这些特性曲线簇的坐标刻度是按频率 f

的函数标注的,只要将适当的数字代入 f,便能知道所要设计的滤波器的特性。

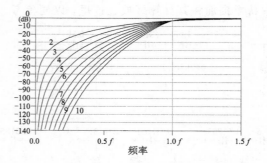

图 7.24 2 阶～10 阶巴特沃思型 HPF 的衰减特性

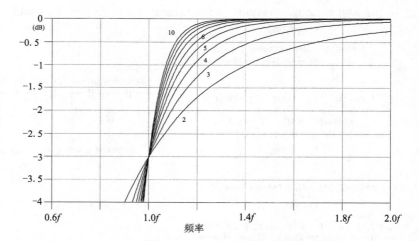

图 7.25 2 阶～10 阶巴特沃思型 HPF 截止频率附近的衰减特性

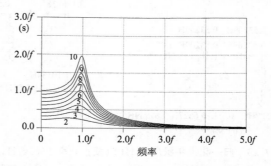

图 7.26 2 阶～10 阶巴特沃思型 HPF 的延时特性

例如,当想知道某阶滤波器在 1kHz 处的特性时,就令 $f=$

1000，再如当想知道其 50MHz 处的特性时，就令 $f=50\times10^6$。

7.6 依据贝塞尔型归一化 LPF 的数据来设计高通滤波器

下面，我们就依据贝塞尔型归一化 LPF 来设计高通滤波器。贝塞尔型 LPF 的通带内群延迟是恒定值，那么，依据贝塞尔型 LPF 所设计出的 HPF 会怎么样呢？

依据贝塞尔型归一化 LPF 所设计的截止频率为 f 的 HPF 的特性如图 7.27 和图 7.28 所示。这个特性曲线簇的坐标刻度是频率 f 的函数，因而，只要给坐标中的 f 赋以适当的值，就能够简便地求得具有所希望截止频率的 HPF 的衰减特性和延时特性。

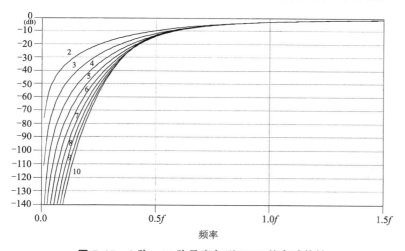

图 7.27 2 阶～10 阶贝塞尔型 HPF 的衰减特性

从延时特性可以看出，贝塞尔型 LPF 所具有的通带内群延迟恒定的特点，到了贝塞尔型 HPF 中便失去了。

如果再与巴特沃思型 HPF 作比较，还会发现，贝塞尔型 HPF 的延时特性也比巴特沃思型 HPF 差。这就是说，本来在 LPF 情况下延时特性比巴特沃思型滤波器好的贝塞尔型滤波器，到了 HPF 的情况下，延时特性反而比巴特沃思型滤波器更差。

【例 7.7】 试依据贝塞尔型 5 阶归一化 LPF 的数据，设计截止频率为 2MHz 且特征阻抗为 50Ω 的 π 形 5 阶贝塞尔型 HPF。

5 阶 π 形贝塞尔型归一化 LPF 如第 5 章中的图 5.10(d)所示，现在就以它为依据来计算归一化 HPF。

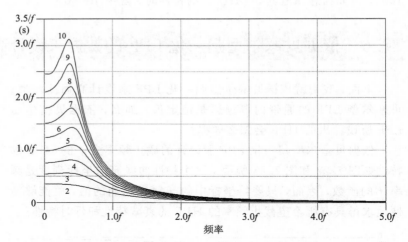

图 7.28 2 阶～10 阶贝塞尔型 HPF 的延时特性

　　首先像图 7.29 所示那样，让归一化 LPF 的元件值保留在原来位置上，而把所有的电容器换成电感线圈，把所有的电感线圈换成电容器，接着把所有的元件值变成倒数，便得到了归一化 HPF。所得到的归一化 HPF 如图 7.29 的右侧电路所示。

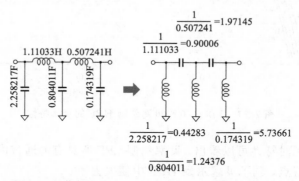

图 7.29 依据归一化贝塞尔型 LPF 设计归一化 HPF

　　这个归一化 HPF 的截止频率是 $1/(2\pi)$ Hz，特征阻抗是 1Ω，因而还要按设计要求把截止频率变换成 2MHz，把特征阻抗变换成 50Ω。经过这一计算，即得到图 7.30 的最终电路，这个最终电路的仿真特性如图 7.31 所示。

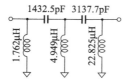

图 7.30 所设计出的截止频率为 2MHz 且特征阻抗为 50Ω 的 HPF

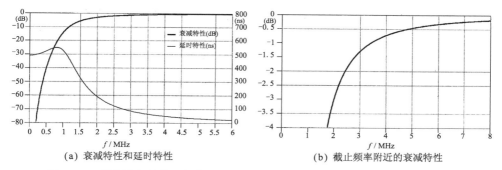

(a) 衰减特性和延时特性 　　　　　(b) 截止频率附近的衰减特性

图 7.31 所设计出的截止频率为 2MHz 且特征阻抗为 50Ω 的 HPF 的仿真结果

7.7 依据高斯型归一化 LPF 的数据来设计高通滤波器

下面来依据高斯型归一化 LPF 设计高通滤波器。以变量 f 为截止频率的高斯型 HPF 的特性曲线簇如图 7.32 和图 7.33 所示。这种特性曲线簇的坐标刻度是频率 f 的函数，将适当的数字代入 f，便可知道所要设计的滤波器的特性。

例如，当想要知道 15kHz 处的特性时，就令 $f = 15000$，当想要知道 50MHz 处的特性时，就令 $f = 50 \times 10^6$。

【例 7.8】 试依据高斯型 3 阶归一化 LPF 的数据，设计截止频率为 50MHz 且特征阻抗为 50Ω 的 3 阶 T 形高斯型 HPF。

设计这个滤波器所需要的 3 阶 T 形高斯型归一化 LPF 数据如第 3 章中的图 6.12(b) 所示。

按照从归一化 LPF 到归一化 HPF 的设计原则，把归一化 LPF 的所有电感线圈换成电容器，把它的所有电容器换成电感线圈，然后再把元件值变成倒数，即得归一化 HPF 的数据，其电路如图 7.34 的下侧电路所示。

接着，对归一化 HPF 进行截止频率变换和特征阻抗变换。进行截止频率变换时所需要的比值 M 按下式求得。

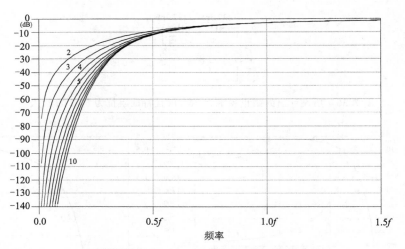

图 7.32 2 阶～10 阶高斯型 HPF 的衰减特性

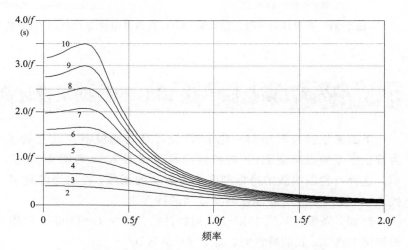

图 7.33 2 阶～10 阶高斯型 HPF 的延时特性

$$M = \frac{待设计滤波器的截止频率}{基准滤波器的截止频率} = \frac{50\mathrm{MHz}}{\left(\frac{1}{2\pi}\right)\mathrm{Hz}}$$

$$= \frac{50\times10^6\,\mathrm{Hz}}{0.159154\cdots\mathrm{Hz}} \approx 314.1593\times10^6$$

将归一化 HPF 的所有元件值除以 M，得到特征阻抗仍为 1Ω 而截止频率已变成 50MHz 的 HPF。

进行特征阻抗变换时所需要的比值 K 按下式求得。

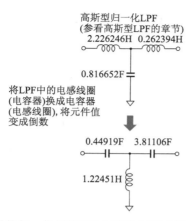

图 7.34 所求得的归一化 HPF(截止频率 $1/(2\pi)$Hz，特征阻抗 1Ω)

$$K=\frac{待设计滤波器的特征阻抗}{基准滤波器的特征阻抗}=\frac{50\Omega}{1\Omega}=50.0$$

将上面求得的特征阻抗为 1Ω 而截止频率为 50MHz 的 HPF 的所有电感元件值乘以 K，将它的所有电容元件值除以 K，得到最终设计结果，即特征阻抗为 50Ω 且截止频率为 50MHz 的 3 阶高斯型 T 形 HPF，其电路如图 7.35 所示。

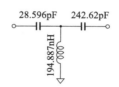

图 7.35 所设计出的 3 阶 HPF
(截止频率 50MHz，特征阻抗 50Ω)

7.8 高通滤波器设计中元件寄生电感的有效利用

设计制作 m 推演型、逆切比雪夫型、椭圆函数型等的 HPF 时，如果对元件的寄生电感加以有效利用，往往能获得良好的设计效果。下面就以 m 推演型 HPF 的设计制作为例来作一实际说明。所要试制的 HPF 的规格如下。

特征阻抗：50Ω；

滤波器类型：m 推演型；

截止频率：440MHz；

陷波频率：220MHz。

经过从归一化 m 推演型 LPF 数据求取归一化 m 推演型 HPF 数据，以及对其归一化 HPF 进行截止频率变换和特征阻抗变换，即可得到所要设计的 HPF，其电路如图 7.36 所示。

通常在制作高频电路时，很多场合下都会为电容器的寄生电感所困扰，现在，我们就来看看在制作滤波器当中如何有效地利用这种寄生电感。

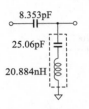

图 7.36 所设计出的 m 推演型 HPF（截止频率为 440MHz）

制作图 7.36 的电路时，较为合理的作法是把虚线框内的两个元件做成一个部件，为此就要对元件加以合理选取。通常，片式电容器的寄生电感都比构成滤波器的电感元件值（即这里的 20.884nH）小，而且其电感量很难简单调整，因而我们在试制中选用了圆片形的陶瓷电容器。

关于线圈电感值的调整，我们可以采用改变圆片陶瓷电容器引线长度的办法，利用引线寄生电感量随引线长度的变化来达到使线圈电感量符合设计值的效果。引线越长，电容器的寄生电感量越大；引线越短，电容器的寄生电感量越小。

电容器可以等效于一个由它的电容量和寄生电感量所构成的串联谐振电路，因而其寄生电感量可以根据串联谐振电路的谐振频率和电容值，通过计算求得。谐振频率、电容量、电感量之间具有如下关系：

$$f = \frac{1}{2\pi\sqrt{LC}}$$

如果事先在低频下测定出电容器的电容量，则它的自感值就可以通过测定谐振频率来利用上式简单求得。测定电容器（即虚线框内的 LC 串联电路）的谐振频率时，要像照片 7.4 那样，把电容器（即 LC 串谐振电路）插在基板正面的传输线路（即铜皮带子）与基板背面的地线（即整块铜皮）之间。

谐振频率的测定结果如照片 7.5 所示，谐振点大约在 461MHz 的地方。作者所用的测定仪器是矢量式网络分析仪，其他的仪器也可使用，如参考文献[29]和第 15 章的附录 B 所介绍的谐振电路测定设备等。

根据这一测定结果，如果陶瓷电容器的电容量确实是电容器表面上所标明的 25pF；则它的自感量（即寄生电感量）就可由谐振公式算出，其值为 $L = 4.7661$nH。

照片 7.4　测定谐振频率时，圆片形陶瓷电容器
安装在传输线与地线之间

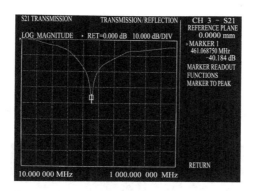

照片 7.5　圆片形陶瓷电容器谐振频率的测定结果

　　照片 7.6 是电容量同为 25pF 而引线长短不同的三个陶瓷电
容器，从左到右，它们的谐振频率分别是 460MHz、220MHz 和
178MHz，由此可以算出三个电容器的寄生电感量分别是
4.79nH、20.93nH 和 31.98nH。可见，照片 7.6 的中间那个陶瓷
电容器本身就等效于图 7.36 电路中虚线框内的 LC 串联电路。

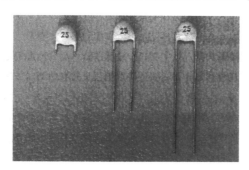

照片 7.6　不同引脚长度的圆片形陶瓷电容器

　　照片 7.7 就是用这个电容器所制作出的 m 推演型 HPF。从这个照片来看，似乎难以相信这就是个工作频率在 400MHz 以上的电路，但只要把它的实测结果（见照片 7.8）与仿真结果（见图 7.37）相比较，就知道实装电路与设计电路的特性是一致的。从这个滤波器装配实例可见，只要抓住了要点，高频滤波器的制作也是很简单的。

照片 7.7　所试制出的 440MHz m 推演型 HPF

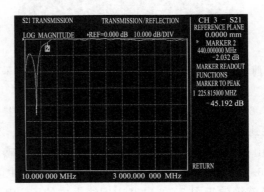

照片 7.8　440MHz m 推演型 HPF 的测定结果
（10MHz～3GHz，10dB/div）

　　上面的例子中，电容器寄生电感量的测量计算是在电容量准确等于其标称值的情况下进行的。但是，电容器的标称值并不一定就等于实际使用频率上的电容量。如果能够准确地测知电容器的电容量和电感线圈的电感量，那当然就没有什么问题了，但现实情况却并不是这样的。在高频的情况下，要准确测量电容器的电容量，那是十分困难的。

　　不过，在制作上述的滤波器时，并不需要准确求得电容器和电感线圈的值。实际上，只要谐振频率与设计值一致，也就是说，

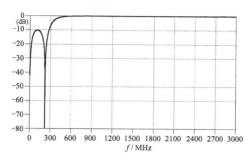

图 7.37　440MHz *m* 推演型 HPF 的仿真结果

只要电容和电感之积符合谐振频率的设计值要求，电容器和寄生电感的值即使与设计值有些偏差，最终的滤波器特性将不会有多大变化。

图 7.38 的仿真特性曲线，是在保证谐振频率不变的情况下，将电容器和电感线圈值分别改变±10%时所计算出的结果。仿真结果表明，只要谐振频率符合设计要求，即使电感和电容的值有10%偏差，仍然能得到几乎与所希望滤波器特性相同的性能。

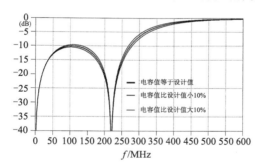

图 7.38　保持谐振频率不变而把电容器和电感线圈
的值改变±10%时滤波器衰减特性的变化情形

制作滤波器之前要准备好谐振频率测定设备，这样，就可以用它来预先调整电容器引线长度，把电容器和引线所决定的谐振频率调整到符合设计值的频率上。从而使所设计的滤波器能够一次装配成功，而不必反复进行调整。

第8章
带通滤波器的设计方法
——先设计带宽与 BPF 相同的 LPF,再进行元件变换而得 BPF

带通滤波器一词的英文是"Band Pass Filter"。其缩写形式为 BPF,它常作为带通滤波器的简称和标记符号来使用。

说到 BPF 的话题时,常常会听到一些"讹传",什么"采用 Q 值高的元件难以做成宽带 BPF"啦,"宽带 BPF 是不能实现的"啦,"想要加宽频带,只需把几个谐振频率不同的谐振器排在一起就行了"等。

读过本章之后,您就会认识到这些关于 BPF 的传言是错误的。本书在介绍 BPF 设计步骤时并未作多少省略,受上述讹传的困扰而对自己设计带通滤波器失去信心的读者,务必请您自己试着设计几个带通滤波器体验一下。

实际上,BPF 的设计并不难,只要按照图 8.1 所示的设计步骤去做就行了。整个设计过程大致可分为两个阶段,前一个阶段是依

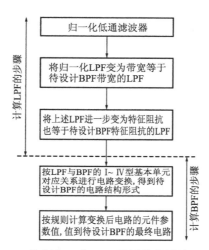

图 8.1 依据归一化 LPF 设计数据设计 BPF 的步骤

据归一化 LPF 设计出通带宽度等于待设计 BPF 带宽的 LPF，后一个阶段是把这个通带宽度等于待设计 BPF 带宽的 LPF 变换成 BPF。

设计 BPF 的步骤虽然比设计 HPF 复杂一些，但也只是在依据归一化 LPF 来设计特定带宽 LPF 时的那种步骤上增加了一个简单的电路变换步骤而已。为了便于读者领会，下面将通过举出实际例子来指明计算步骤。

8.1 依据定 K 型归一化 LPF 的数据来设计 BPF

本节首先介绍一个依据定 K 型归一化 LPF 的数据来设计 BPF 的例子。

【例 8.1】 试依据 π 形 3 阶定 K 型归一化 LPF 的数据，设计出中心频率为 10MHz、带宽为 1MHz、特征阻抗为 50Ω 的定 K 型 BPF。

【阶段 1】 作为设计 BPF 的第一阶段，首先要依据归一化的 LPF 设计出一个通带宽度等于待设计 BPF 带宽、特征阻抗等于待设计 BPF 特征阻抗的 LPF。

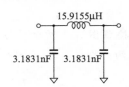

15.9155μH

3.1831nF 3.1831nF

图 8.2 3 阶定 K 型 LPF
（截止频率 1MHz，特征阻抗 50Ω）

由于待设计 BPF 的带宽是 1MHz，特征阻抗是 50Ω，所以这里所要设计的 LPF 的截止频率应为 1MHz，特征阻抗应为 50Ω。所依据的定 K 型 3 阶 π 形归一化 LPF 数据可从第 2 章的图 2.17 (b) 获得，相对应的 1MHz 50Ω LPF 的详细设计步骤已在第 2 章中讲过了，这里所设计的结果如图 8.2 所示。

【阶段 2】 要从带宽等于待设计 BPF 带宽、特征阻抗等于待设计 BPF 特征阻抗的 LPF 变换成 BPF，我们需要一种从 LPF 到 BPF 的电路元件对应关系，这个对应关系就是图 8.3。也就是说，LPF 电路的基本构成单元可以归纳为图 8.3(a)～(d) 中箭头左侧所示的 Ⅰ 型～Ⅳ 型四种类型，而箭头右侧便是 BPF 中与之相对应的基本电路单元。BPF 基本电路单元中各元件的值可由图中所示各公式算出，式中的 ω_0 是 BPF 的中心角频率，即 $\omega_0 = \pi f_0$。

这样，当要从 LPF 得到 BPF 时，只要像图 8.4 所示那样，把

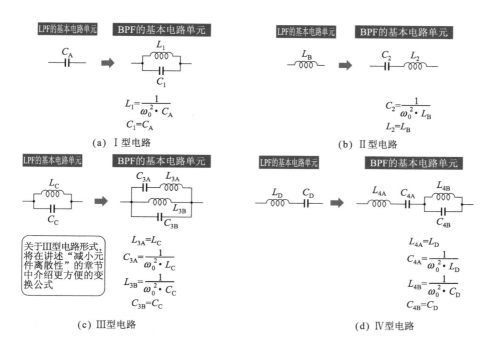

(a) Ⅰ型电路   (b) Ⅱ型电路

$$L_1=\frac{1}{\omega_0^2 \cdot C_A}$$
$$C_1=C_A$$

$$C_2=\frac{1}{\omega_0^2 \cdot L_B}$$
$$L_2=L_B$$

关于Ⅲ型电路形式，将在讲述"减小元件离散性"的章节中介绍更方便的变换公式

$$L_{3A}=L_C$$
$$C_{3A}=\frac{1}{\omega_0^2 \cdot L_C}$$
$$L_{3B}=\frac{1}{\omega_0^2 \cdot C_C}$$
$$C_{3B}=C_C$$

$$L_{4A}=L_D$$
$$C_{4A}=\frac{1}{\omega_0^2 \cdot L_D}$$
$$L_{4B}=\frac{1}{\omega_0^2 \cdot C_D}$$
$$C_{4B}=C_D$$

(c) Ⅲ型电路   (d) Ⅳ型电路

图 8.3 LPF 的四种基本构成单元及其与 BPF 基本构成单元的对应关系

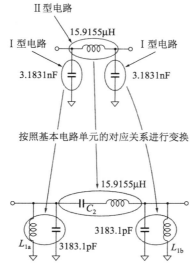

图 8.4 按照基本电路单元的对应关系
把 3 阶 π 形定 K 型 LPF 变换成 BPF

LPF 的各基本电路单元换成图 8.3(a)～(d)中所示的 BPF 对应基本电路单元，并按图中公式算出其元件值，就设计出了所要设计的 BPF。

本例题中，阶段 1 所设计出的 LPF 为图 8.2，它的基本电路单元有 I 型(即图 8.3(a)的电容器 C_A)和 II 型(即图 8.3(b)的电感线圈 L_B)两种，待设计 BPF 的中心频率为 $f_0 = 10\text{MHz}$。于是，BPF 的各电路元件值可通过以下计算得出。

$$\omega_0 = 2\pi f_0 = 2\pi \times 10 \times 10^6 \approx 6.2831853 \times 10^7$$

$$C_{1a} = C_{1b} = C_A = 3.1831\text{nF} = 3183.1\text{pF}.$$

$$L_{1a} = L_{1b} = \frac{1}{\omega_0^2 C_A} = \frac{1}{(2\pi \times 10 \times 10^6)^2 \times 3.1831 \times 10^{-9}}$$

$$= \frac{1}{4\pi^2 \times 10^2 \times 10^{12} \times 3.1831 \times 10^{-9}} \approx \frac{1}{125.6638 \times 10^5}$$

$$\approx 79.577(\text{nH})$$

$$C_2 = \frac{1}{\omega_0^2 L_B} = \frac{1}{(2\pi \times 10 \times 10^6)^2 \times 15.9155 \times 10^{-6}}$$

$$= \frac{1}{4\pi^2 \times 10^2 \times 10^{12} \times 15.9155 \times 10^{-6}} \approx \frac{1}{628.3188 \times 10^8}$$

$$\approx 15.9155(\text{pF})$$

$$L_2 = L_B = 15.9155\text{nH}$$

最终所设计出的中心频率为 10MHz、带宽为 1MHz、特征阻抗为 50Ω 的 π 形 3 阶定 K 型 BPF 电路如图 8.5 所示，该 BPF 特性的仿真结果示于图 8.6。

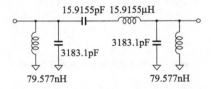

图 8.5 所设计出的 3 阶定 K 型 BPF
(带宽 1MHz，中心频率 10MHz，特征阻抗 50Ω)

以上便是 BPF 的设计步骤，设计过程是很简单的，但实际制作滤波器时却挺费劲。之所以如此，是因为所用的两种电感线圈值的差别太大，一个是 79.577nH，另一个则大到 15.9155μH(= 15915.5nH)。一个电感线圈值很大而另一个电感线圈值很小的这种情况，实际上是不可取的。一般情况下，由于大电感量线圈的杂散电容和等效串联电阻都较大，自身谐振频率和 Q 值都较

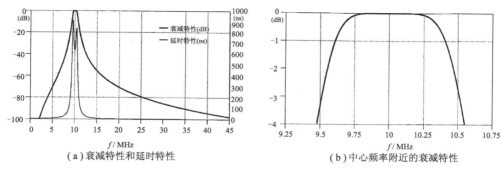

(a)衰减特性和延时特性　　　　　　　(b)中心频率附近的衰减特性

图 8.6 所设计出的 3 阶定 K 型 BPF

(带宽 1MHz,中心频率 10MHz,特征阻抗 50Ω)的仿真结果

低,即其性能较差,因而不宜采用。更确切地说,如果直接按上述电感线圈设计值来制作滤波器,所制出的带通滤波器的性能甚至会完全被 15.9155μH 这个大电感线圈所左右,而难以得到设计特性。

　　实际当中在遇到这种情况时,可以通过进一步的电路变换来得到更为合理的电路参数设计值。关于这种电路变换的计算,后述章节中将有所介绍,读者在熟悉了 BPF 设计方法后可以参考使用。

8.2　两种中心频率(几何中心频率与线性坐标中心频率)

　　仔细观察上例的 BPF 仿真特性曲线图 8.6(b)时,会发现一个问题。这就是按照中心频率为 10MHz 和带宽为 1MHz 这一指标数据所设计出的 BPF,其衰减特性的两个−3dB 频率点应该是 9.5MHz 和 10.5MHz,但图 8.6(b)曲线的−3dB 频率却并不在这两个频率上,而是都位于比这两个频率高一点的地方。这等于说中心频率不在 10MHz 而位于高于 10MHz 的地方。

　　这种现象并不是设计计算有误,也不是仿真有误,而是我们对中心频率的不同理解所造成的。

　　请比较图 8.7(a)和图 8.7(b)两幅图。这两幅图表示的都是 5~80MHz 这个频带的中心频率,图(a)是以 20.0MHz 作为中心频率,图(b)则是以 42.5MHz 作为中心频率。为了加以区别,我们把前者称为几何中心频率,把后者称为线性坐标中心频率(或简称中心频率)。

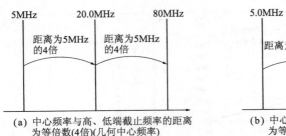
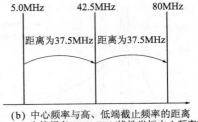

(a) 中心频率与高、低端截止频率的距离
为等倍数(4倍)(几何中心频率)

(b) 中心频率与高、低端截止频率的距离
为等频率(37.5MHz)(线性坐标中心频率)

图 8.7 5～80MHz 通带的两种中心频率

　　滤波器设计中所用的是几何中心频率，而用曲线表示滤波器特性时所用的是线性坐标中心频率。由于前面的设计中把这两种中心频率当成是一样的，因而就出现了上面的 BPF 通带向高频端移动的现象。

　　从 LPF 变换成 BPF 时所用的 ω_0 必须以几何中心频率为基准进行计算，BPF 衰减特性曲线的形状也就不可能在线性坐标轴上左右对称。但是，如果是在对数坐标轴上描绘前述所设计 BPF 的衰减特性曲线，那就能得到左右完全对称的形状，因而，几乎所有的测试仪都备有对数坐标轴。在验证实际制作出的滤波器特性是否对称时，利用图 8.8 那样的对数频率坐标轴更为方便。

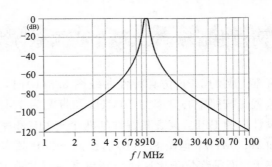

图 8.8 图 8.6(a)的衰减特性描绘在对数轴上时的情形

　　如果想要设计高、低端截止频率对于线性坐标中心频率对称的 BPF，则要按下式来计算几何中心频率 f_0。

$$f_0 = \sqrt{f_L \times f_H}$$

式中，f_L 为低频端截止频率；f_H 为高频端截止频率。

　　按照这一公式，前述例题的几何中心频率 f_0 就是

$$f_0 = \sqrt{10.5 \times 9.5} \approx 9.987492 \text{(MHz)}$$

以这个几何中心频率 f_0 来重新设计前例的带通滤波器,则其设计中所用到的 ω_0 为:

$$\omega_0 = 2\pi \times 9.9897492 \times 10^6 \approx 62.75326 \times 10^6$$

用这个新的 ω_0 来重新计算 BPF 的元件值 L_{1a}、L_{1b} 和 C_2,得到的结果为:

$$L_{1a} = L_{1b} = \frac{1}{\omega_0{}^2 C_A}$$

$$= \frac{1}{(2\pi \times 9.987492 \times 10^6)^2 \times 3.1831 \times 10^{-9}}$$

$$= \frac{1}{4\pi^2 \times (9.987492)^2 \times 10^{12} \times 3.1831 \times 10^{-9}}$$

$$\approx \frac{1}{12.53496 \times 10^6} \approx 79.7769 (\mathrm{nH})$$

$$C_2 = \frac{1}{\omega_0{}^2 L_B} = \frac{1}{(2\pi \times 9.987492 \times 10^6)^2 \times 15.9155 \times 10^{-6}}$$

$$= \frac{1}{4\pi^2 \times (9.987492)^2 \times 10^{12} \times 15.9155 \times 10^{-6}}$$

$$\approx \frac{1}{62.674794 \times 10^9} \approx 15.9553 (\mathrm{pF})$$

所设计成的 BPF,其衰减特性仿真结果如图 8.9 所示。从仿真结果可以看出,这个 BPF 的截止频率 9.5MHz 和 10.5MHz 恰好位于 $-3\mathrm{dB}$ 点上。

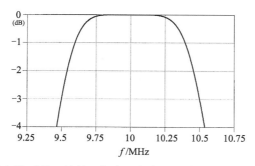

图 8.9 重新按对称于线性坐标中心频率所设计出的 3 阶定 K 型 BPF (带宽 1MHz,中心频率 10MHz,特征阻抗 50Ω)在中心频率附近的衰减特性

【例 8.2】 试以定 K 型 2 阶归一化 LPF 的数据为依据,设计出通带宽度为 100kHz、几何中心频率为 500kHz、特征阻抗为 600Ω 的定 K 型 BPF。

首先设计带宽等于待设计 BPF 带宽、特征阻抗等于待设计

BPF 特征阻抗的 LPF。这里，待设计 BPF 的带宽为 100kHz、特征阻抗为 600Ω，所以要设计的 LPF 应是带宽等于 100kHz，特征阻抗等于 600Ω 的 LPF。

定 K 型 2 阶归一化 LPF 的数据可从第 2 章中的图 2.17(a) 得到，按照第 2 章中所讲过的设计方法，可得 100kHz 带宽、600Ω 特征阻抗的 LPF 电路如图 8.10 所示。

按照图 8.3 所示的 I 型～IV 型单元电路的对应关系，把图 8.10 的 LPF 电路变换成 BPF 电路，其结果如图 8.11 所示。

0.9549297mH

2652.5824pF

图 8.10 2 阶定 K 型 LPF

（截止频率 100kHz，特征阻抗 600Ω）

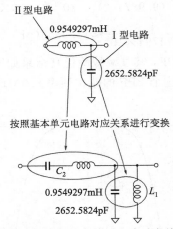

II 型电路

0.9549297mH I 型电路

2652.5824pF

按照基本单元电路对应关系进行变换

C_2

0.9549297mH L_1

2652.5824pF

图 8.11 按照基本单元电路对应关系

把 2 阶定 K 型 LPF 电路变换成 BPF 电路

为了计算变换后电路的元件值，需要先求出 ω_0，这里 ω_0 为几何中心频率的弧度值，因为几何中心频率 f_0 为 500kHz，所以

$$\omega_0 = 2\pi \times 500 \times 10^3 \approx 3.141593 \times 10^6$$

接着计算图 8.11 中的元件参数 L_1 和 C_2，根据图 8.3 中所给出的公式，其计算结果如下。

$$L_1 = \frac{1}{\omega_0{}^2 C_A} = \frac{1}{(2\pi \times 500 \times 10^3)^2 \times 2652.5824 \times 10^{-12}}$$

$$\approx 38.1972(\mu H)$$

$$C_2 = \frac{1}{\omega_0^2 L_B} = \frac{1}{(2\pi \times 500 \times 10^3)^2 \times 0.9549297 \times 10^{-3}}$$

$$\approx 106.103(pF)$$

最终所设计出的 BPF 电路如图 8.12 所示,该电路特性的仿真结果示于图 8.13。

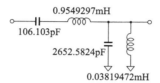

图 8.12 所设计出的 2 阶定 K 型 BPF

(几何中心频率 500kHz,带宽 100kHz,特征阻抗 600Ω)

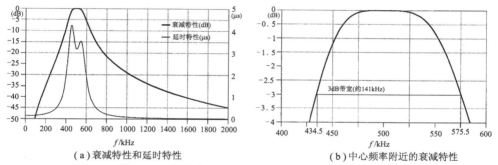

(a)衰减特性和延时特性   (b)中心频率附近的衰减特性

图 8.13 所设计出的 2 阶定 K 型 BPF 的仿真结果

8.3 BPF 特性与 LPF 特性的关系

在图 8.13(b)的定 K 型 BPF 特性曲线中,我们注意到一个问题,这就是本来按 100kHz 设计的 BPF 带宽,仿真结果却约为 141kHz。这是为什么呢?

BPF 是通过对 LPF 进行变换而得到的,因而 BPF 的带宽与变换时所用的 LPF 的带宽有密切关系。为了便于理解,我们把 LPF 看成是以频率轴原点为中心的 BPF,来考虑从 LPF 到 BPF 的频率变换是怎样进行的。这种情况下,BPF 可由图 8.14(a)的特性曲线,像图 8.14(b)那样,变换成以频率轴原点为对称的带通特性。

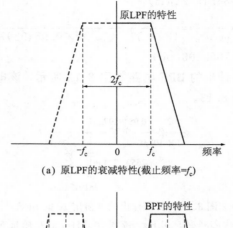

(a) 原LPF的衰减特性(截止频率=f_c)

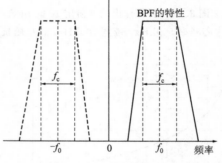

(b) 变换成BPF(中心频率=f_0)

图 8.14 对称于频率轴原点的 LPF→BPF 变换

但是,负频率实际上并不存在,因而变换可像图 8.15 那样进行。

当不光是关注截止频率 f_c,或者说当把 f_c 换成任意频率 f 时,就可以从 LPF 在频率 f 上的衰减特性来计算 BPF 的衰减特性。读者应该还记得,定 K 型 LPF 是由经典法所设计出的滤波器,它的截止频率偏离设计值的情况比较严重。前面所注意到的定 K 型 BPF 的 $-3dB$ 带宽不等于设计值 100kHz 而等于大约 141kHz 的问题,实际上就是作为频率变换原型的定 K 型 LPF 的特性原封不动地反映到了 BPF 当中的结果。

以上的说明或许还没有使读者完全领会,下面我们再来看一个从具有陷波点的 m 推演型 LPF 得到 BPF 的例子。

【例 8.3】 试利用 2 倍截止频率处具有陷波点的 m 推演型 LPF 来设计几何中心频率为 10MHz、带宽为 1MHz、特征阻抗为 50Ω 的 m 推演型 BPF。

根据第 2 章的设计方法,符合本例题条件的 m 推演型归一化

LPF 如图 8.16(a)所示。

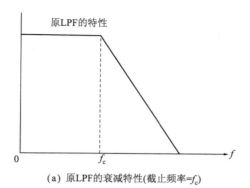

原LPF的特性

0　　　　　　f_c　　　　　　　　f

(a) 原LPF的衰减特性(截止频率=f_c)

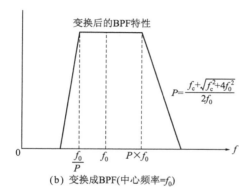

变换后的BPF特性

$P=\dfrac{f_\text{c}+\sqrt{f_\text{c}^2+4f_0^2}}{2f_0}$

0　　$\dfrac{f_0}{P}$　f_0　$P\times f_0$　　　f

(b) 变换成BPF(中心频率=f_0)

图 8.15 实际的 LPF→BPF 变换

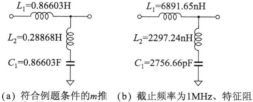

$L_1=0.86603\text{H}$　　　　　$L_1=6891.65\text{nH}$

$L_2=0.28868\text{H}$　　　　　$L_2=2297.24\text{nH}$

$C_1=0.86603\text{F}$　　　　　$C_1=2756.66\text{pF}$

(a) 符合例题条件的m推　(b) 截止频率为1MHz、特征阻
　演型归一化LPF　　　　抗为50Ω 的m推演型LPF

图 8.16 符合例题条件的 LPF 的设计

　　对这个归一化 LPF 施以频率变换和阻抗变换，得到截止频率
等于 BPF 带宽值 1MHz、特征阻抗为 50Ω 的 m 推演型 LPF，其
电路如图 8.16(b)所示，该电路的特性示于图 8.17。

　　对图 8.16(b)的电路进行从 LPF 到 BPF 的变换。这个 m 推
演型 LPF 的基本单元电路为 Ⅱ 型和 Ⅳ 型，按照其对应关系变换成

BPF 电路的过程如图 8.18 所示。

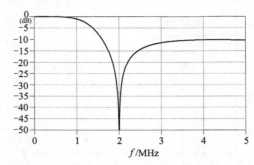

图 8.17 符合例题条件的 m 推演型 LPF
（截止频率 1MHz，特征阻抗 50Ω）的特性

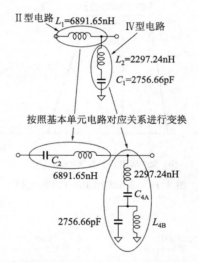

图 8.18 按基本单元电路对应关系把 m 推演型 LPF 变换成 BPF

按照图 8.3 中所给出的计算公式，图 8.18 的 BPF 元件参数
C_2、C_{4A}、L_{4B} 各值为：

$$C_2 \frac{1}{\omega_0{}^2 L_B} = \frac{1}{(2\pi \times 10 \times 10^6)^2 \times 6.89165 \times 10^{-6}}$$
$$\approx 36.755 (\text{pF})$$

$$C_{4A} = \frac{1}{\omega_0{}^2 L_D} = \frac{1}{(2\pi \times 10 \times 10^6)^2 \times 2.29724 \times 10^{-6}}$$
$$\approx 110.264 (\text{pF})$$

$$L_{4B} = \frac{1}{\omega_0{}^2 C_D} = \frac{1}{(2\pi \times 10 \times 10^6)^2 \times 2756.66 \times 10^{-12}}$$

$$\approx 91.888(\text{nH})$$

由这些计算即得图 8.19 所示的 m 推演型 BPF 电路。

该电路的特性如图 8.20 所示。从这个特性曲线可以看出,原 LPF 所具有的陷波点在从 LPF 变换为 BPF 的过程中并不会失去。

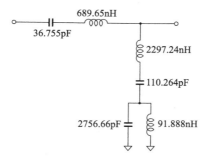

图 8.19 所设计出的 m 推演型 BPF

(几何中心频率 10MHz,带宽 1MHz,特征阻抗 50Ω)

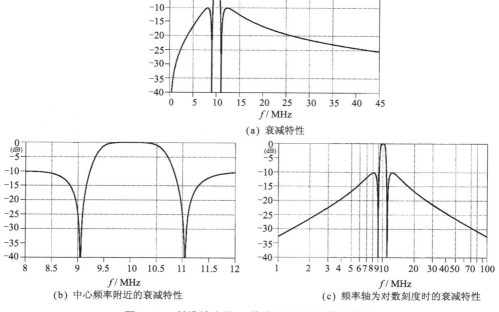

(a) 衰减特性

(b) 中心频率附近的衰减特性

(c) 频率轴为对数刻度时的衰减特性

图 8.20 所设计出的 m 推演型 BPF 的仿真结果

8.4　BPF 的截止频率和陷波频率的计算

下面，我们来计算前面所讲过的 m 推演型 BPF（见图 8.19）的两个截止频率和陷波频率。如 8.3 节中的图 8.15 所示，两个截止频率可如下计算。

$$f_L = \frac{f_0}{P}$$

$$f_H = P f_0$$

$$P = (f_c + \sqrt{f_c{}^2 + 4f_0{}^2}) / 2f_0$$

其中，f_0 为几何中心频率；f_c 为截止频率。

首先计算参数 P。因为 $f_c = 1\text{MHz}$，$f_0 = 10\text{MHz}$，所以

$$P = \frac{1 \times 10^6 + \sqrt{(1 \times 10^6)^2 + 4(10 \times 10^6)^2}}{2 \times 10 \times 10^6} = \frac{1 + \sqrt{401}}{20}$$

$$= 1.051249\cdots$$

由此再计算 BPF 的两个截止频率，可得

$$f_L = \frac{f_0}{P} = \frac{10\text{MHz}}{1.051249} \approx 9.51249\text{MHz}$$

$$f_H = P \times f_0 = 1.051249 \times 10\text{MHz} \approx 10.51249\text{MHz}$$

BPF 的两个陷波频率的计算方法和公式都与截止频率的计算相同，只是要把 P 计算公式中的 f_c 换成 m 推演型 LPF 的陷波频率而已。这里，m 推演型 LPF 的陷波频率位于其 2 倍截止频率处，即等于 2MHz，所以

$$P = \frac{2 \times 10^6 + \sqrt{(2 \times 10^6)^2 + 4(10 \times 10^6)^2}}{2 \times 10 \times 10^6} = \frac{2 + \sqrt{402}}{20}$$

$$= 1.1024968\cdots$$

由此再来计算两个陷波频率 f_{NL}（低端陷波频率）和 f_{NH}（高端陷波频率），可得

$$f_{NL} = \frac{f_0}{P} = \frac{10\text{MHz}}{1.1024968} = 9.07032\text{MHz}$$

$$f_{NH} = P \times f_0 = 1.1024968 \times 10\text{MHz} = 11.02497\text{MHz}$$

将这一计算结果与图 8.20(b) 的仿真结果相比较，可知计算是正确的。

【例 8.4】　试设计带宽为 190MHz、线性坐标中心频率为 500MHz、特征阻抗为 50Ω 的 5 阶巴特沃思型 BPF，并用市售的片式电容器和片式电感线圈把它制作出来。

首先，设计其带宽和特征阻抗等于待设计 BPF 的带宽和特征阻抗的 LPF。这里，就是设计截止频率等于 190MHz、特征阻抗等于 50Ω 的 5 阶巴特沃思型 LPF。

接着，确定这个巴特沃思型 LPF 的基本构成电路单元属于 Ⅰ型～Ⅳ型中的哪种类型，并将其按照对应关系变换成 BPF 的相应基本电路单元。这里，基本电路单元属于Ⅰ型和Ⅱ型，变换的过程和结果如图 8.21 所示。

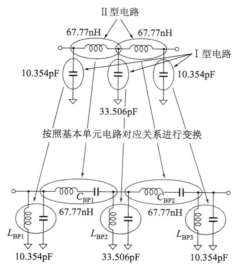

图 8.21 按照基本单元电路对应关系
把 5 阶巴特沃思型 LPF 电路变换成 BPF 电路

随后，计算这个 BPF 的电路元件值。由于这里作为设计条件所给出的中心频率是线性坐标中心频率，所以要先从线性坐标中心频率计算出几何中心频率，然后再计算电路元件值。这里，线性坐标中心频率为 500MHz，带宽为 190MHz，所以，基于巴特沃思型 LPF 所计算出的 BPF 高低频端－3dB 截止频率为：

$$f_\mathrm{L}=500\mathrm{MHz}-190\mathrm{MHz}\div2=405\mathrm{MHz}$$
$$f_\mathrm{H}=500\mathrm{MHz}+190\mathrm{MHz}\div2=595\mathrm{MHz}$$

由此可求得几何中心频率 f_0 为：

$$f_0=\sqrt{f_\mathrm{L}\times f_\mathrm{H}}\approx490.892\mathrm{MHz}=4.90892\times10^8\mathrm{Hz}$$

将这个几何中心频率的值代入求元件参数值的公式中，可计算出图 8.21 中各元件的值为：

$$C_{BP1},C_{BP2} = \frac{1}{(2\pi \times 4.90892 \times 10^8)^2 \times 67.770 \times 10^{-9}}$$
$$\approx 1.5511(\text{pF})$$

$$L_{BP1},L_{BP3} = \frac{1}{(2\pi \times 4.90892 \times 10^8)^2 \times 10.354 \times 10^{-12}}$$
$$\approx 10.1522(\text{nH})$$

$$L_{BP2} = \frac{1}{(2\pi \times 4.90892 \times 10^8)^2 \times 33.506 \times 10^{-12}}$$
$$\approx 3.13772(\text{nH})$$

于是便得到了所要设计的 BPF,其电路如图 8.22 所示。图 8.23 是该 BPF 特性的仿真结果,它符合所要求的特性。

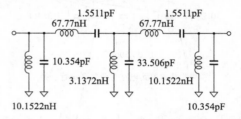

图 8.22 所设计出的 5 阶巴特沃思型 BPF(几何中心频率 490.892MHz,
线性坐标中心频率 500MHz,带宽 190MHz,特征阻抗 50Ω)

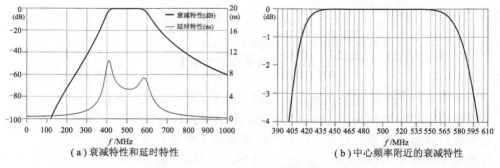

（a）衰减特性和延时特性　　　　　　　（b）中心频率附近的衰减特性

图 8.23 所设计出的 BPF 的仿真结果

按照图 8.22 所制作出的 BPF 其外观如照片 8.1 所示,制作中所用的元件是市售的片式电容器和片式电感线圈。

用矢量式网络分析仪(微波波段的传输特性测试设备)对所制成的 BPF 进行实际测试的结果如图 8.24 所示。由于电感线圈的等效串联电阻和等效并联电容以及电容器的等效串联电感等的影响,所制作出的 BPF 并未达到所要求的理想特性,但它的确是个带通滤波器。这个实际制作出的巴特沃思型带通滤波器的通带两端出现了陷波点，这种情形主要是地线的寄生电感所造成的。关于这一点，第 11 章讲述电容耦合谐振器式 BPF 时将作详细介绍。

照片 8.1 所制成的 BPF 的外观
（与地线相接的电容器在片式电感线圈的下面）

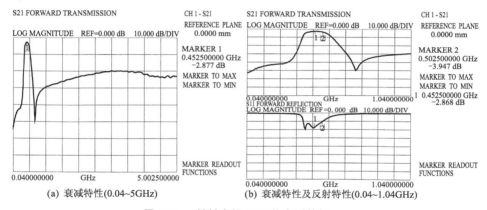

(a) 衰减特性(0.04~5GHz)　　　(b) 衰减特性及反射特性(0.04~1.04GHz)

图 8.24 所制成的 BPF 的实测特性

8.5 不同类型的 BPF 的特性比较

下面，我们来看一看在滤波器类型不同的情况下，BPF 的特性有多大程度差别。

就几何中心频率为 10MHz、带宽为 1MHz、阶数为 3 阶、特征阻抗为 50Ω 的 BPF 而言，各滤波器的电路如图 8.25(a)~(e)所示，其仿真结果如图 8.26~图 8.28 所示。

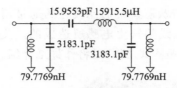

（a）3阶巴特沃思BPF(带宽1MHz，
中心频率10MHz，特征阻抗50Ω)

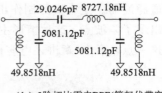

（b）3阶切比雪夫BPF(等起伏带宽
1MHz，中心频率10MHz，特征
阻抗50Ω，带内起伏量0.5dB)

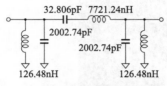

（c）3阶切比雪夫BPF(等起伏带宽
1MHz，中心频率10MHz，特征
阻抗50Ω，带内起伏量0.01dB)

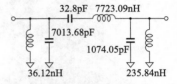

（d）3阶贝塞尔BPF(带宽1MHz，中心
频率10MHz，特征阻抗50Ω)

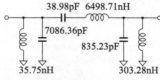

（e）3阶高斯BPF(带宽1MHz，中心
频率10MHz，特征阻抗50Ω)

图 8.25 比较不同类型 BPF 的特性时所用的电路

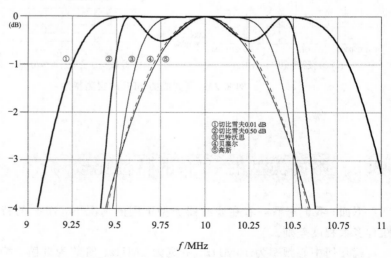

图 8.26 各种 BPF 的中心频率附近衰减特性的比较

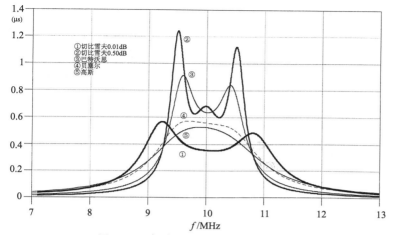

图 8.27 各种 BPF 的延时特性的比较

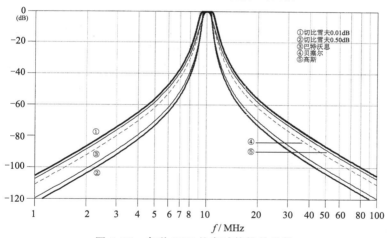

图 8.28 各种 BPF 的衰减特性的比较

在这些不同类型时的 BPF 中，高斯型 BPF 的群延迟特性曲线没有急剧变化，它的过渡特性最好，因而常作为决定频谱分析仪测量通道带宽(Resolution Band Width，RBW)的带通滤波器来使用。由于其过渡响应良好，因而采用高斯型 BPF 作为 RBW 的频谱分析仪，其测量速度比采用其他类型 BPF 作为 RBW 的频谱分析仪速度快。如果不是采用高斯型 BPF 而是别的 BPF，那么，当提高扫描速度时就会使失真增大，从而造成测量误差增大。

在采用模拟滤波器作为 RBW 的频谱分析仪中，通常是采用 *LC* 滤波器和晶体滤波器来决定测量通道带宽的，晶体滤波器担当较窄带宽的测量，*LC* 滤波器担当较宽带宽的测量。*LC* 滤波器是个如图 8.29 所示的电路，它的带宽可通过改变电阻 R 来改变。
当希望加大带宽时，就减小 R；当希望减小带宽时，就增大 R。不
过要注意，如果 R 过小，前级放大器的负载就会过重，以至于无
法驱动 LC 谐振电路正常工作；如果 R 过大，则电阻 R 所产生的
热噪声可能会大到不可忽略的程度。

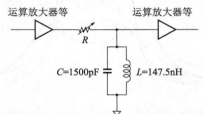

图 8.29 频谱分析仪中的滤波器（10.7MHz IF 滤波器之例）

　　频谱分析仪的 RBW 是由多个（4～5 个）图 8.29 所示滤波电
路组合起来构成的。根据前面所讲到的注意事项，电阻 R 一般可
在数十 Ω 到数 kΩ 的范围内取值。图 8.30 是中心频率为
10.7MHz 的 BPF 在电阻 R 取不同阻值情况下的仿真结果。从仿

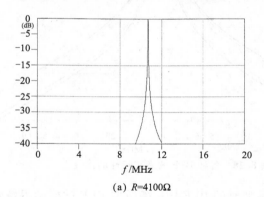

(a) R=4100Ω

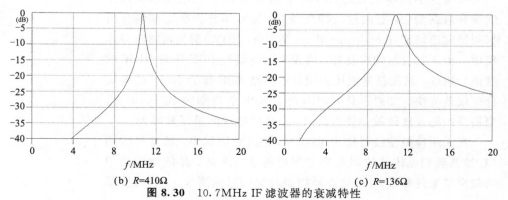

(b) R=410Ω　　　　　　　　　　(c) R=136Ω

图 8.30 10.7MHz IF 滤波器的衰减特性

真结果可以看出，当带宽过宽时，线性坐标下的滤波器特性变成左右不对称的了。

假定用五个这样的滤波器做成决定 RBW 的滤波器，这时，电阻 R 的值与滤波器 5 级频带宽度的关系如表 8.1 所示。

表 8.1 电阻 R 与带宽的关系

电阻 R	带宽（3dB）
4.1kΩ	10kHz
1.3kΩ	30kHz
410Ω	100kHz
340Ω	120kHz
136Ω	300kHz
41Ω	1MHz

在实际的滤波器中，由于 LC 并联谐振电路的 Q 值不是无限大，因而改变 R 的大小会造成滤波器损耗（即衰减量）的变化。也就是说，随着带宽的变窄（即随着 R 的增大），滤波器的损耗就增大。为了减小这种影响，可以像图 8.31 那样在电路中设置正反馈，适当选取正反馈电阻 R_1 的大小，能够减小因改变 R 大小（它是决定带宽的）所带来的损耗。

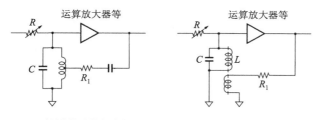

(a) 采用带抽头的电感线圈　　(b) 采用变压器

图 8.31 用正反馈提高滤波器 Q 值的方法

市售的频谱分析仪里面装有一种计算机，它能够自动地补偿改变带宽时所发生的损耗变化。如果是自己制作的频谱分析仪，由于这种损耗很难补偿得好，所以使用中必须特别注意频道切换的误差。

【例 8.5】 设容许的带内起伏量为 1dB，特征阻抗为 50Ω，试设计 AM 广播波段（530～1600kHz）所用的 BPF。

我们用 5 阶切比雪夫型 LPF 来进行设计。所用到的等起伏量为 1dB 的 5 阶切比雪夫归一化 LPF 请参看第 4 章图 4.18(e)。

由于设计指标所要求的 BPF 带宽为：

$$1600\text{kHz} - 530\text{kHz} = 1070\text{kHz}$$

所以要首先设计出等起伏带宽为 1070kHz、特征阻抗为 50Ω 的 LPF，其设计结果为图 8.32 上部电路。然后，将所得到的 LPF 按照依据 LPF 设计 BPF 时的基本单元电路变换规则，进行如图 8.32 所示的电路变换。

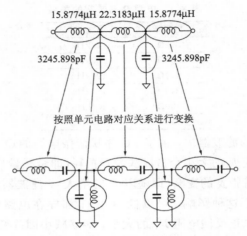

图 8.32　把 LPF 变换成 BPF

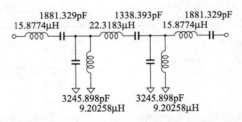

图 8.33　所设计出的 AM 广播波段 BPF（特征阻抗 50Ω）

接下来应该是计算 BPF 的元件参数，为此，先要计算几何中心频率。由于 $f_L = 530\text{kHz}$，$f_H = 1600\text{kHz}$，所以几何中心频率 f_0 为：

$$f_0 = \sqrt{f_L \times f_H} \approx 920.869 (\text{kHz})$$

在此基础上，利用图 8.3 所给出的元件参数计算公式，可算得各元件值，最终得到图 8.33 的 BPF 电路。这个 BPF 的特性仿真结果如图 8.34 所示。

猛地一看，这个 BPF 特性是非对称的，但如果将频率轴改为对数刻度，它就成为对称的了。

这种滤波器常用于防止因接收点附近有大功率短波发射台而

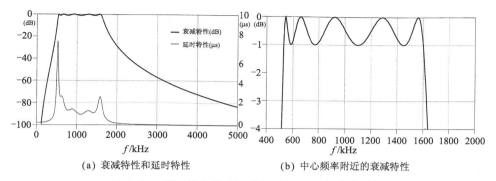

(a) 衰减特性和延时特性　　　　　(b) 中心频率附近的衰减特性

图 8.34 所设计出的 AM 广播波段 BPF 的仿真结果

造成 AM 接收机输入级出现饱和的问题。不过，由于几乎所有的 AM 接收机输入级都是调谐式的，因而普通用途的 AM 接收机中很少装备这种滤波器。

【**例 8.6**】 试设计通带范围为 130～150MHz、通带内允许起伏量为 0.5dB、特征阻抗为 50Ω 的 BPF。基本电路设计出来后，再利用本书第 10 章所介绍的虚拟回转器(imaginary gyrator)变换，将电感线圈的值变成统一值。

　　我们用 3 阶切比雪夫型 LPF 来进行设计。因为所需 BPF 的带宽为 150MHz－130MHz＝20MHz，所以首先要设计出等起伏带宽等于 20MHz、特征阻抗等于 50Ω 的 3 阶切比雪夫型 LPF。该 LPF 的设计结果如图 8.35 所示。

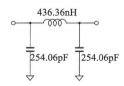

图 8.35 3 阶切比雪夫型 LPF

（π 形，等起伏带宽 20MHz，特征阻抗 50Ω，起伏量 0.5dB）

　　接着是计算几何中心频率。因为通带的高、低端截止频率为 130MHz 和 150MHz，所以几何中心频率 f_0 为：

$$f_0 = \sqrt{f_L \times f_H} = \sqrt{130 \times 10^6 \times 150 \times 10^6} \approx 139.642$$

（MHz）

　　LPF 的设计值和几何中心频率已经算出，接着再进行从 LPF 到 BPF 的变换和 BPF 元件值的计算，其结果得到图 8.36 所示的电路。

这个 BPF 的构成元件中，电感元件值大小差别较大。现在，利用第 10 章 10.7 节所介绍的虚拟回转器变换，将其中的 *LC* 串联谐振电路置换成并联谐振电路，从而使所使用的电感线圈全部变成相同的值（5.113nH）。经过这一变换之后，最终得到的 BPF 电路如图 8.37 所示。

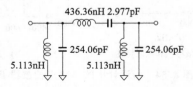

8.36 所设计出的 BPF

（带宽 130～150MHz，特征阻抗 50Ω，带内起伏量 0.5dB）

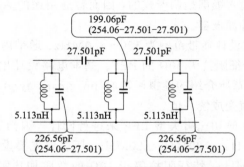

图 8.37 利用本书后述的虚拟回转器变换变形后的 BPF

原来的 BPF（见图 8.36）和经过虚拟回转器变换后所得到的 BPF（见图 8.37）的仿真结果如图 8.38 所示。

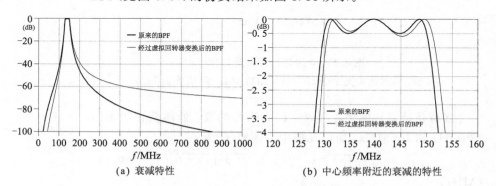

(a) 衰减特性　　　　　　　(b) 中心频率附近的衰减的特性

图 8.38 所设计出的 BPF 的仿真结果

按照图 8.37 的最终设计电路，采用空芯电感线圈（5.1nH）和片式电容器(200pF，220pF，22pF)所制成的 BPF 如照片 8.2 所示。其中的空芯线圈是采用在 1.5mm 钻头杆部缠绕上两圈铜线的办法自制的。关于空芯线圈的设计方法，将在第 15 章中叙述。

(a) 外观全貌

(b) 局部放大

照片 8.2　采用空芯线圈制成的 BPF

用矢量式网络分析仪对所制成的 BPF 进行实测的结果如照片 8.3 所示，实测特性曲的阻带区出现了仿真特性曲线所没有的陷波点，中心频率也向低频侧有所偏移。这些问题是电容器的寄生电感和连接基板正反面的导体电感所造成的。关于这方面的问题，讲述谐振器电容耦合型 BPF 的章节中还会有更详细的说明。

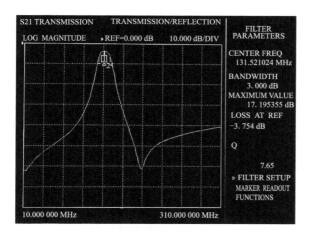

照片 8.3　所制作出的 130～150MHz BPF 的
衰减特性(10～310MHz，10dB/div)

在设计高频滤波器的时候，不但要重视元器件本身的性能，而且要考虑到实际安装时所附加上去的寄生电感和杂散电容。

【例 8.7】　设允许带内起伏量为 1dB，特征阻抗为 50Ω，试设计几何中心频率为 50MHz、等起伏带宽为 30MHz 的 2 阶切比雪夫型

BPF。

首先按照第 4 章中所讲的方法，求出起伏量等于 1dB 的 2 阶归一化切比雪夫型 LPF。然后以这个 LPF 的数据为依据，设计带宽等于待设计 BPF 带宽 30MHz、特征阻抗等于待设计 BPF 特征阻抗 50Ω 的 LPF，即对归一化 LPF 进行频率变换和阻抗变换，所得电路为图 8.39 的上部电路。接着再对这个电路进行从 LPF 到 BPF 的变换，得到图 8.39 下部所示的电路。

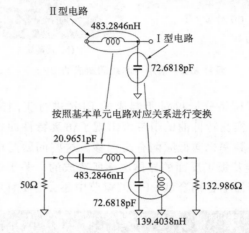

图 8.39 将 2 阶切比雪夫型 LPF 变换成 BPF

以上为设计 BPF 的步骤。下面的问题是，图 8.39 下部电路右侧的端口阻抗成了 132.986Ω，因而要采用第 10 章 10.8 节所介绍的"添加耦合电容技术"，把右侧的端口阻抗变换成 50Ω。

首先，按照图 8.40 所示那样，在已设计出的 BPF 上追加一个耦合电容器。耦合电容越大，它对已设计滤波器特性的影响就越小。原则上，这个耦合电容的值可以随意选取，这里，我们选

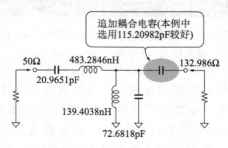

图 8.40 追加耦合电容

为 115.20982pF。至于选取这个值的理由，后续章节将会讲解。

与原来的特性相比，追加了耦合电容后的 BPF 特性发生了一些变化，如图 8.41 所示。

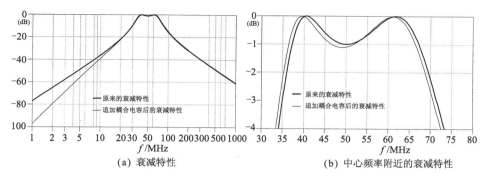

(a) 衰减特性　　　　　　　　　　　(b) 中心频率附近的衰减特性

图 8.41　原来的滤波器与追加耦合电容后的滤波器的特性比较

然后，从便于计算考虑，像图 8.42 那样接入一个变压器，使滤波器右侧的阻抗变为 50Ω。接入变压器之后的电路变成了"电容器＋变压器"的电路，因而还要用诺顿变换把它变换成由三个电容器构成的电路。关于诺顿变换，第 10 章中将结合计算实例予以详细介绍。

将图 8.42 的电路加以汇总，即得图 8.43 所示的电路，它的特性与图 8.41 中所示追加耦合电容器后的特性完全相同。

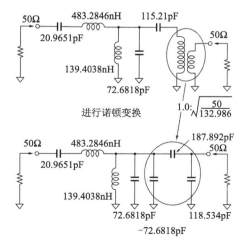

图 8.42　利用诺顿变换把"电容器＋变压器"变换成由三个电容器组成的电路

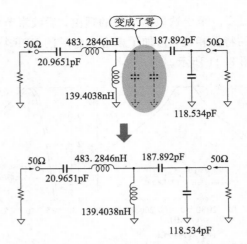

图 8.43 追加适当的耦合电容后再经过阻抗变换
而得到的 2 阶切比雪夫型 BPF

【**例 8.8**】 试制作几何中心频率为 400MHz、特征阻抗为 50Ω、带宽为 30% 的 5 阶巴特沃思型 BPF。

其设计步骤已在前面讲过了,这就是先对归一化的 5 阶巴特沃思型 LPF 进行截止频率变换和特征阻抗变换,在此基础上再求得 BPF。依据第 3 章的图 3.16(d) 所给出的 5 阶归一化巴特沃思型 LPF,经过特征阻抗变换和截止频率变换,此后再设计出几何中心频率为 400MHz 的 5 阶巴特沃思型 BPF,其电路如图 8.44 所示,该电路的仿真特性示于图 8.45。

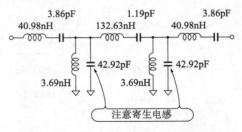

图 8.44 所设计出的 5 阶巴特沃思 BPF
(几何中心频率 400MHz,特征阻抗 50Ω)

下面就用空芯电感线圈和片式电容器来制作图 8.44 的电路。所使用的空芯线圈设计数据如表 8.2 所示,考虑到引线电感的影响,线圈的电感量取为约 93% 的值。

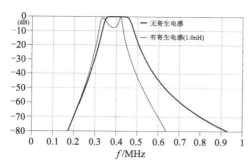

图 8.45 所设计出的 5 阶巴特沃思 BPF 的衰减特性
（并示出了有寄生电感时的特性）

表 8.2 所使用空芯线圈的设计数据

电感值	直径	匝数	长度
3.43nH	2.0mm	2	3.71mm
38.12nH	3.5mm	4	3.49mm
123.38nH	6.0mm	5	4.48mm

此外，为了减小引线孔的影响，元件的安装采用了第 3 章所介绍的办法，即像照片 8.4 那样将元件配置在基板的正反面来加以安装，所制成的滤波器全貌如照片 8.5 所示。

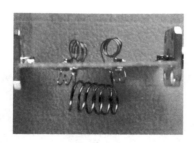

照片 8.4 为减小引线孔的影响而把元器件配置到基板正反面

(a) 正面 (b) 反面(地线)

照片 8.5 所制作出的中心频率为 400MHz，带宽为 30% 的 BPF 的外观

　　但是，这个滤波器的实际测试结果很难与仿真特性一致，因为在 400MHz 这样高的频率下，电容器的寄生电感是不能忽略的。

　　构成滤波器的两个谐振电路中，LC 串联谐振电路的电容器寄生电感的影响，可以通过预先减小谐振电路中的线圈电感值来予以消除。而另一方面，寄生于 LC 并联电路的电容器上的电感，则会对滤波器特性带来很大影响。

　　假定 42.92pF 电容器的寄生电感是 1nH，这个 1nH 虽然不算很大，但它足以使 BPF 的特性被破坏成图 8.45 中"有寄生电感"的那条特性曲线。实际上，通用片式陶瓷电容器的寄生电感量一般就是 1nH，至于圆盘形等其他陶瓷电容器，其寄生电感的值更大，对于滤波器整体特性的影响也就更大。

　　为了制作出接近于仿真特性的滤波器，要尽量选用寄生电感量小的电容器，但电容器的寄生电感量不可能是零。因此，在制作电容器寄生电感量不能忽略的频段中的滤波器时，如果想要得到接近于仿真特性的滤波器特性，就要使含有电容器寄生电感的 LC 并联谐振电路的谐振频率准确地与几何中心频率相重合。

　　本例题的试制当中，所用电容器的值为 20pF，比设计值 42.92pF 减小了大约一半，使含有寄生电感的 LC 谐振电路的谐振频率重合在 400MHz 上，得到了照片 8.6 所示的调整后 BPF 实测结果。

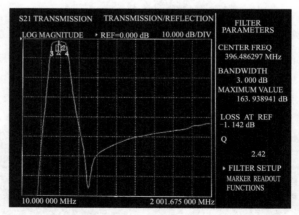

照片 8.6　所制作出的 5 阶巴特沃思 BPF 的调整后特性
（10MHz～2GHz，10dB/div.）

【例 8.9】　试设计电视频道所用的带通滤波器。滤波器类型采用

3 阶巴特沃思型，特征阻抗按 50Ω 和 75Ω 两种进行设计。

电视频道的频率分配如表 8.3 所示。

根据这个表可以求得带通滤波器的几何中心频率和带宽。巴特沃思型滤波器的情况下，由于带宽两端的插入损耗为 −3dB，所以设计带宽取为比电视频道宽 10% 的值。VHF_1、VHF_2 和 UHF 滤波器的设计规格如表 8.4 所示。

表 8.3 TV 频道与频率

频道	频率
1～3ch	90～108MHz
4～12ch	170～222MHz
13～62ch	470～770MHz

表 8.4 TV 频道 BPF 的设计规格

带宽	18MHz
10% 富裕带宽	19.8MHz
几何中心频率	98.5901MHz

(a) VHF_1 滤波器

带宽	52MHz
10% 富裕带宽	57.2MHz
几何中心频率	194.2679MHz

(b) VHF_2 滤波器

带宽	300MHz
10% 富裕带宽	330MHz
几何中心频率	601.5812MHz

(c) UHF 滤波器

按照设计步骤将 3 阶巴特沃思型归一化 LPF 的变换成 BPF。经过计算后，得到各滤波器的元件值如表 8.5 所示。

表 8.5 TV 频道 BPF 的设计数据

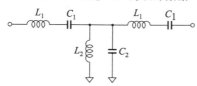

(a) 按 50Ω 设计的 TV 频道 BPF

频段	L_1(nH)	C_1(pF)	L_2(nH)	C_2(pF)
VHF_1	401.906	6.484	8.105	321.525
VHF_2	139.121	4.824	6.031	111.297
UHF	24.114	2.903	3.628	19.292

(b) 按 75Ω 设计的 TV 频道 BPF

频段	L_1(nH)	C_1(pF)	L_2(nH)	C_2(pF)
VHF_1	602.860	4.323	12.158	214.350
VHF_2	208.682	3.216	9.046	74.198
UHF	36.172	1.935	5.442	12.861

这些滤波器的衰减特性仿真结果如图 8.46 所示，图(a)是 1～3 频道所用 BPF 的特性，图(b)是 4～12 频道所用 BPF 的特性，图(c)是 13～62 频道所用 BPF 的特性。从仿真特性可以看出，它们与设计规格相符。

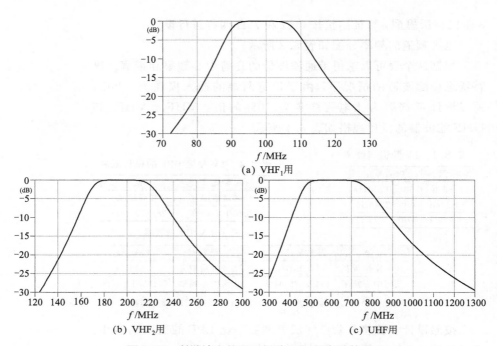

(a) VHF$_1$用

(b) VHF$_2$用　　　　　　　　　　　(c) UHF用

图 8.46　所设计出的 TV 频道 BPF 的衰减特性

　　在自制电视接收升压器的时候，若给放大器的前后设置上这样的 BPF，就能够抑制因电视频道带宽以外的信号所造成的接收升压器或电视混频器等的失真。市售的多数电视接收升压器，都备有带电位器的增益调整机构或增益不同的几个机种，它们都是为了在接收升压器增益过高时，用于防止来自近处广播台的强电波信号所造成的电视机前端放大器失真的。如果使用带内增益一致的接收升压器，附近广播台的强电波信号就会造成电视机产生失真，从而使接收升压器的增益不能提高，远处广播台传来的电波信号就不可能放大到必要的电平。

　　自制的情况下，可以通过移动 BPF 的中心频率，或者使用陷波滤波器等措施，使近处广播台的信号电平和远处广播台的信号电平相同，从而得到良好的接收效果。这里所设计出的三个滤波器，各个频带间的距离足够远，因而可以像图 8.47 那样合并在一起。

　　图 8.47 滤波器的特性如图 8.48 所示。为了得到这样的特性，要尽量缩短图 8.47 电路中从 COM 端连向各 BPF 之间的引线。另外，通过对各 BPF 特性的比较可以知道，虽然各 BPF 的中

心频率相距甚远，但三个 BPF 之间的相互影响仍然是存在的。

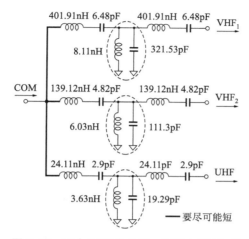

图 8.47 三个 BPF 合并在一起的电路（50Ω）

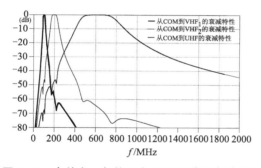

图 8.48 合并在一起的三个 BPF 电路的衰减特性

与前面在例 8.8 中所说过的一样，实际制作这个 BPF 的时候，LC 并联谐振电路（见图 8.47 的虚线框所包围的电路）中所使用的电容器，其寄生电感的影响是不能忽略的。由于电容器寄生电感的存在，LC 并联谐振电路的谐振频率就会下降，滤波器的特性就会遭到破坏。在制作的时候，如果把电容器或电感线圈的值选得比设计值小一些，使 LC 并联谐振电路的谐振频率与 BPF 的几何中心频率相一致，就能够得到与仿真特性相近的滤波器特性。

测定并联谐振电路的谐振频率时，要像图 8.49 所示那样，把并联谐振电路插入线路中间来测定。谐振频率点上将会出现一个尖锐的陷波点，这样，利用谐振电路测试设备便可知道谐振频率的数值。

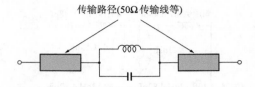

图 8.49 *LC* 并联谐振电路谐振频率的测定方法

　　制作电视频道 BPF 时所需的空芯电感线圈设计数据如表 8.6 所示，这些设计数据是利用第 15 章中所给出的空芯线圈设计公式计算出来的。

表 8.6　制作 TV 频道 BPF 时所需的空芯线圈设计数据

(a) 50Ω 用　　　　　　　　　　　　　(b) 75Ω 用

线圈电感值/nH	直径/mm	匝数/匝	线圈长度/mm	线圈电感值/nH	直径/mm	匝数/匝	线圈长度/mm
401.91	10.0	7	7.49	602.86	11.0	8	7.69
	9.0	8	8.65		10.0	9	8.73
	8.0	8	6.43		9.0	10	9.19
	7.0	9	6.58		8.0	12	11.50
139.12	10.0	2	2.11	208.68	10.0	4	3.15
	9.0	4	5.12		9.0	5	5.50
	8.0	5	7.73		8.0	6	7.27
	7.0	5	5.51		7.0	6	5.17
	6.0	6	6.48		6.0	6	5.62
24.11	6.0	2	3.18	36.17	6.0	3	6.13
	5.0	3	6.96		5.0	3	3.87
	4.0	3	4.09		4.0	3	5.19
	3.0	4	4.55		3.0	4	4.80
8.11	3.0	2	3.02	12.16	3.0	3	5.24
	2.5	2	1.91		2.5	3	3.44
	2.0	3	3.49		2.0	3	2.02
	1.5	4	3.72		1.5	4	2.25
6.03	3.0	2	4.55	9.05	3.0	2	2.57
	2.5	2	2.96		2.5	3	5.02
	2.0	2	1.72		2.0	3	3.03
	1.5	3	2.66		1.5	4	3.26
3.63	2.0	2	3.46	5.44	2.0	2	2.00
	1.5	2	1.77		1.5	3	3.00
	1.0	3	2.00		1.0	5	4.10

第9章
带阻滤波器的设计方法
——先设计带宽与 BRF 相同的 HPF，再进行元件变换而得 BRF

　　带阻滤波器一词的英文是"Band Reject Filter"。其缩写形式为 BRF，它常作为带阻滤波器的简称和标记等号来使用。有时，BRF 也称为 BEF(Band Elimination Filter)。

　　带阻滤波器的设计实际上也很简单，只要按照设计步骤进行操作，就能设计出想要设计的 BRF。总体来说，整个设计过程可分为两个阶段，前一个阶段是依据归一化 LPF 求得一个与待设计 BRF 相关联的 HPF，后一个阶段是通过一定的基本单元电路变换规则把所求得的关联 HPF 变换成 BRF。

　　其具体设计步骤如图 9.1 所示。作为第一阶段的第一步，首先要依据归一化 LPF（截止频率为 $1/(2\pi)$ Hz，特征阻抗为 1Ω）的数

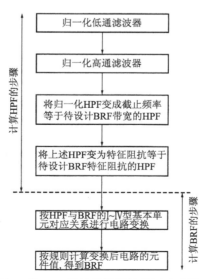

图 9.1　利用归一化 LPF 设计数据设计带阻滤波器时的设计步骤

据，设计出归一化 HPF，这一步的计算方法已在第 7 章中讲过了；接着的第二、三步是对这个归一化的 HPF 进行截止频率变换和特征阻抗变换，使其成为截止频率等于待设计 BRF 带宽和特征阻抗等于待设计 BRF 特征阻抗的 HPF，这两步的计算方法已在前面各章中多次使用过；第四、五步属于第二阶段，目的是把第一阶段所得到的 HPF 变成 BRF，为此就要有从 HPF 变到 BRF 时的基本电路单元变换规则，这个变换规则与第 8 章中的从 LPF 变到 BPF 时的基本电路单元变换规则是相同的（参看图 9.2 和图 8.3）。

可见，设计 BRF 的方法与设计 BPF 的方法非常相似，所不同的地方主要在于设计 BRF 时要先计算归一化 HPF 这点上。

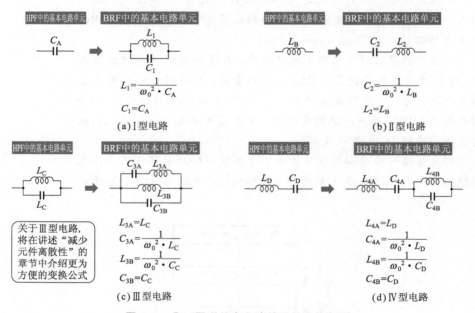

图 9.2　Ⅰ～Ⅳ型基本电路单元的变换规则

9.1　依据定 K 型归一化 LPF 的数据来设计带阻滤波器

本节先来介绍依据定 K 型归一化 LPF 数据进行 BRF 设计的例子。

【例 9.1】　试依据 π 形 3 阶定 K 型归一化 LPF 的数据，设计出阻带宽度为 1MHz、几何中心频率为 10MHz、特征阻抗为 50Ω 的定 K 型 BRF。

根据图 9.1 的设计步骤，首先要设计截止频率等于待设计 BRF 带宽和特征阻抗等于待设计 BRF 特征阻抗的 HPF。

因为待设计 BRF 的阻带宽度为 1MHz，其特征阻抗为 50Ω。所以这个 HPF 的截止频率应为 1MHz，特征阻抗应为 50Ω。设计时所依据的定 K 型 3 阶 π 形归一化 LPF 的数据可从第 2 章中的图 2.17(b)中得到。根据这些要求和依据数据，按照第 7 章中所讲过的 HPF 设计方法，可得该 HPF 的电路如图 9.3 上半部分所示。

接下来的工作就是对这个 HPF 电路的基本单元按 Ⅰ～Ⅳ 型进行区分，这里的 3 阶定 K 型 π 形 HPF 的基本单元电路可区分为 Ⅰ 型（即电容器）和 Ⅱ 型（即电感线圈）。然后再把这些基本单元电路按照图 9.2 所示的对应关系加以变换，得到所要设计的 BRF。

图 9.2(a)～(d)所示的元件值计算公式中，ω_0 是指 BRF 阻带中心处的角频率，应按照 $\omega_0 = 2\pi f$ 来计算。这里，设计要求为几何中心频率 10MHz，所以有

$$\omega_0 = 2\pi \times 10 \times 10^6 \approx 6.2831853 \times 10^7$$

关于几何中心频率的问题，第 8 章中已经详细说明过了。

根据以上所述从 HPF 到 BRF 的变换方法，可得所设计的 BRF 电路形式如图 9.3 的下半部分所示，再用图 9.2 中的公式计算出图 9.3 下半部分电路中的 L_1、C_{2a}、C_{2b}，即得图 9.4 所示的电路。该电路的仿真特性示于图 9.5，其结果与所希望的特性是一致的。

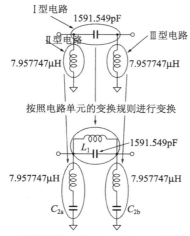

图 9.3　按规则将 3 阶定 K 型 HPF 变换成 BRF

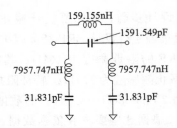

图 9.4 所设计出的 3 阶定 K 型 BRF

（几何中心频率 10MHz，阻带宽度 1MHz，特征阻抗 50Ω）

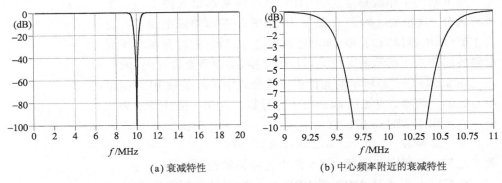

(a) 衰减特性　　　　　　　　　　(b) 中心频率附近的衰减特性

图 9.5 所设计出的 3 阶定 K 型 BRF 的仿真结果

9.2 依据巴特沃思型归一化 LPF 的数据来设计带阻滤波器

与 BPF 设计一样，BRF 的设计也可以依据巴特沃思型或贝塞尔型归一化 LPF 来进行。这里，我们介绍依据巴特沃思型归一化 LPF 来设计和制作 BRF 的情形。

【例 9.2】 试设计并实际制作阻带宽度为 190MHz、线性坐标中心频率为 500MHz、特征阻抗为 50Ω 的 5 阶巴特沃思型 BRF。

要设计 BRF，首先要设计一个滤波器类型、带宽、特征阻抗都与待设计 BRF 相同的 HPF，在这里，就是要设计截止频率等于 190MHz、特征阻抗等于 50Ω 的 5 阶巴特沃思型 HPF。如第 7 章所述，这个 HPF 可以依据相应的归一化 LPF 来设计，其设计结果为图 9.6 上半部分所示的电路。

接下来的事就是把这个 HPF 变换成 BRF。为此要先按照图 9.2 所给出的基本电路单元对应关系进行元件置换，其结果得到

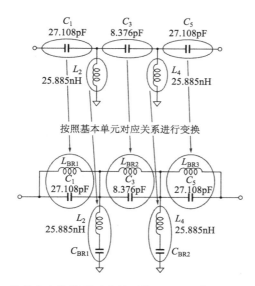

图 9.6 按基本电路单元对应关系将 HPF 电路变换成 BRF 电路

图 9.6 下半部分所示的电路的结构形式。随后，还要把这个电路中的各元件值计算出来。

图 9.2 所给出的元件值计算公式中，ω_0 是几何中心角频率，而题目所给出的是线性坐标中心频率，所以要将其变成几何中心频率。按照 BPF 设计一章中所讲过的计算方法，500MHz±95MHz 的滤波器的几何中心频率 f_0 可按下式算得，即

$$f_L = 500 - 190 \div 2 = 405 \text{(MHz)}$$

$$f_H = 500 + 190 \div 2 = 595 \text{(MHz)}$$

$$f_0 = \sqrt{f_L \times f_H} \approx 490.892 \text{(MHz)}$$

求得几何中心频率之后，就可以利用图 9.2 中的变换公式来计算各元件的值，其计算结果如图 9.7 所示，它就是所要设计的 BRF。

图 9.8 是该 BRF 特性的仿真结果。

现在，我们用第 15 章中所介绍的空芯电感线圈和市售的片式电容器来制作这个 BRF。制作时要用到三种电感值，即 3.88nH、12.55nH 和 25.885nH。这些电感值是可以通过改变线圈的长度来准确实现的，但由于构成谐振电路的电容器的值并不一定能准确地等于设计值，因而电感值也不必一定要做得很准确。这里，我们把电感线圈的设计电感量取为 3.9nH、13nH 和 27nH，各线圈的设计参数分别如表 9.1 所示。照片 9.1 是实际制

作出的各线圈的外形。

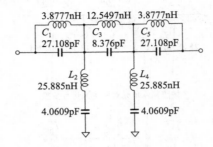

图 9.7　所设计出的 BRF

（线性中心频率 500MHz，阻带宽度 190MHz，特征阻抗 50Ω）

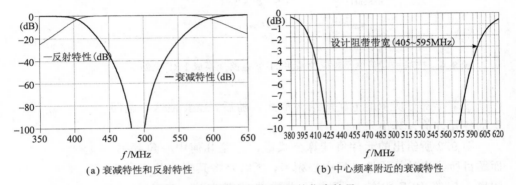

(a) 衰减特性和反射特性　　　　　　　(b) 中心频率附近的衰减特性

图 9.8　所设计出的 BRF 的仿真结果

表 9.1　空芯线圈的设计数据

电感值/nH	线圈直径/mm	线圈长度/mm	匝数/匝
3.9	1.70	2.16	2
13	1.70	1.20	3
27	1.70	1.87	5

照片 9.1　制作 BRF 所用的空芯线圈

　　用这种空芯线圈所制作成的 BRF，其外貌如照片 9.2 所示。照片中的线圈状态是在装调过程中经过调整后所确定下来的状态。

　　这个 BRF 的实测特性如照片 9.3 所示。它虽然有点失真，但阻带宽度为 190MHz 和中心频率为 500MHz 这两个频带参数基本上与设计值是一致的。

照片 9.2 所制作出的巴特沃思型 BRF 的外貌

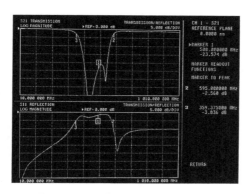

照片 9.3 所制作出的 BRF 的测定结果

（上：S_{21} 衰减特性，下：S_{11} 反射特性）

　　如果对所设计 BRF 的阻带衰减量没有太高要求，譬如 -20dB 左右，那么，制作中无须经过调整便可达到。如果还想得到 $-30\sim-40$dB 的较高阻带衰减量，就得采用经过二端口全校正后的矢量式网络分析仪对构成滤波器的元件进行调整。如果采用的不是矢量式网络分析仪而是标量式网络分析仪，那么，由于负载和信号源的阻抗难以准确设定，因而测量也不会很准确。这种情况下，要想使测量更准确，就得采用衰减器等办法，把端口阻抗设定得更准确些。

　　为了得到接近仿真值的特性，需要对电感值进行适当调整，使所有谐振电路的谐振频率都与几何中心频率值 490.892MHz 相重合。

第 10 章
变换滤波器构成元件值的方法
——旨在使用适当参数的部件来实现滤波器特性

通过 1～9 章的讲述，我们已经能够设计各种 LC 滤波器了。但是，当设计出所需特性的滤波器之后，一看构成滤波器的电容器和电感线圈的值，却常常发现它们与现实可用元件相差很大。

为了把构成滤波器的电容器和电感线圈变成现实可用元件，本章介绍几种很管用的计算方法。前几节介绍这些方法的思路和具体计算步骤，章末以附录形式集中介绍变换方法。

10.1 整备元件值的必要性

我们用一个只允许调频广播波段（FM 广播波段）频率通过的 BPF 作为实例，来说明为什么在滤波器的设计计算工作完成之后还要对构成滤波器的电感和电容元件值作进一步的调整设计。

作为 FM 广播波段的 BPF，作者设计出了图 10.1 所示的电路，这个滤波器电路的规格如下。

    频率：76～90MHz
    中心频率：83MHz
    几何中心频率：82.704MHz
    3dB 带宽：14MHz
    输入/输出阻抗：50Ω

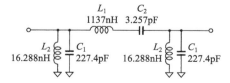

图 10.1　用于 FM 广播波段的 BPF

阶数：3 阶

BPF 的类型：巴特沃思型，π 形

这个滤波器的各设计步骤已在讲述 BPF 和 LPF 的章节中说明过了，设计后的仿真特性如图 10.2 所示，它与设计规格的要求是一致的。但是，这仅仅是个仿真结果，在用设计中所计算出来的元件值来实际制作滤波器时，还有一些需要考虑的问题。

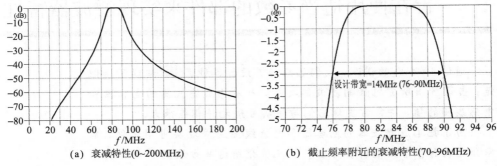

(a) 衰减特性(0~200MHz)　　　　(b) 截止频率附近的衰减特性(70~96MHz)

图 10.2 所设计出的 FM 广播波段 BPF 的仿真结果

▶ 所设计出的 FM 广播波段 BPF 设计数据中有一个令人担心的问题

在上述所设计出的 FM 广播波段 BPF(见图 10.1)数据中，电感线圈 L_1 和 L_2 的电感量差距很大，L_1 的电感量为 1137nH，它比另外两个线圈 L_2 的电感量 16.288nH 大得多，这就令人担心它的性能好坏问题。事实上，这种电感量过大的线圈对于实现滤波器设计性能是很不利的。

一般说来，电感量大的线圈，其杂散电容必然也很大，因而它的自身谐振频率也就较低。另一方面，由于电感量大，线圈的匝数必然多，其等效串联电阻必然大，从而导致线圈的 Q 值必然不高。

在此情况下，为了制作出性能良好的滤波器，如果有可能的话，我们当然希望把线圈 L_1 的电感量减小，这样，它与 L_2 之间的过大差距也就减小了。

▶ 降低滤波器的特征阻抗是减小 L_1 和 L_2 差距的一种途径

作为缩小线圈 L_1 和 L_2 差距的最简单方法，可以通过降低滤波器特征阻抗来达到效果。

如果使用输入/输出阻抗不同的衰减器(参看第 14 章)，把滤波器的特征阻抗从 50Ω 体系变换成 25Ω 体系，按照 25Ω 的特征阻抗体系来对滤波器整体进行设计，那么，所得到的 BPF 将如图 10.3 所示，这个 BPF 电路中的 L_1 为 568.4nH，L_2 为 8.144nH，二者的电感量差别从原来的 1121nH 减小到了 560nH。

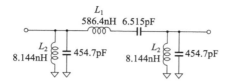

图 10.3 按照 25Ω 特征阻抗所设计的 FM 波段 BPF

按照 50Ω 和 25Ω 特征阻抗两种体系所设计出的电感线圈元件值及其差别如表 10.1 所示。

表 10.1 按不同特征阻抗所设计的电感线圈值的差别

	按 50Ω 设计	按 25Ω 设计
L_1	1136.8nH	568.4nH
L_2	16.288nH	8.144nH
L_1-L_2	1121nH	560.3nH

这样，我们便找到了一种用来理顺所用电感元件值的重要途径，即按照低特征阻抗来设计滤波器。不过，还有一个问题需要解决，这就是在图 10.4 所示的电路中，整体插入损耗在 20dB 以上。只要是采用衰减器来进行特征阻抗变换，这种损耗必然会在一定程度上发生，因而，上述设计方法并不是个实用的方法。

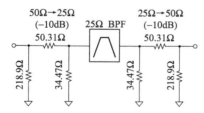

图 10.4 由衰减器进行阻抗变换来减小 L_1
与 L_2 差别的 FM 波段 BPF

不过，有一种没有插入损耗的特征阻抗变换方法能够使上述衰减器插入损耗问题得到合理解决，它就是变压器。

▶ **利用变压器来进行特征阻抗变换**

我们知道，变压器具有阻抗变换功能，这一功能可以用来进行无插入损耗的特征阻抗变换。如图 10.5 所示，匝数比为 $1 : N$

的变压器，其阻抗变换比为比为 $1：N^2$。为了更清楚明白一些，我们在图 10.6 中给出了一个示例，这个变压器的匝比为 $1：5$，它能把副边的 100Ω 阻抗变换成 4.0Ω，以便于输入端口阻抗为 100Ω 的滤波器与输出阻抗为 4.0Ω 的信号源连接；或者把原边的 100Ω 阻抗变换成 2500Ω，以便于输出端口阻抗为 100Ω 的滤波器与输入阻抗为 2500Ω 的后续电路连接。

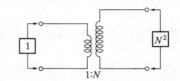

图 10.5 用变压器来进行阻抗变换

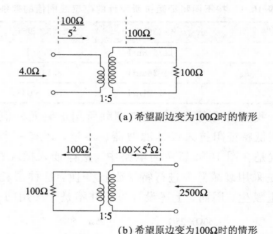

(a) 希望副边变为100Ω时的情形

(b) 希望原边变为100Ω时的情形

图 10.6 用匝比为 $1：5$ 的变压器进行阻抗变换的示例

很明显，要用变压器来实现 $50\Omega \rightarrow 25\Omega$ 的阻抗变换，就要用匝数比为 $1：\sqrt{2}$ 的变压器。前述的特征阻抗为 25Ω 的滤波器，如果像图 10.7 那样配以变压器，它就将成为输入/输出阻抗为 50Ω 的滤波器。

▶ 将变压器插在 BPF 的里面

用于改变特征阻抗的变压器不一定要配置在滤波器的前后两端，也可以像图 10.8 那样插进构成滤波器的元件之间。必须注意的是，50Ω 特征阻抗的部分要使用按 50Ω 设计的元件值，而 25Ω 特征阻抗的部分要使用按 25Ω 设计的元件值。

此外，像图 10.9 所示那样插在左右不对称的位置处也是可以的，只要变压器具有理想特性，两端便可得到相同的特性。

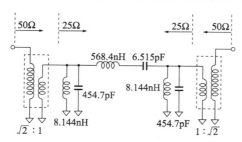

图 10.7 用变压器把 25Ω 的滤波器变成 50Ω 的滤波器

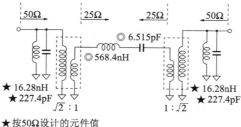

★按50Ω设计的元件值
◎按25Ω设计的元件值

图 10.8 将变压器插在元件之间

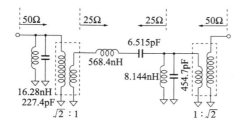

图 10.9 将变压器插在非对称位置上的情形

▶ BPF 中使用了变压器后所带来的问题

使用变压器既能消除插入损耗，又能减小电感线圈值的差别，这是没有问题的，它可以从仿真特性得到证明。

但是，问题在于仿真时所用的变压器是理想变压器，也就是说，变压器被认为是具有无限宽频率特性的器件，而世界上并不存在这样的变压器。实际的变压器如图 10.10 所示，由于其磁芯材料的频率特性和损耗、线匝之间的杂散电容、线匝导线的电阻等的影响，实际变压器的特性与理想变压器特性是有很大差别的。

也就是说，利用变压器来进行进行滤波器特征阻抗变换，从仿真上来说它能够简单实现，但在现实当中，由于变压器存在着上述寄生参数，因而，除了相当低的频率范围之外，事实上是很难实现的。在实际应用当中，这一点应该予以注意。

影响实际变压器性能的因素的示意

等效电路简图

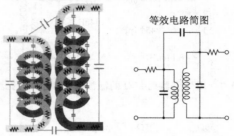

图 **10.10**　实际变压器中有很多使性能变坏的因素

10.2　诺顿变换

如果不用变压器而又能像变压器一样地变换阻抗，那就有可能既避免了上述用变压器改变滤波器特征阻抗时的不足之处，又减小了滤波器元件值的差别。事实上，这种巧妙的电路是存在的。

图 10.11 的（a）和（b）表示两个具有完全相同特性的电路。

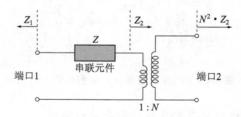

(a) $1:N$ 的变压器与串联元件相连的电路

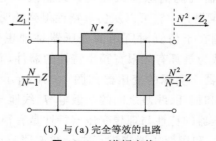

(b) 与 (a) 完全等效的电路

图 **10.11**　诺顿变换

从图(a)到图(b)的这种变换称为诺顿变换(Norton's first transformation)。

我们来看一看图中的阻抗 Z 为电容器 C 时的情形(参看附录中的图 A.4(b), p.219),这种情况下的变换称为诺顿电容变换。也就是说,它能够把由一个电容器和一个变换器构成的电路,变换成由三个电容器构成的电路。利用这种变换,能够只使用电容器把阻抗变为 N^2 倍。正如前面曾经讲过的那样,只要能改变阻抗,就能够改变电感线圈的电感量,也就能够使滤波器中所用线圈的电感值差别减小。

如果用这种变换来代替前述的变压器式阻抗变换,就可以只用电容器来实现阻抗变换。而与变压器相比,电容器的好处是它在相当高的频率范围内,其工作特性都是理想的。

▶ 用诺顿变换来置换变压器

前面已经说过,使用了变压器后的滤波器电路(见图 10.8),与最初所设计出的 FM 波段 BPF(见图 10.1)具有完全相同的特性。现在,我们把图 10.8 电路中所使用的变压器置换成电容器。

因为图 10.8 的电路形式是"电容器+变压器",所以首先要把电路中央部分的电容器(6.515pF)一分为二,并将其分别置于电感线圈(568.4nH)的两侧。当电容器是均等分割时,被分割成的两个电容器的容量值均为原电容器的 2 倍,图 10.8 的电路将变为图 10.12 所示(关于电容器的分割问题,请参看 p.218 中的图 A.1)。

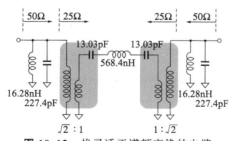

图 10.12 找寻适于诺顿变换的电路

其次是寻找能适用于诺顿变换的电路。显然,图 10.12 中阴影所覆盖的部分可以使用诺顿变换,因而,我们用诺顿变换将图 10.12 中阴影覆盖部分的电容器和变压器变为由三个电容器构成的电路。

根据本章附录中的 A.4(b),这三个电容器 $C_1 \sim C_3$ 的值可如

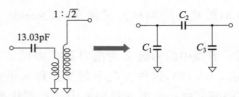

图 10.13　利用诺顿变换对带有变压器的电路进行变换

下算得。

$$C_1 = \frac{\sqrt{2}-1}{\sqrt{2}} \times 13.03 = 0.29289 \times 13.03 \approx 3.8164(\text{pF})$$

$$C_2 = \frac{1}{\sqrt{2}} \times 13.03 = 0.70711 \times 13.03 \approx 9.2136(\text{pF})$$

$$C_3 = \frac{1-\sqrt{2}}{(\sqrt{2})^2} \times 13.03 = -0.20711 \times 13.03$$

$$\approx -2.6986(\text{pF})$$

　　用这个已求得的三电容等效电路去置换"电容器＋变压器"电路，可得图 10.14 中的中间电路。这里，所算得的 C_1 和 C_3 中必然有一个是负值，将其与相邻并联电容合并在一起，即得图 10.14 最下面所示的最终电路。这个最终电路，其电路形式看上去完全不同于最初所设计出的 FM 波段 BPF（见图 10.1），但若从仿真特性来看，二者则是完全相同的。

【例 10.1】　试利用诺顿变换把 FM 波段 BPF（见图 10.1）的串联电感线圈值 1137nH 减小到 33nH。

　　如前所述，要把电感线圈值从 1137nH 减小到 33nH，可以采用降低滤波器特征阻抗的办法。如果特征阻抗降低一半，则电感线圈值也减小到一半。在本题的情况下，串联线圈电感量的减小比例为 $\frac{33}{1137}$，因而串联线圈这一部分的滤波器阻抗就应该减小为

$50 \times \frac{33}{1137} = 1.4511\cdots\Omega$。

　　要将阻抗减小到 $\frac{33}{1137}$ 倍，所用变压器的匝数比应为

$1 : \sqrt{\frac{33}{1137}}$。用这个变压器对图 10.1 的滤波器电路进行改画，所得电路如图 10.15 所示。

　　为了利用诺顿变换，先将滤波器中央的串联电容器（112.218pF）一分为二，得到图 10.16 所示的"电容器＋变压器"

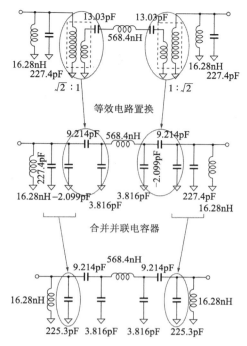

图 10.14 电路的等效置换

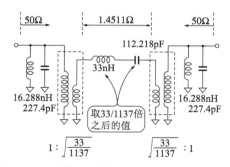

图 10.15 利用变压器改变滤波器的中途阻抗

的形式，其中的两个电容器的值都等于原来电容器值的 2 倍，即
224.436pF。

利用诺顿变换将电容器＋变压器部分变换成三电容器电路，
如图 10.17 所示，其中的 $C_6 \sim C_8$ 可按下式算得。

$$C_6 = \frac{224.436}{5.869799} \approx 38.236(\text{pF})$$

$$C_7 = \frac{5.869799 - 1}{5.869799} \times 224.436 \approx 186.2(\text{pF})$$

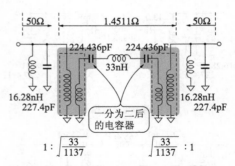

图 10.16 寻找适合于诺顿变换的电路

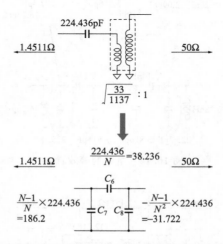

图 10.17 利用诺顿电容变换把"变压器＋电容器"电路变换成三电容电路

$$C_8 = \frac{1 - 5.869799}{(5.869799)^2} \times 224.436 \approx -31.722(\text{pF})$$

　　用所求得的三电容电路去置换"变压器＋电容器"电路，进而再合并并联电容器，即得图 10.18 所示的最终电路。

　　这个滤波器电路的仿真特性与原型电路的仿真特性不会有任何不同，但由于其特征阻抗减小了，所以在实际制作滤波器的时候，就可以使用等效串联电阻小（Q 值大）、本身谐振频率高的电感线圈。

　　实际所制作出的 BPF，其外貌如照片 10.1 所示，利用矢量式网络分析仪所实测出的滤波器特性如照片 10.2 所示。

　　【例 10.2】　试设计特征阻抗为 8Ω、中心频率为 1kHz、带宽为 200Hz 的 3 阶巴特沃思型 BPF，并利用诺顿变换使构成滤波器的所有电感线圈可采用同一个电感值。

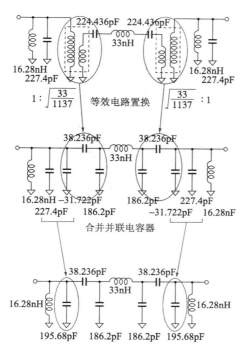

图 10.18 用三电容电路置换"变压器＋电容器"电路，并合并并联电容器

照片 10.1 利用诺顿变换将电感线圈值缩小后的 FM 波段 BPF

　　首先按设计步骤设计出 BPF，然后将中央电容器一分为二，以便进行诺顿变换。这时所得到的电路如图 10.19 所示。

　　如果把图中的 L_1（12.7324mH）变成与其余两个电感线圈相同的值（0.2546mH），制作滤波器时就不必准备两种电感线圈，这会给制作带来方便。为了把 L_1 的值变成 0.2546mH，可以将特征阻抗减小为 $0.2546 \div 12.7324 \approx 0.02$ 倍来进行设计，即特征阻抗值取为 $8 \times 0.02 = 0.16\Omega$。这种情况下，变压器的匝数比应为1：$\sqrt{0.2546 \div 12.7324}$，如图 10.20 所示。

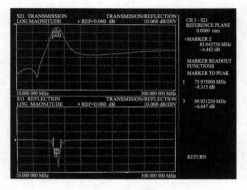

照片 10.2 测定结果（10～300MHz，
10dB/div，测定仪器为 Scorpion VNA）

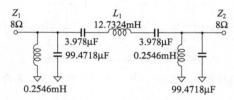

图 10.19 特征阻抗为 8Ω、中心频率为 1kHz、带宽为 200Hz 的
3 阶巴特沃思 BPF（为进行诺顿变换，中央电容器已被分割为两个）

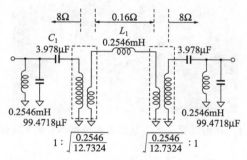

图 10.20 为减小 L_1 的电感值而将 L_1 的阻抗值取为 0.02 倍

用诺顿变换将"变压器＋电容器"电路变换成三电容电路，如
图 10.21 所示。图 10.22 是经过等效电路置换和并联电容合并后
的电路，它就是所有的电感线圈都采用了相同值的 BPF 电路。

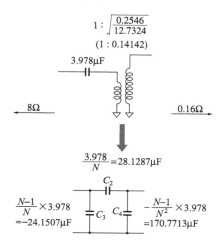

图 10.21 利用诺顿电容变换求得三电容电路

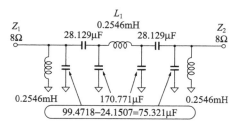

图 10.22 所有的电感线圈都采用了相同值的 BPF
电路(中心频率 1kHz,带宽 200Hz,特征阻抗 8Ω)

10.3 π-T/T-π 变换

下面所要介绍的变换也是经常采用的好方法。这种方法在传输理论领域里称为 π-T 变换,而在讲述电路的书中常称为 Y-Δ 变换(星形-三角形变换),如图 10.23 所示。

本章最后的附录中给出了这种变换的公式(参看 p. 220 中的图 A. 7)。采用 π-T 变换,既可以使电容器和电感线圈的值加大,也可以使之减小。看了下面的具体例子后,这一特点是很容易理解的。

【**例 10.3**】 试将 π-T 变换用于前面所设计出的 FM 广播波段 BPF,使所有电容器的容量增大。

前面讲过,对图 10.1 所示的电路施以诺顿变换而将其 L_1 的

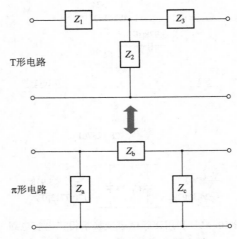

图 10.23 T 形电路和 π 形电路

值减半后，所得电路为图 10.18 所示的电路。现在对这个电路施以 π-T 变换。根据本章末的图 A.7(c) 所给出的变换公式，进行过电容器的 π-T 变换后，各电容值分别如下，其电路如图 10.24 所示。

$$C_a = \frac{C_1 C_2 + C_2 C_3 + C_3 C_1}{C_2}$$

$$= \frac{195.68 \times 186.2 + 186.2 \times 38.236 + 38.236 \times 195.68}{186.2}$$

$$\approx 274.1$$

$$C_b = \frac{C_1 C_2 + C_2 C_3 + C_3 C_1}{C_1}$$

$$= \frac{195.68 \times 186.2 + 186.2 \times 38.236 + 38.236 \times 195.68}{195.68}$$

$$\approx 260.82$$

$$C_c = \frac{C_1 C_2 + C_2 C_3 + C_3 C_1}{C_3}$$

$$= \frac{195.68 \times 186.2 + 186.2 \times 38.236 + 38.236 \times 195.68}{38.236}$$

$$\approx 1334.8$$

从计算结果可知，变换后的电容器值都比 π 形电路中的电容器值大。这种情形在高频滤波器设计中是非常有意义的。

在高频滤波器设计中，随着频率的增大，电容器的设计值常常出现过小的情况，这时，我们就可以通过 π-T 变换来用 T 形电路加大所使用电容器的容量值。

使用适度的大容量电容器，可以减小杂散电容的影响，滤波器的制作就会变得方便一些。不过，大容量电容器本身的谐振频率低的情况较多，因而，选用大容量电容还是选用小容量的问题，要根据对所用电容器性能的判断来决定。不用说，变换前和变换后的两种电路，其特性是完全相同的。

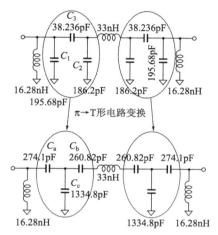

图 10.24 施加 π-T 变换后，电容器值变大了的 FM 波段 BPF 电路

【**例 10.4**】 试对第 7 章例 7.5 所介绍过的截止频率为 80kHz、具有 16kHz 和 40kHz 两个陷波点、特征阻抗为 600Ω 的 m 推演型 HPF，通过施加 T-π 变换来减小其电容器的容量值。

第 7 章中已经计算过，这个 HPF 的电路如图 10.25 所示。现在，对这个电路中的 T 形电路部分进行 T-π 变换。

从 T 型电容电路变为 π 形电容电路的变换如附录中的图 A.7(d)所示。基于其变换公式进行实际计算后，图 10.25 的 T 形部分将变为图 10.26。

$$C_1 = \frac{C_a C_c}{C_a + C_b + C_c} = \frac{3349.9 \times 81228}{3349.9 + 3828.7 + 81228} \approx 3077.9$$

$$C_2 = \frac{C_b C_c}{C_a + C_b + C_c} = \frac{3828.7 \times 81228}{3349.9 + 3828.7 + 81228} \approx 3517.8$$

$$C_3 = \frac{C_a C_b}{C_a + C_b + C_c} = \frac{3349.9 \times 3828.7}{3349.9 + 3828.7 + 81228} \approx 145.08$$

整个 HPF 电路（见图 10.25）经过变换后变成了图 10.27。原电路中要用到 81226pF 这样大的电容器，而变换后的电路中，11486pF 就算是最大的电容器了。无论是原来的电路还是变换后的电路,其特性是完全相同的。

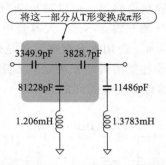

图 10.25 所设计出的具有 16kHz 和 40kHz 两个陷波点的 m 推演型 HPF

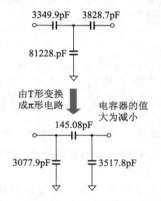

图 10.26 施以 T-π 变换计算各元件的值

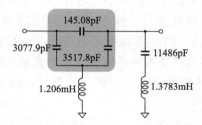

图 10.27 经过 T-π 变换后的 m 推演型 HPF,其电容器的值大大减小了,
但 16kHz 和 40kHz 两个陷波点不会改变

【例 10.5】 试通过施加 T-π 变换来改变第 2 章例 2.12 所讲过的 LPF 的电感线圈参数。

图 10.28 所示的电路就是例 2.12 中用经典法所设计出的 LPF。现在对这个 LPF 的 T 形部分施以 T-π 变换。

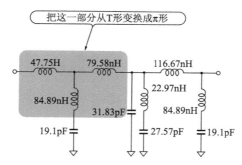

图 10.28　LPF 电路(截止频率 100MHz,
陷波频率 200MHz, 特征阻抗 50Ω)

　　根据本章末附录的图 A.7(b)，经过从 T 形电感电路变到 π
形电感电路的变换后，实际计算出的电路如图 10.29 中的下图所
示。

$$L_1 = \frac{L_a L_b + L_b L_c + L_c L_a}{L_b}$$

$$= \frac{47.75 \times 79.58 + 79.58 \times 84.89 + 84.89 \times 47.75}{79.58}$$

$$\approx 183.58$$

$$L_2 = \frac{L_a L_b + L_b L_c + L_c L_a}{L_a}$$

$$= \frac{47.75 \times 79.58 + 79.58 \times 84.89 + 84.89 \times 47.75}{47.75}$$

$$\approx 305.95$$

$$L_3 = \frac{L_a L_b + L_b L_c + L_c L_a}{L_c}$$

$$= \frac{47.75 \times 79.58 + 79.58 \times 84.89 + 84.89 \times 47.75}{84.89}$$

$$\approx 172.09$$

　　整个 LPF 的变换后电路如图 10.30 所示。这里,图 10.27 和
图 10.30 的电路，仍然是具有完全相同特性的电路。

　　这里是电感线圈的情形，它一般是通过从 T 形到 π 形的变换
让线圈的电感量值向小的方向改变。与此相反，在电容器的情况
下，一般是通过从 π 形到 T 形的变换，让电容器的容量值向大的
方向改变，这种关系如表 10.2 所示。

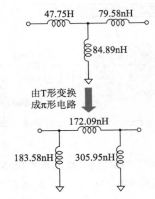

图 10. 29 施以 T-π 形变换并计算各元件的值

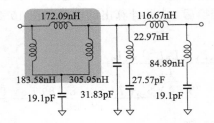

图 10. 30 所设计出的 LPF(截止频率 100MHz，
陷波频率 200MHz，特征阻抗 50Ω)

表 10. 2 T 形/π 形接法与元件值大小的对应关系

	π 形接法	T 形接法
电容器	元件值小	元件值大
电感线圈	元件值大	元件值小

10.4 变压器的使用

变压器主要用于低频领域。如果像附录中所示的图 A.9
(p.222)那样来使用变压器，就能够减小滤波器所用到的电容器
容量，这在想要制作低阻抗滤波器的情况下非常有效。

我们用具体电路来给以说明。图 10.31 是个特征阻抗为
10Ω、几何中心频率为 5kHz、带宽为 1kHz 的 2 阶巴特沃思型
BPF 电路。

将这个电路改画成图 10.31 下半部分的有变压器的电路，这

时，变压器要有 51：1 的匝数比，电容器的值将为变约 0.02 倍
（＝1/51），其计算如下。

$$K=\frac{C_a+C_b}{C_a}=\frac{0.450158+22.50791}{0.450158}\approx51$$

$$C_1=\frac{C_a}{K}=\frac{0.450158}{51}\approx8.82662\text{nF}$$

$$C_b=\frac{C_b}{K}=\frac{22.50791}{51}\approx441.3\text{nF}$$

不用说，这两个电路具有完全相同的特性。

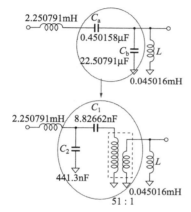

图 10.31 用变压器来减小 2 阶巴特沃思型 BPF
（几何中心频率 5kHz，带宽 1kHz，特征阻抗 10Ω）中的电容器容量

10.5 巴特莱特二等分定理

利用巴特莱特二等分定理能够把滤波器的单边端口特征阻抗
改变成所希望的值。

巴特莱特二等分定理只能在满足以下两个条件的场合下使
用。

（1）滤波器是对称形的。

（2）输入/输出两边的端口特征阻抗相等。

在满足这种条件的情况下，若像图 10.32 那样把滤波器从正
中央加以分割，并将其中一方的特征阻抗乘一个比例系数，则滤
波器的特性不会改变。

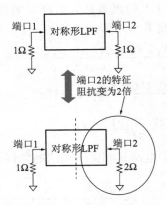

图 10.32 巴特莱特二等分定理

【例 10.6】 试用巴特莱特二等分定理把 3 阶 T 形巴特沃思型 LPF 的端口 2 的特征阻抗变成 150Ω。

3 阶 T 形巴特沃思型 LPF 的电路如图 10.33 所示,对这个电路从正中央进行等分割,即把 6.366pF 电容器改画成两个 3.183pF 电容器的并联。

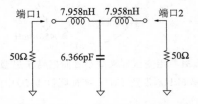

图 10.33 3 阶 T 形巴特沃思型 LPF

(截止频率 1GHz,特征阻抗 50Ω)

对正中央以右的部分进行 150Ω 的特征阻抗变换,如图 10.34 所示。特征阻抗变换就是把滤波器电路中的所有电感值都乘以 K,把所有的电容值都除以 K。K 的计算按下式进行。

$$K = \frac{\text{待设计的特征阻抗}}{\text{作为基准的特征阻抗}} = \frac{150}{50} = 3$$

然后,把正中央的并联电容器合并成一个,得到图 10.35 所示的最终电路。不用说,图 10.33 的原滤波器与图 10.35 的变形后滤波器的响应特性是没有变化的。

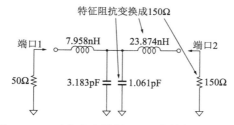

图 10.34 对右半边进行 150Ω 的特征阻抗变换

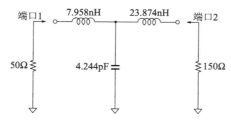

图 10.35 用巴特莱特二分割定理把端口 2 的特征阻抗
变换成 150Ω 后的 3 阶 T 形巴特沃思 LPF

10.6 Ⅲ型基本电路单元的变换

本节讲述带通滤波器和带阻滤波器两章中曾提到的 Ⅲ 型基本
单元电路的变换问题。

这种变换是设计椭圆函数型和逆切比雪夫型 BPF 时所必要
的。

在进行 BPF 变换和 BRF 变换的时候，Ⅲ 型基本单元电路可
以按图 10.36 那样进行置换。

这里，为了使计算简单起见，设频率 $f_0 = 1/(2\pi)$，这样，可
由 $\omega_0 = 2\pi f_0$ 而得到 $\omega_0 = 1$。这种情况下，Ⅲ 型基本单元电路的元
件值为：

$$L_{3A} = L_C$$

$$L_{3B} = \frac{1}{\omega_0^2 C_C} = \frac{1}{C_C}$$

$$C_{3A} = \frac{1}{\omega_0^2 L_C} = \frac{1}{L_C}$$

$$C_{3B} = C_C$$

这时，两个 LC 并联谐振电路的元件值可如下计算(见参考文

献[28]）。

$$L_1 = \frac{1}{C_C(\beta+1)} \qquad\qquad C_1 = \frac{1}{L_2}$$

$$L_2 = \beta L_1 \qquad\qquad\qquad C_2 = \frac{1}{L_1}$$

其中，

$$\beta = 1 + \frac{1}{2L_C C_C} + \sqrt{\frac{1}{4L_C^2 C_C^2} + \frac{1}{L_C C_C}}$$

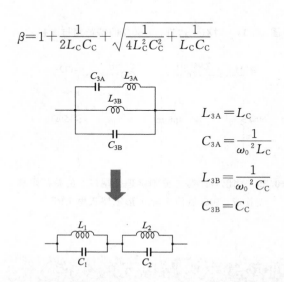

$$L_{3A} = L_C$$

$$C_{3A} = \frac{1}{\omega_0{}^2 L_C}$$

$$L_{3B} = \frac{1}{\omega_0{}^2 C_C}$$

$$C_{3B} = C_C$$

图 10.36　Ⅲ型基本单元电路可以置换成两个 LC 并联谐振电路的串联

10.7　利用回转器进行的电路变换

利用具有虚变换系数的回转器，能够把 LC 并联电路变换成 LC 串联电路，也能把 LC 串联电路变换成 LC 并联电路。（参看图 A.10，p.222）。

这种变换主要用于 BPF 和 BRF。但是，由于它不是完全等价变换，因而只用于通带宽度和阻带宽度较窄（20%以下）的场合。

【例 10.7】　试利用回转器变换，把几何中心频率为 100MHz、带宽为 10MHz、特征阻抗为 50Ω 的 3 阶 T 形巴特沃思型 BPF 中所用的所有电感线圈变为全部采用同一个电感值。

进行回转器变换之前的 BPF，可按 BPF 章节中所讲过的步骤来设计，其设计结果如图 10.37 所示。现在，对图中箭头所示部分施以回转器变换，把 LC 并联谐振电路变换成 LC 串联谐振电路。

首先取出图 10.37 中的 LC 并联谐振电路部分，按照回转器变换的规则对其进行计算。根据本章末附录中的图 A.10，这个 BPF 的 LC 并联谐振电路可以置换成图 10.38 所示的具有负电容的电路。

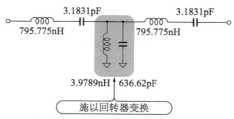

图 10.37 3 阶 T 形巴特沃思 BPF(几何中心频率 100MHz，带宽 10MHz，特征阻抗 50Ω)

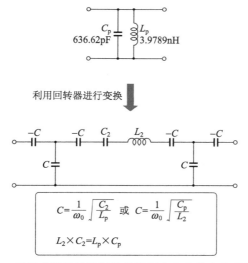

图 10.38 利用虚拟回转器把并联谐振电路变换成串联谐振电路

接着求所得电路中的 C、C_2、L_2 的值。由于本例题所要求的条件是"BPF 中的电感线圈值全都相同"，所以 L_2 应为：

$$L_2 = 795.775\text{nH}$$

于是有

$$L_2 \times C_2 = L_p \times C_p = 3.9789 \times 10^{-9} \times 636.62 \times 10^{-12}$$

所以

$$C_2 = \frac{3.9789 \times 636.62 \times 10^{-12}}{795.775 \times 10^{-9}} \approx 3.1831(\text{pF})$$

继而可计算出 C 为：

$$C = \frac{1}{\omega_0}\sqrt{\frac{C_p}{L_2}} = \frac{1}{2\pi \times 100 \times 10^6}\sqrt{\frac{636.62 \times 10^{-12}}{795.775 \times 10^{-9}}}$$

$$= \frac{\sqrt{8} \times \sqrt{10^{-4}}}{2\pi \times 100 \times 10^6} \approx 45.016 (\text{pF})$$

由此，原滤波器可改画为图 10.39 下部的电路。

最后将电容器加以合并，即得图 10.40 所示的电路。关于串联电容和并联电容的合并计算，请参看图 A.1(p.217)。

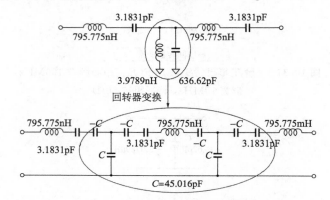

图 10.39　经过虚拟回转器变换后的 BPF

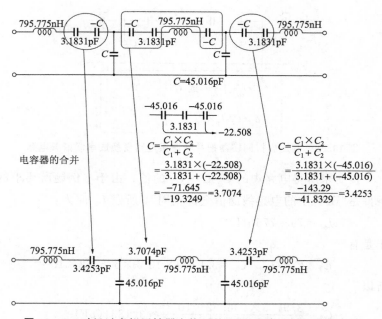

图 10.40　对经过虚拟回转器变换后的 BPF 电路进行电容器合并

经过虚拟回转器变换后，原 BPF 的特性变化情形如图 10.41
所示。

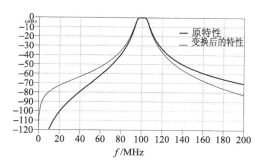

图 10.41　虚拟回转器变换前后的滤波器衰减特性

10.8　通过添加足够大耦合电容器的办法进行电路变换

这种技术适用于带通滤波器。严格地说，这种技术不是等效
变换，但它非常方便，为作者所经常采用。这种电路变形技术是
作者原创的，其他讲述滤波器的书中尚未见到。作者在介绍这种
电路变形技术时曾被学长们戏谑为"旁门左道法"，不过，它的确
是一种很方便的方法，因而这里予以介绍。

如图 10.42 所示，如果把 BPF 看作是一个黑匣子，则滤波器
输入/输出端上接有足够大的耦合电容器时，其特性与原滤波器
电路的特性基本上没有什么差别。

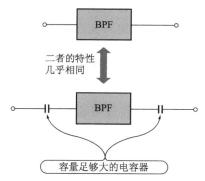

图 10.42　当 BPF 的输入/输出端上接有容量
足够大的电容器时，BPF 的特性不会变化

　　利用这一基本事实，我们便可以通过给滤波器添加电容器，使滤波器变为能进行电路变换的形式。下面以具体例子来加以说明。

【例 10.8】 试按照 0.5dB 带内容许起伏量和 50Ω 特征阻抗来设计等起伏带宽为 3MHz、几何中心频率为 27MHz 的 2 阶切比雪夫型 BPF。

　　如图 10.43 所示，按照题目要求条件所设计出的 2 阶切比雪夫型 BPF，其右侧端口的特征阻抗是 99.203Ω，现在要将其变换成 50Ω。

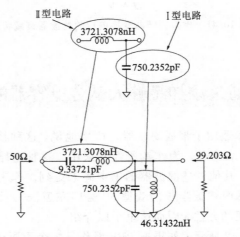

图 10.43 按规则将 LPF 变换成 BPF

　　首先来看利用前面所介绍过的诺顿变换法来进行变换的情形。为此，先根据从 99.203Ω 变为 50Ω 的需要，在图 10.43 的 BPF 右侧接上一个变压器，加入变压器后重新画出的电路如图 10.44(a) 所示。接着，再把这个电路中的电容器＋变压器部分用诺顿变换置换成三电容电路。关于诺顿变换，本章前面的内容已经详细介绍过了。

　　如图 10.44(b) 所示，进行过诺顿变换后的电路中，有容量为负值的电容器，这样的滤波器是无法实现的。

　　不过，这个滤波器是个带通滤波器，如果在它的输出端接上一个容量足够大的耦合电容器，滤波器的特性基本上不会有什么变化。图 10.45 的曲线簇是耦合电容大小对滤波器特性影响情况的实际仿真结果，从这个仿真结果可知，对这个 BPF 来说，所接耦合电容的值大于 1000pF 时，滤波器的特性与未接耦合电容时

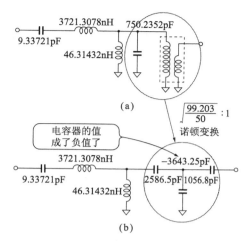

图 10.44 利用诺顿变换将"变压器＋电容器"部分置换成三电容电路

几乎完全相同。

假定所接的耦合电容是 1000pF，则进行过诺顿变换后的电路可画成图 10.46 的样子。

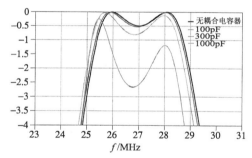

图 10.45 接在所设计 BPF 输入/输出端的
耦合电容器的容量值对滤波器特性的影响（中心频率附近）

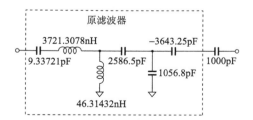

图 10.46 原滤波器的右侧添加 1000pF 电容器

图 10.46 中的两个串联电容器可以合并为一个。根据本章末附录中所介绍的串联电容器容量计算公式（见图 A.1），负电容（−3643.25pF）与耦合电容器（1000pF）串联后的容量可如下求得。

$$C_{\text{total}} = \frac{C_1 \times C_2}{C_1 + C_2} = \frac{1000 \times (-3643.25)}{1000 + (-3643.25)} = \frac{-3643250}{-2643.25}$$
$$\approx 1378.32 (\text{pF})$$

于是，可得到图 10.47 所示的最终滤波器电路。

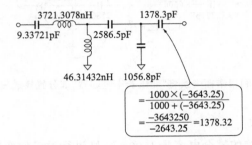

图 10.47　利用添加 1000pF 耦合电容的方法所实现的 BPF
（几何中心频率 27MHz，等起伏带宽 3MHz，起伏 0.5dB）

【**例 10.9**】　例 10.8 中是在诺顿变换后才接上耦合电容器的，本例题中来看诺顿变换之前接上耦合电容器的情形。

设所要设计的 BPF 与例 10.8 相同，即等起伏带宽为 3MHz、几何中心频率为 27MHz 的 BPF。

当给例 10.8 中所设计出的 BPF 接上耦合电容器时，其电路如图 10.48 所示。例 10.8 中曾经介绍过，如果所接上的耦合电容是 1000pF，则滤波器特性与原 BPF 没有多大不同。

为了把图 10.48 右侧的特征阻抗变为 50Ω，先在滤波器右侧配置上变压器。由于电路中有了"电容器＋变压器"这一形式的电路，所以再用诺顿变换把这个形式的电路置换成三电容电路。经

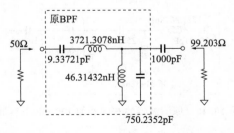

图 10.48　在原 BPF 的右侧添加 1000pF 电容器

过诺顿变换后的电路如图 10.49 所示。

图 10.49 所示的电路中有并联电容器,将其合并后,得到如图 10.50 所示的电路。

对原 BPF 的特性与经过变换后的 BPF 特性进行仿真比较,其结果如图 10.51 所示。

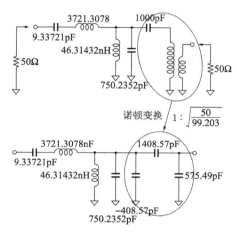

图 **10.49** 利用诺顿变换把"电容器+变压器"部分变换成三电容电路

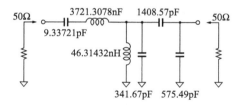

图 **10.50** 将并联电容器合并后所得到的 BPF 电路

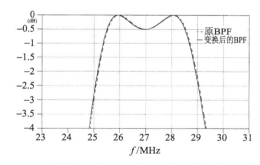

图 **10.51** 所设计出的 BPF 在中心频率附近的衰减特性

从图 10.51 可以看出，经过添加 1000pF 耦合电容而变形后的 BPF，其特性与原 BPF 几乎没有什么变化。

进而，如果适当选取这个耦合电容器的值，还可以节约一个电容器。

也就是说，如果在选取添加在滤波器上的耦合电容器的值时，能够使经过诺顿变换后的另一个电容器的值像图 10.52 所示那样等于－750.2352pF，则电容器的数量就能够减少一个。对于这里的 BPF 来说，按照图 10.53 所示来确定耦合电容的值即可满足条件。因而，只要把耦合电容器的值选为 1836.26pF，电容器的个数就会减少一个，最终得到图 10.54 所示的电路。

从图 10.55 所示的仿真结果来看，图 10.54 的 BPF 与原 BPF 在特性上几乎没有任何变化。

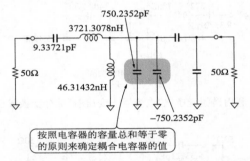

图 10.52　适当选取耦合电容器的值可以使电容器的数目减少一个

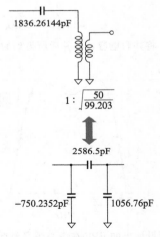

图 10.53　满足条件的电容器值的求取

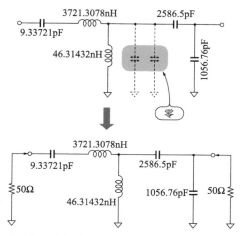

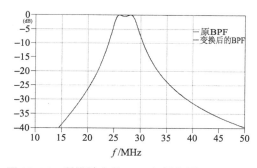

图 10.54　经过适当选取耦合电容值而减少了一个电容器后的 BPF 电路

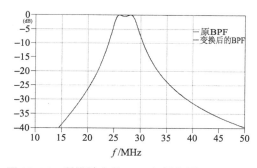

图 10.55　所设计出的 BPF 与添加了 1836.26pF
耦合电容后的 BPF 的衰减特性

附录 A　为了使滤波器易于制作而常用的电路变换

　　这里所介绍的电路变换，是指箭头左右侧的对应电路具有完全相同的特性，也就是说，它们在电路图中可以互相置换。

　▶ 电容器的变换和电感线圈的变换

　　它是指求取电容器或电感线圈经过等分割、串联或并联后的值，其计算公式如图 A.1 和图 A.2 所示。

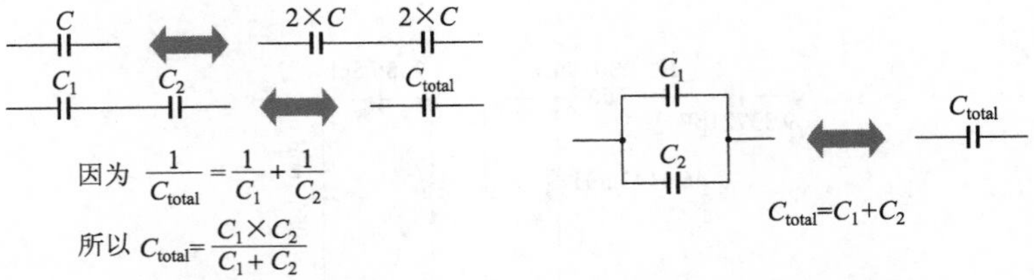

C
2×C 2×C
C_1 C_2 C_{total}
因为 $\frac{1}{C_{total}}=\frac{1}{C_1}+\frac{1}{C_2}$
所以 $C_{total}=\frac{C_1\times C_2}{C_1+C_2}$
C_1
C_2
C_{total}
$C_{total}=C_1+C_2$

(a) 电容器的等分割和串联　　(b) 电容器的并联

图 A. 1 电容器的变换

L
$\frac{L}{2}$ $\frac{L}{2}$
L_1 L_2 L_{total}
$L_{total}=L_1+L_2$
L_1
L_2
L_{total}
$\frac{1}{L_{total}}=\frac{1}{L_1}+\frac{1}{L_2}$

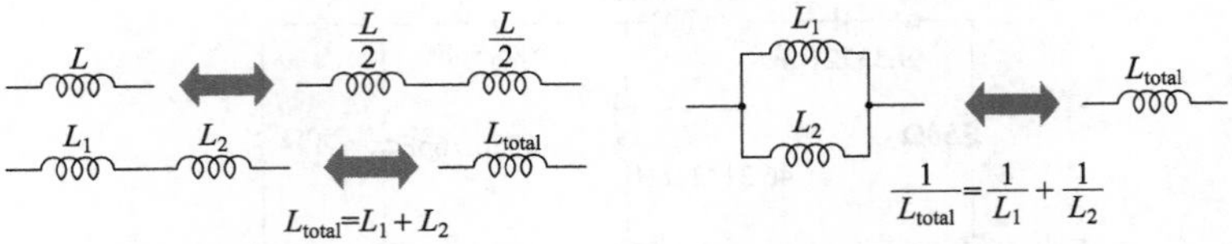

(a) 电感线圈的等分割和串联　　(b) 电感线圈的并联

图 A. 2 电感线圈的变换

▶ 诺顿变换(Norton's first transformation，一阶诺顿变换)

它是指电阻、电容器及电感线圈可以像图 A. 3 所示那样置换成匝数为 1∶N($N\neq0$，$N\neq\infty$)的变压器和 π 形联接的三个元件。

Z
$\frac{Z}{N}$
$\frac{Z}{(1-N)}$
$\frac{Z}{N(N-1)}$
1 : N
(a)
C
N · C
$\frac{C(1-N)}{N}$
C · N (N-1)
1 : N
(b)
L
$\frac{L}{N}$
$\frac{L}{(1-N)}$
$\frac{L}{N(N-1)}$
1 : N
(c)

图 A. 3 三种一阶诺顿变换

这三个电路的另一种表示方式是图 A. 4。

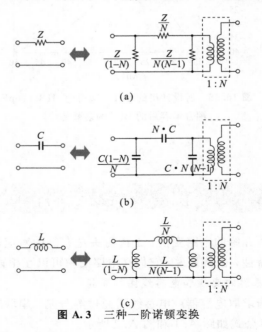

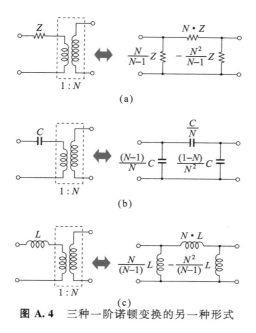

图 A.4 三种一阶诺顿变换的另一种形式

此外,并联分流连接型的阻抗可以像图 A.5 所示的那样置换成完全等效电路,称之为二阶诺顿变换(Norton's second transformation)。

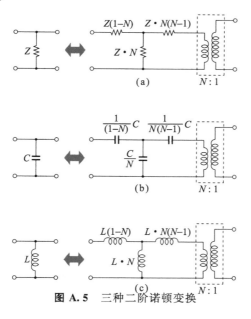

图 A.5 三种二阶诺顿变换

二阶诺顿变换的另一种表示方式是图 A.6。

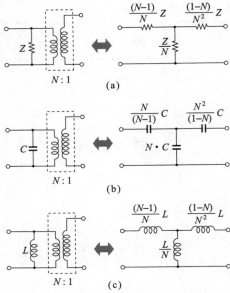

图 A.6 三种二阶诺顿变换的另一种形式

▶ π-T/T-π 变换

它是指电容器或电感线圈的 π 形连接或 T 形连接方式之间的互换，其变换关系如图 A.7 所示，变换后的元件值可由图中的计

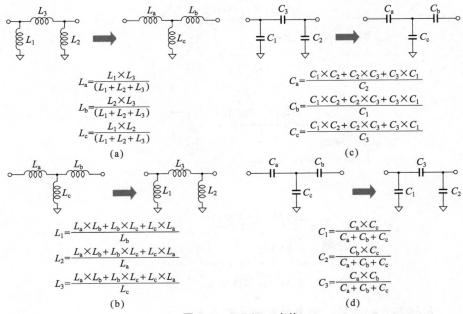

图 A.7 π-T/T-π 变换

算公式求得。

▶ 其他变换

图 A.8 是电容器和电感线圈的一些其他连接方式的电路变换，这些变换能使滤波器设计更方便。变换后的元件值可由图中

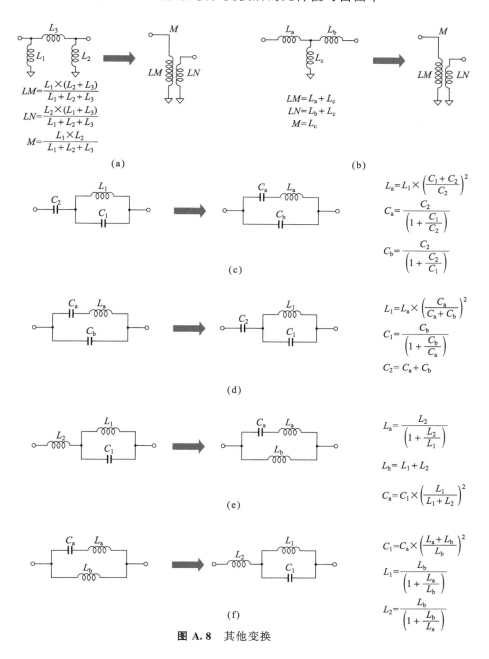

$$LM=\frac{L_1\times(L_2+L_3)}{L_1+L_2+L_3}$$

$$LN=\frac{L_2\times(L_1+L_3)}{L_1+L_2+L_3}$$

$$M=\frac{L_1\times L_2}{L_1+L_2+L_3}$$

(a)

$$LM=L_a+L_c$$
$$LN=L_b+L_c$$
$$M=L_c$$

(b)

$$L_a=L_1\times\left(\frac{C_1+C_2}{C_2}\right)^2$$

$$C_a=\frac{C_2}{\left(1+\frac{C_1}{C_2}\right)}$$

$$C_b=\frac{C_2}{\left(1+\frac{C_2}{C_1}\right)}$$

(c)

$$L_1=L_a\times\left(\frac{C_a}{C_a+C_b}\right)^2$$

$$C_1=\frac{C_b}{\left(1+\frac{C_b}{C_a}\right)}$$

$$C_2=C_a+C_b$$

(d)

$$L_a=\frac{L_2}{\left(1+\frac{L_2}{L_1}\right)}$$

$$L_b=L_1+L_2$$

$$C_a=C_1\times\left(\frac{L_1}{L_1+L_2}\right)^2$$

(e)

$$C_1=C_a\times\left(\frac{L_a+L_b}{L_b}\right)^2$$

$$L_1=\frac{L_b}{\left(1+\frac{L_a}{L_b}\right)}$$

$$L_2=\frac{L_b}{\left(1+\frac{L_b}{L_a}\right)}$$

(f)

图 A.8 其他变换

的计算公式求得。

▶ 利用变压器进行的变换

利用变压器进行的变换如图 A.9 所示，图中的 K 表示匝数比。

▶ 虚拟回转器变换

利用虚拟回转器进行的 LC 电路变换方法如图 A.10 所示，图中的公式表明了变换前后的元件之间的关系。

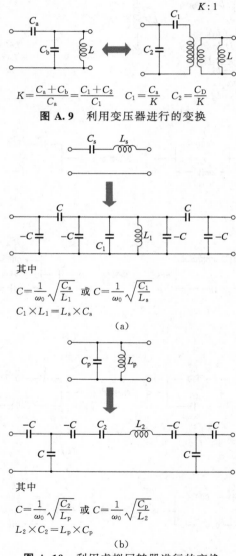

$$K = \frac{C_a + C_b}{C_a} = \frac{C_1 + C_2}{C_1} \quad C_1 = \frac{C_a}{K} \quad C_2 = \frac{C_D}{K}$$

图 A.9 利用变压器进行的变换

其中

$$C = \frac{1}{\omega_0}\sqrt{\frac{C_s}{L_1}} \text{ 或 } C = \frac{1}{\omega_0}\sqrt{\frac{C_1}{L_s}}$$

$$C_1 \times L_1 = L_s \times C_s$$

(a)

其中

$$C = \frac{1}{\omega_0}\sqrt{\frac{C_2}{L_p}} \text{ 或 } C = \frac{1}{\omega_0}\sqrt{\frac{C_p}{L_2}}$$

$$L_2 \times C_2 = L_p \times C_p$$

(b)

图 A.10 利用虚拟回转器进行的变换

第 11 章
电容耦合谐振器式带通滤波器的设计
——适合于窄带滤波器设计

谐振器耦合式滤波器适合于用来设计窄带滤波器（即 Q 值高的滤波器）。图 11.1 是这种形式的滤波器结构示意。N 阶谐振器耦合式 BPF 由 N 个谐振器和 $N-1$ 个耦合元件 K 构成。

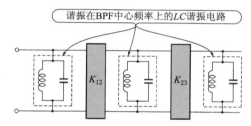

图 11.1 3 阶谐振器耦合式带通滤波器的构成

11.1 谐振器耦合式带通滤波器的设计方法

谐振器耦合式 BPF 也可以利用归一化 LPF（截止频率为 $1/(2\pi)$ Hz，特征阻抗为 1Ω）的元件值来进行设计。

由于其设计方法稍微复杂一些，因而我们采用边进行具体计算边予以解说的办法来对其进行说明。

【**例 11.1**】 试设计一个中心频率为 100MHz、带宽为 5MHz（±2.5MHz）、特征阻抗为 50Ω 的 3 阶巴特沃思型电容耦合谐振器式 BPF。

如图 11.2 所示，所要设计的 3 阶谐振器耦合式 BPF 由三个谐振器和两个耦合元件（K_{12}，K_{23}）构成。

【**步骤 1**】 作为设计的第一步，首先要以归一化 LPF 的元件值为依据，求得一组个数与题目所要求阶数相同的参数。

3 阶归一化巴特沃思型 LPF 的电路如图 11.3 所示，这在讲述巴特沃思型 LPF 的章节中已经讲过了。

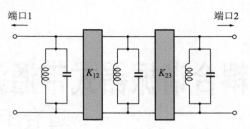

图 11.2 3 阶谐振器耦合式 BPF

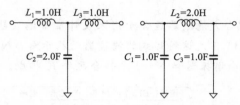

图 11.3 3 阶归一化巴特沃思型 LPF（截止频率 $1/(2\pi)$ Hz，特征阻抗 1Ω）

3 阶的 BPF 应该有三个参数，令其为 g_1，g_2，g_3。这个 g_1，g_2，g_3 的值就等于归一化 LPF 的元件值。在三阶巴特沃思型滤波器的情况下，g_1、g_2、g_3 值为：

$$g_1 = C_1（或 L_1）= 1.0$$
$$g_2 = C_2（或 L_2）= 2.0$$
$$g_3 = C_3（或 L_3）= 1.0$$

【步骤 2】 根据已求得的 g_1，g_2，g_3，$\cdots$，g_n，求出一组归一化耦合系数 k_{12}，k_{23}，k_{34}，$\cdots$，$k_{n-1,n}$。求取归一化耦合系数的计算公式为：

$$k_{n-1,n} = \frac{1}{\sqrt{g_{n-1} \cdot g_n}}$$

在本例题中，所求参数为 k_{12}，k_{23} 两个。

$$k_{12} = \frac{1}{\sqrt{g_1 \cdot g_2}} = \frac{1}{\sqrt{1 \times 2}} = \frac{1}{\sqrt{2}}$$

$$k_{23} = \frac{1}{\sqrt{g_2 \cdot g_3}} = \frac{1}{\sqrt{2 \times 1}} = \frac{1}{\sqrt{2}}$$

【步骤 3】 利用归一化耦合系数 k_{12}，k_{23}，$\cdots$，$k_{n-1,n}$ 求出耦合系数 K_{12}，K_{23}，$\cdots K_{n-1,n}$，求这组参数值的计算公式为：

$$K_{n-1,n} = \frac{\Delta f \cdot k_{n-1,n}}{f_0}$$

式中，f_0 表示中心频率；Δf 表示 3dB 带宽。

本例题中，这个 K 参数共有两个，它们是

$$K_{12}=\frac{\Delta f \cdot k_{12}}{f_0}=\frac{5.0\times10^6\times\frac{1}{\sqrt{2}}}{99.9687\times10^6}\approx0.035366$$

$$K_{23}=\frac{\Delta f \cdot k_{23}}{f_0}=\frac{5.0\times10^6\times\frac{1}{\sqrt{2}}}{99.9687\times10^6}\approx0.035366$$

【**步骤 4**】 适当选取 LC 并联谐振电路所用的电感值，计算映射于端口 1 和端口 2 上的特征阻抗，计算 LC 并联谐振电路的谐振电容值。

这里，我们将电感值选为 10nH。由于这个 10nH 在将滤波器特征阻抗变换到所希望特征阻抗值时还会变化，所以，这里无论选什么值都没有关系，只要便于计算就行。

映射于滤波器端口 1 和端口 2 上的特征阻抗由下式来计算。

$$Z_1=\frac{2\pi f_0^2 L g_1}{\Delta f}$$

$$Z_2=\frac{2\pi f_0^2 L g_n}{\Delta f}$$

式中，L 为所选取的电感量（H）。

在本例中，由于 $g_1=g_{n(n=3)}=1,L=10$nH，所以映射到输入/输出端上的特征阻抗为：

$$Z_1=Z_2=\frac{2\pi\times(99.9687\times10^6)^2\times10\times10^{-9}\times1.0}{5.0\times10^6}$$

$$\approx125.5851$$

接着，求并联谐振电路的谐振电容的值。这个谐振电容值 $C_{\text{resonator}}$ 可由下式求得，本例题中，求得的值为 253.4616pF。

$$C_{\text{resonator}}=\frac{1}{\omega_0^2\times L_{\text{resonator}}}=\frac{1}{(2\pi f_0)^2\times L_{\text{resonator}}}$$

$$=\frac{1}{(2\pi\times99.9687\times10^6)^2\times10\times10^{-9}}$$

$$\approx253.4616(\text{pF})$$

这个滤波器的几何中心频率可按下式计算，算得的结果为 99.9687MHz。

$$f_{\text{LOW}}=100-\frac{5}{2}=97.5(\text{MHz})$$

$$f_{\text{HIGH}}=100+\frac{5}{2}=102.5(\text{MHz})$$

$$f_0 = \sqrt{97.5 \times 102.5} \approx 99.9687$$

在巴特沃思型等滤波器中，由于 $g_1 = g_n$，所以映射到端口 1 和端口 2 上的特征阻抗是相同的。但在贝塞尔型和高斯型等滤波器中，不一定都能得到 $g_1 = g_n$，这种情况下，就需要利用第 10 章中所讲过的诺顿变换或变压器对其特征阻抗予以变换。

到此为止，得到的 BPF 电路如图 11.4 所示，它的输入/输出端特征阻抗为 125.58Ω。

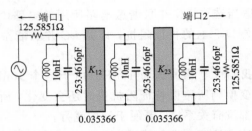

图 11.4 所设计出的谐振器耦合式 BPF

【**步骤 5**】 图 11.4 的电路中包含着两个耦合系数 K_{12} 和 K_{23}，但这两个耦合系数不可能直接作为耦合元件来用于实现滤波器。所以，要实现滤波器，还得把 K_{12} 和 K_{23} 换成耦合电容器。K_{12} 和 K_{23} 换成耦合电容器后的滤波器电路如图 11.5 所示。图 11.5 的耦合电容器的值可按下式来计算。

$$C_{12} = K_{12} \times C_{\text{resonator}} = 253.4616 \times 0.035366 \approx 8.96403 (\text{pF})$$

$$C_{23} = K_{23} \times C_{\text{resonator}} = 253.4616 \times 0.035366 \approx 8.96403 (\text{pF})$$

这里要说明的是，这个算式只有在假定耦合电容器具有固定阻抗（即与频率无关）的假设条件下才是真正成立的。而实际上，电容器的阻抗是随着频率变化的，因而，这个算式只能在频率范围极窄的情况下使用。

加进了 C_{12} 和 C_{23} 之后，图 11.5 各虚线框内谐振电路的谐振频率就不等于设计值 f_0 了。为了使谐振频率重新回到设计值 f_0，就要把附加给谐振电路的电容量减掉，其计算公式如下。

$$C_1 = C_{\text{resonator}} - C_{12} = 244.49757 (\text{pF})$$

$$C_2 = C_{\text{resonator}} - C_{12} - C_{23} = 235.53354 (\text{pF})$$

$$C_3 = C_{\text{resonator}} - C_{23} = 244.49757 (\text{pF})$$

这样，所设计的滤波器电路就成为图 11.6 所示的电路。

【**步骤 6**】 前面所设计出来的谐振器耦合式 BPF，其输入/输出特征阻抗是 125.5851Ω，还需要将其变换成题目所要求的 50Ω。我们知道，进行阻抗变换就是先求得这两个特征阻抗的比值 K，然后，用 K 去除图 11.6 电路中的各电容值，用 K 去乘电路中的各电感值。由于所求得的 K 为：

$$K = \frac{待设计滤波器的特征阻抗}{作为基准的原滤波器特征阻抗} = \frac{50\Omega}{125.5851\Omega}$$

$$\approx 0.39814$$

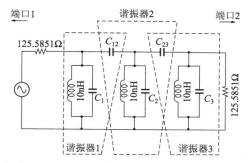

图 11.5 将耦合系数换成耦合电容器后的谐振器耦合式 BPF 电路结构

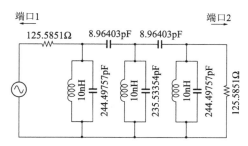

图 11.6 将耦合系数换成耦合电容器后的
谐振器耦合式 BPF 电路的元件参数

所以，经过特征阻抗变换后的滤波器电路为图 11.7 所示，它就是题目所要求的最终设计电路。

另外，也可以像图 11.8 所示那样，通过分割输入/输出端谐振器的谐振线圈来进行特征阻抗变换。由于图 11.6 电路的输入/输出特征阻抗是 125.5851Ω，题目所要求的特征阻抗是 50Ω，而 $125.5851:50 = 2.5117:1$，所以线圈的匝数比应按 $\sqrt{2.5117:1} = 1.58484:1$ 来分割。这样，便得到了图 11.9 所示的最终设计电路。这种电路在电感线圈分割比例较小的情况下，能得到接近于原电路的特性。

图 11.10 是所设计的 3 阶巴特沃思型谐振器耦合式 BPF 的

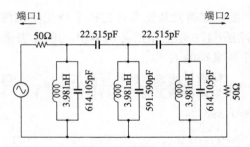

图 11.7 所完成的 3 阶巴特沃思型谐振器耦合式 BPF
（中心频率 100MHz，带宽 5MHz，特征阻抗 50Ω）

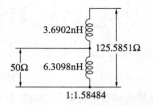

图 11.8 在谐振线圈上设置抽头来进行阻抗变换

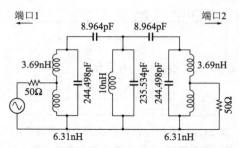

图 11.9 利用有抽头的线圈所实现的 3 阶巴特沃思型谐振器耦合式 BPF

仿真特性，它具有题目所要求的 100MHz 中心频率，50MHz 带宽和 50Ω 特征阻抗。

由于该滤波器的谐振电路之间加入了耦合电容，因而滤波器在频率等于零的地方增加了一个零点（信号不能通过的点）。这一原因所造成的结果就是，该滤波器的衰减特性变成了图 11.10(a) 所示的样子，即衰减特性曲线在低于中心频率一侧的倾斜度比较陡峭；而在高于中心频率的一侧，其衰减特性曲线的倾斜度则比较平缓。并且，在图 11.11 的对数频率坐标轴上，其衰减特性曲线也不是对称的。

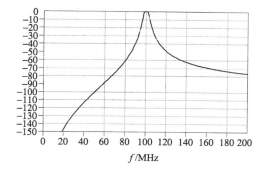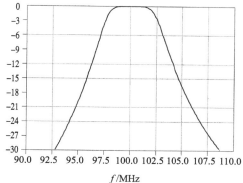

(a) 衰减特性　　　　　　　　　　　　(b) 中心频率附近的衰减特性

图 11.10　3 阶巴特沃思型谐振器耦合式 BPF 的特性
（中心频率 100MHz，带宽 5MHz，特征阻抗 50Ω）

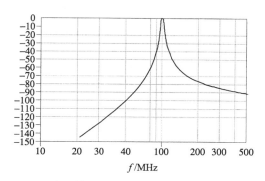

图 11.11　3 阶巴特沃思型谐振器耦合式 BPF 的衰减特性
（频率轴为对数刻度的情况下）

11.2　设计步骤的归纳

　　谐振器耦合式 BPF 的设计过程可归纳为图 11.12 所示的步骤。计算步骤虽然长一些，但所有的计算都只是四则运算和求平方根这类简单运算。

【例 11.2】　试用电容耦合谐振器式 BPF 设计并试制 76～90MHz 的 FM 广播波段 BPF。

　　所要设计的 FM 广播波段带通滤波器设计规格如下。

　　滤波器类型：2 阶巴特沃思型

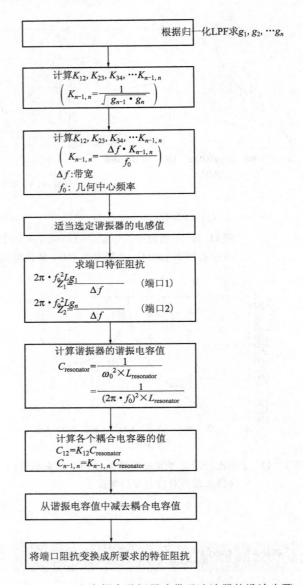

根据归一化LPF求$g_1, g_2, \cdots g_n$

计算$K_{12}, K_{23}, K_{34}, \cdots K_{n-1, n}$
$$\left(K_{n-1, n} = \frac{1}{\sqrt{g_{n-1} \cdot g_n}} \right)$$

计算$K_{12}, K_{23}, K_{34}, \cdots K_{n-1, n}$
$$\left(K_{n-1, n} = \frac{\Delta f \cdot K_{n-1, n}}{f_0} \right)$$
Δf:带宽
f_0: 几何中心频率

适当选定谐振器的电感值

求端口特征阻抗
$$Z_1 = \frac{2\pi \cdot f_0^2 L g_1}{\Delta f} \quad （端口1）$$
$$Z_2 = \frac{2\pi \cdot f_0^2 L g_n}{\Delta f} \quad （端口2）$$

计算谐振器的谐振电容值
$$C_{\text{resonator}} = \frac{1}{\omega_0^2 \times L_{\text{resonator}}}$$
$$= \frac{1}{(2\pi \cdot f_0)^2 \times L_{\text{resonator}}}$$

计算各个耦合电容器的值
$$C_{12} = K_{12} C_{\text{resonator}}$$
$$C_{n-1, n} = K_{n-1, n} C_{\text{resonator}}$$

从谐振电容值中减去耦合电容值

将端口阻抗变换成所要求的特征阻抗

图 11. 12 电容耦合谐振器式带通滤波器的设计步骤

频率范围：76～90MHz

带宽：14MHz

几何中心频率：82. 7043MHz

输入/输出特征阻抗：50Ω

以 2 阶巴特沃思型归一化 LPF 的设计数据为依据，所设计出的电容耦合谐振器式 BPF 电路如图 11.13 所示。

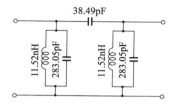

图 11.13 所设计出的 2 阶电容耦合谐振器式 FM 广播波段 BPF

下面简单说明其设计步骤。

【步骤 1】 依据归一化 LPF 的数据求 g_1，g_2。

$$g_1 = 1.41421$$
$$g_2 = 1.41421$$

【步骤 2】 计算 k_{12}。

$$k_{12} = \frac{1}{\sqrt{g_1 g_2}} = \frac{1}{\sqrt{2}} = 0.70711$$

【步骤 3】 计算 K_{12}。

$$K_{12} = \frac{\Delta f k_{12}}{f_0} = \frac{14 \times 10^6 \times 0.70711}{82.7043 \times 10^6} \approx 0.1197$$

【步骤 4】 为进行后面的计算，暂设谐振器的电感线圈值为 10nH。

【步骤 5】 求端口特征阻抗。

$$Z_1 = \frac{2\pi f_0{}^2 L g_1}{\Delta f}$$

$$= \frac{2\pi \times (82.7043 \times 10^6)^2 \times 10 \times 10^{-9} \times 1.41421}{14 \times 10^6}$$

$$= \frac{2\pi \times (82.7043)^2 \times 1.41421 \times 10^4}{14 \times 10^6} \approx 4341.321 \times 10^{-2}$$

$$= 43.41321$$

$$Z_2 = \frac{2\pi f_0{}^2 L g_2}{\Delta f}$$

$$= \frac{2\pi \times (82.7043 \times 10^6)^2 \times 10 \times 10^{-9} \times 1.41421}{14 \times 10^6}$$

$$\approx 43.41321$$

【步骤 6】 计算与暂设电感线圈值（10nH）相互谐振于中心频率 f_0 的谐振电容器值。

$$C_{\text{resonator}} = \frac{1}{\omega_0^2 \times L_{\text{resonator}}} = \frac{1}{(2\pi f_0)^2 \times L_{\text{resonator}}}$$

$$= \frac{1}{(2\pi \times 82.7043 \times 10^6)^2 \times 10 \times 10^{-9}}$$

$$= \frac{1}{(2\pi \times 82.7043)^2 \times 10^4} \approx 0.37033 \times 10^{-9}$$

$$= 370.33(\text{pF})$$

到此为止，便设计出了图 11.14 所示的 BPF 电路。

但是，这个电路并不能直接实现成滤波器。要实现滤波器，得把耦合系数 K_{12} 换成耦合电容器。

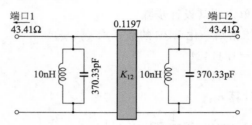

图 11.14 步骤 6 之前所设计出的 BPF

【步骤 7】 计算耦合电容器的容量值。

$$C_{12} = K_{12} \times C_{\text{resonator}} = 0.1197 \times 370.33\text{pF} \approx 44.329\text{pF}$$

【步骤 8】 增加了耦合电容器后，谐振器的谐振频率就变得低于滤波器的几何中心频率了。为了使谐振器的中心频率（即谐振频率）与滤波器的中心频率相重合，可将谐振器的谐振电容器容量变小一些，即从各谐振器的电容器中减去耦合电容器的容量。

到这一步为止，可得到图 11.15 所示的 BPF 电路。

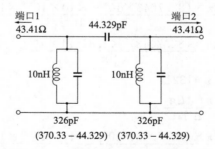

图 11.15 步骤 8 之前所设计出的 BPF

【步骤 9】 图 11.15 所示 BPF 的端口特征阻抗是 43.41Ω，还需要将其变换成所要求的 50Ω。要变换特征阻抗，需要先求得其比值 K，然后将所有的电感线圈值乘以这个 K，将所有的电容器值除

以这个 K。

$$K = \frac{待设计滤波器的特征阻抗}{作为基准的原滤波器特征阻抗}$$

$$L_{(\text{NEW})} = L_{(\text{OLD})} \times K$$

$$C_{(\text{NEW})} = \frac{C_{(\text{OLD})}}{K}$$

至此，设计即告完成，最终得到的就是图 11.13 所示的电路。

如果采用 BPF 章节中所介绍的设计方法来设计这种窄带的 FM 广播波段 2 阶 BPF，则所得电路如图 11.16 所示，构成滤波器的两个线圈的电感量相差很大。而图 11.13 这个按电容耦合谐振器式 BPF 所设计出的窄带 FM 广播波段 2 阶 BPF 电路，构成滤波器的两个线圈的电感量都等于 11.52nH，它是个有利于滤波器制作的值。

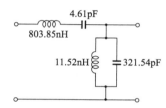

图 11.16 用 BPF 章节中所介绍的方法所设计出的
FM 广播波段 2 阶巴特沃思型 BPF

图 11.17 示出了该滤波器的特性仿真结果，其中心频率与设计值稍有不同，产生这种差别的原因就发生在耦合系数被换成耦合电容器的时候。这样一来，在用这里的方法设计宽带（Q 值约在 20 以下）滤波器时，滤波器的带宽就会与设计值稍有不同。

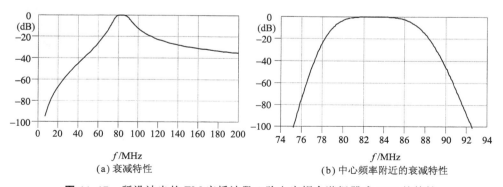

(a) 衰减特性   (b) 中心频率附近的衰减特性

图 11.17 所设计出的 FM 广播波段 2 阶电容耦合谐振器式 BPF 的特性

图 11.18 中示出了未按电容耦合谐振器方式设计的 BPF（见图 11.16）的特性。从这些仿真结果可以看出，这两个 BPF 的截止特性没有多大差别，但在制作窄带 BPF 的时候，由于按电容耦合谐振器方式设计的 BPF 所用的电感线圈易于制备，因而滤波器的制作也就容易得多。

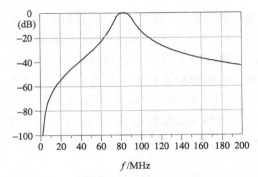

图 11.18　FM 广播波段巴特沃思型 BPF 的衰减特性

照片 11.1 是实际制作出的 FM 广播波段电容耦合谐振器式 BPF 的外貌。制作时采用了本书其他章节中所介绍过的空芯线圈。用于实现 11.52nH 电感量的空芯线圈设计数据有许多种，作者在制作时采用了表 11.1 的值。

(a) 全貌　　　　　　　　(b) 局部放大图(电容器为2~5个片式电容器的并联)

照片 11.1　所制作出的 FM 广播波段电容耦合谐振器式 BPF

照片 11.2 是实际制作出的电容耦合谐振器式 BPF 的实测特性。从实测特性可以知道，其带宽与设计值相符，而中心频率为 70.4MHz，比设计值 82.7MHz 低了一些。

表 11.1　所使用的线圈设计数据（11nH）

项　　目	参　　数
线圈直径	2.2mm
匝数	3 匝
线圈长度	2.92mm
线径	0.20mm

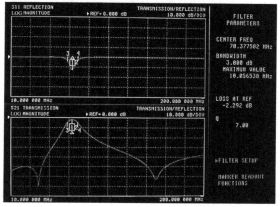

照片 11.2　所制作出的谐振器耦合式 BPF 的测定结果
（10～200MHz，10dB/div）

11.3　制作高频 BPF 时的一个重要问题

　　前面所介绍过的 FM 广播波段电容耦合谐振器式 BPF，所能
获得的特性往往因制作人不同而不同。这是因为实际制作成的
BPF 实物中存在着电路图上所没有表达出来的因素。

　　读者中可能有人已经注意到，作者为什么在制作照片 11.1
的滤波器时采用了多个片式电容器的并联。实际上，作者是故意
这样做的，其目的是为了故意加大电容器的自感，使电容器性能
变坏，从而便于解释本节中要讲的问题。

　　从所制作出的 FM 广播波段 BPF 特性实测结果可以明显看
出，它的通带两边出现了两个零点（即陷波点），而这两个陷波点
在仿真特性中并不存在。此外，实测特性的中心频率也比设计值
低。

　　为了分析发生这种现象的原因，我们把所制作出的 FM 广播
波段电容耦合谐振器式 BPF 的电感线圈（11.52nH）从基板上拔
掉，再来测定一次它的特性，其结果如照片 11.3 所示。

拔掉电感线圈后，图 11.13（即照片 11.1）的电路就成了图 11.19 所示的电路。这个电路中并没有谐振电路，因而它的实测结果应该如图 11.20 的仿真结果所示，不会出现零点（即陷波点）。

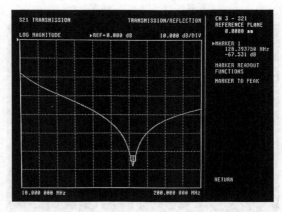

照片 11.3   拔掉滤波器实物中的电感线圈后测得的实际特性

图 11.19   拔掉电感线圈后的滤波器电路

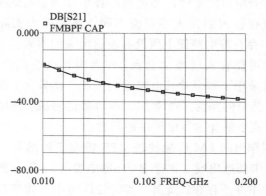

图 11.20   图 11.19 电路的仿真结果

然而照片 11.3 的实测特性中却是有陷波点的。产生这个陷波点的原因在于图 11.19 的两个接地电容的自感以及基板模板和引线孔的分布电感等杂散因素。

实际上，当把三个电容器安装到基板上时，电容器和上述杂散电感同时都加在电路中了。如果把电路图上未出现的这些杂散参数补画到电路图中，则图 11.19 这个仅由三个电容器构成的简单电路就变成了图 11.21 所示的特别复杂的电路。

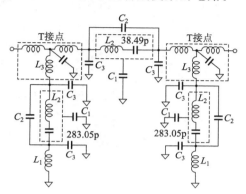

C_1：电容器电极与地线间的杂散电容

C_2：端间电容（微带引出头）

C_3：开路端电容（微带开路端）

L_1：连接基板背面的电感（引线孔的电感等）

L_2：电容器内部的自感

L_3：构成 T 接头的电感

图 11.21 电容器周围的等效电路

在这些复杂因素中，我们先来看与谐振器的谐振频率有关的部分。

如图 11.21 所示，构成谐振器的电容器（283.05pF）周围，连接着许多的杂散电容和杂散电感。其中，C_1、C_2、C_3 比构成谐振器的电容器容量小得多，可以不予考虑。于是，图 11.13 中本来由 283.05pF 电容器和 11.52nH 电感线圈所构成的谐振电路，就变成了图 11.22 所示的等效电路，它比图 11.21 的相应部分简单了许多，但与图 11.13 的相应部分相比，则多出了几个杂散电感。

正是这些多出来的杂散电感，使得谐振器的谐振频率变小了。为了使谐振电路的谐振频率回到设计值 82.704MHz 上，就得把线

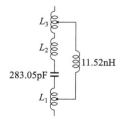

图 11.22 实际的等效谐振电路

圈本身的电感值减小,以消除杂散电感带来的影响。线圈电感值减小后,实测的滤波器特性如照片 11.4 所示。

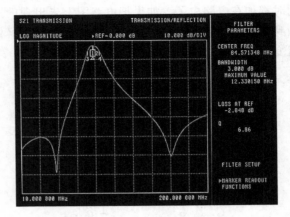

照片 11.4 减小线圈本身电感量后谐振电路谐振频率与滤波器中心频率重合情况下所测得的 FM 广播波段谐振器耦合式 BPF 的测定结果(10~200MHz,10dB/div)

最终所得到的这个实测特性,其中心频率为 84.57MHz,3dB 带宽为 12.33MHz,大体上与设计规格的要求相符。其中心频率处的插入损耗为 −2.848dB,因而可以说,这里所自制的电感线圈的 Q 值至少在该频率上为 25 以上。

至于存在这个滤波器通带两边的陷波点,则主要是电容器的自感和基板上引线孔的电感所造成的。

考虑了电容器自感和基板上引线孔电感等因素后的等效电路如图 11.23 所示,该电路的仿真结果如图 11.24 所示。这个仿真结果与实测结果相同,二者都在通带两边具有陷波点,可见等效电路所考虑的那些因素的确存在于滤波器的实物中。

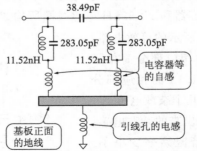

图 11.23 考虑了等效电感后的实际 2 阶电容耦合谐振器式 BPF 电路

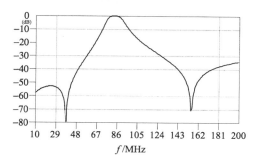

图 11.24 图 11.23 电路的仿真结果

▶ **一点建议**(熟悉了滤波器设计后即可采用)

前述的设计步骤中,谐振电路的电感线圈是先随便设定一个电感值,然后再通过阻抗变换等操作后才确定的。如果一开始就按下面的算式来确定线圈电感值,则后面的阻抗变换操作便可省去。

$$L = \frac{Z_1 \Delta f}{2\pi f_0^2 g_1}$$

本书中出于让读者理解如何确定滤波器两边端口特征阻抗的问题,特意介绍了比较麻烦的设计步骤。待到读者熟悉之后,当然是直接利用上式来求线圈电感值更好些。

【**例 11.3**】 试利用带内起伏量为 0.5dB 的 2 阶切比雪夫型归一化 LPF 的数据,设计几何中心频率为 7MHz、等起伏带宽为 1MHz、特征阻抗为 50Ω 的电容耦合谐振器式 BPF。

待设计滤波器的规格指标归纳如下。

滤波器类型:2 阶切比雪夫型

带宽:1MHz

几何中心频率:7MHz

输入/输出特征阻抗:50Ω

本例题中,由于几何中心频率为 7MHz,带宽为 1MHz,因而带通滤波器的两个截止频率与几何中心频率之间具有图 11.25 所示的关系。

根据图 11.25 的关系,下式成立。

$$7a - \frac{7}{a} = 1$$

于是就有

$$7a^2 - 7 = a$$
$$7a^2 - 7 - a = 0$$

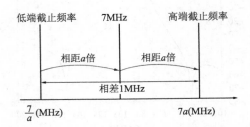

图 11.25 几何中心频率与两个截止频率的关系

解该式求 a 可得

$$a = \frac{1 \pm \sqrt{1+4 \times 49}}{14} = \frac{1 \pm \sqrt{197}}{14}$$

因为 $a > 0$，所以

$$a = 1.073976 \cdots$$

由此可算得两个截止频率为

$$f_L = \frac{7}{a} = 6.51783 \text{MHz}$$

$$f_H = 7a = 7.51783 \text{MHz}$$

也就是说，本例题中所要设计的滤波器的通带频率范围是 $6.52 \sim 7.52 \text{MHz}$。下面就开始进行设计计算。

带内起伏量为 0.5dB 的 2 阶切比雪夫型归一化 LPF 的设计数据如图 11.26 所示（其详细情况请参看切比雪夫型 LPF 的章节）。

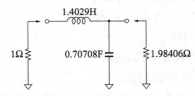

图 11.26 2 阶切比雪夫型归一化 LPF
（等起伏带宽 $1/(2\pi)$Hz，特征阻抗 1Ω，起伏量 0.5dB）

偶阶切比雪夫型 LPF 的输入/输出端口特征阻抗是不一样的，设计计算应以这样的设计数据为依据来进行。

【步骤 1】 根据归一化 LPF 的数据求取 g_1，g_2。

$$g_1 = 1.40290$$

$$g_2 = 0.70708$$

【步骤 2】 计算 k_{12}。

$$k_{12} = \frac{1}{\sqrt{g_1 g_2}} = \frac{1}{\sqrt{0.991963}} \approx 1.004043$$

【步骤 3】 计算 K_{12}。

$$K_{12} = \frac{\Delta f k_{12}}{f_0} = \frac{1 \times 10^6 \times 1.004043}{7 \times 10^6} \approx 0.14343$$

【步骤 4】 为进行后续计算而暂设谐振器的线圈电感量为 100nH。这个值是从易于计算考虑而随意选定的，因为它最终还会改变，所以这里无论选什么值都没有关系。

【步骤 5】 求端口特征阻抗。

$$Z_1 = \frac{2\pi f_0^2 L g_1}{\Delta f}$$

$$= \frac{2\pi \times (7.0 \times 10^6)^2 \times 100 \times 10^{-9} \times 1.40290}{1.0 \times 10^6}$$

$$= \frac{2\pi \times (7.0)^2 \times 1.40290 \times 10^5}{1.0 \times 10^6} \approx 43.192$$

$$Z_2 = \frac{2\pi f_0^2 L g_2}{\Delta f}$$

$$= \frac{2\pi \times (7.0 \times 10^6)^2 \times 100 \times 10^{-9} \times 0.70708}{1.0 \times 10^6}$$

$$= \frac{2\pi \times (7.0)^2 \times 0.70708 \times 10^5}{1.0 \times 10^6} \approx 21.769$$

这里必须注意的是，本例题设计中所用到的归一化 LPF，其输入/输出端口特征阻抗是不同的，如图 11.27 所示。

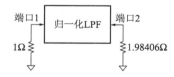

端口1　归一化LPF　端口2

1Ω　　　1.98406Ω

图 11.27 设计时所使用的归一化 LPF 的端口特征阻抗

也就是说，端口 2 的特征阻抗是端口 1 特征阻抗的 1.98406 倍。

步骤 5 所计算出的特征阻抗，是以端口 1 和端口 2 两端的特征阻抗都等于 1 的归一化 LPF 数据为依据进行设计而得到的特征阻抗。但在本例题中，归一化 LPF 的两个端口阻抗却是不同的，因而还需要把原 LPF 的关系反映到步骤 5 所计算出的结果中去。这里，如果把端口 2 的特征阻抗与归一化 LPF 同样加大 1.98406 倍，则端口 2 的特征阻抗可再按下式加以计算，其结果便与端口 1 的特征阻抗相等了。

$$Z_2 = 21.769 \times 1.98406 \approx 43.192$$

也就是说,在利用偶阶切比雪夫型 LPF 来设计电容耦合谐振器式 BPF 的场合,输入/输出两端的特征阻抗最终将是相等的。

【步骤 6】　计算与前面所暂设的 100nH 电感线圈相互谐振于几何中心频率 f_0 的电容器之值。这个电容器也就是构成谐振器电路的那个电容器。

$$C_{\text{resonator}} = \frac{1}{\omega_0{}^2 \times L_{\text{resonator}}} = \frac{1}{(2\pi f_0)^2 \times L_{\text{resonator}}}$$

$$= \frac{1}{(2\pi \times 7.0 \times 10^6)^2 \times 100 \times 10^{-9}}$$

$$= \frac{1}{(2\pi \times 7.0)^2 \times 10^5} \approx 5.16945 \times 10^{-9}$$

$$= 5169.45(\text{pF})$$

到此为止,即设计出了图 11.28(a)所示的 BPF 电路。

但是,这个电路并不能直接实现成滤波器,为此,要把 K_{12} 换成电容器。

【步骤 7】　计算耦合电容器的容量。

$$C_{12} = K_{12} \times C_{\text{resonator}} = 0.14343 \times 5169.45\text{pF} \approx 741.454\text{pF}$$

【步骤 8】　加入了耦合电容器之后,谐振器的谐振频率就变得比几何中心频率低了。为了使谐振器的谐振频率与几何中心频率相重合,就要把各谐振器的电容器容量减小,即减去相当于耦合电

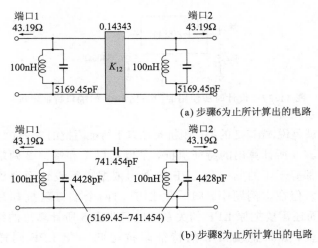

(a) 步骤6为止所计算出的电路

(b) 步骤8为止所计算出的电路

图 11.28　所设计出的中途结果

容的容量值。经过这一计算之后,将得到图 11.28(b)的电路。

【步骤 9】 这个电路的端口特征阻抗等于 43.19Ω,还得按设计要求将其变换成 50Ω。为此,要先求出特征阻抗的比值 K,然后,把图 11.28(b)的所有电感乘以 K,所有的电容除以 K。

$$K = \frac{\text{待设计滤波器的特征阻抗}}{\text{作为基准的原滤波器特征阻抗}}$$

$$L_{(\text{NEW})} = L_{(\text{OLD})} \times K$$

$$C_{(\text{NEW})} = \frac{C_{(\text{OLD})}}{K}$$

到此为止,设计便告完成,所得 BPF 电路如图 11.29 所示。

该滤波器的仿真特性如图 11.30 所示。前面曾计算出 0.5dB 等起伏带宽频率范围为 6.52~7.52MHz,从图 11.30(b)可以看出,所设计出的滤波器的特性与这个设计要求值是一致的。

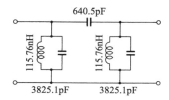

图 11.29 所设计出的 7MHz 电容耦合谐振器式 BPF
(切比雪夫型,50Ω,等起伏带宽 1MHz,起伏量 0.5dB)

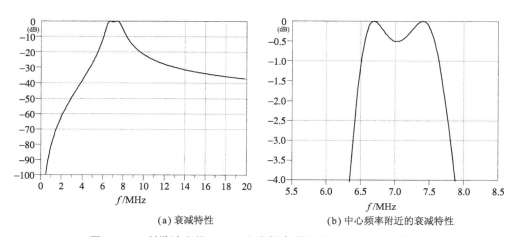

(a) 衰减特性   (b) 中心频率附近的衰减特性

图 11.30 所设计出的 7MHz 电容耦合谐振器式 BPF 的仿真结果

【例 11.4】 试用贝塞尔型的电容耦合谐振器式 BPF,实现几何中心频率为 10.7MHz、带宽为 2MHz、特征阻抗为 100Ω 的 BPF。

所要设计的滤波器指标如下：

滤波器类型：3 阶贝塞尔型

带宽：2MHz

几何中心频率：10.7MHz

输入/输出特征阻抗：100Ω

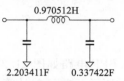

图 11.31　3 阶归一化贝塞尔型 LPF

（截止频率 $1/(2\pi)$ Hz，特征阻抗 1Ω）

根据贝塞尔型 LPF 的章节中所述，归一化 LPF 的电路如图 11.31 所示。下面就以这个归一化 LPF 来进行计算。

【**步骤 1**】　依据归一化 LPF 的数据求 g_1，g_2，g_3。

$$g_1 = 2.203411$$
$$g_2 = 0.970512$$
$$g_3 = 0.337422$$

【**步骤 2**】　计算 k_{12}，k_{23}。

$$k_{12} = \frac{1}{\sqrt{g_1 g_2}} = \frac{1}{\sqrt{2.13844}} \approx 0.68384$$

$$k_{23} = \frac{1}{\sqrt{g_2 g_3}} = \frac{1}{\sqrt{0.32747}} \approx 1.74748$$

【**步骤 3**】　计算 K_{12}，K_{23}。

$$K_{12} = \frac{\Delta f k_{12}}{f_0} = \frac{2.0 \times 10^6 \times 0.68384}{10.7 \times 10^6} \approx 0.12775$$

$$K_{23} = \frac{\Delta f k_{23}}{f_0} = \frac{2.0 \times 10^6 \times 1.74748}{10.7 \times 10^6} \approx 0.32663$$

【**步骤 4**】　为进行后续计算暂设谐振器的线圈电感量为 100nH。如果熟悉的话，也可以采用例 11.2 中所介绍的方法，直接求出符合所要求特征阻抗的线圈电感量。

【**步骤 5**】　求端口特征阻抗。

$$Z_1 = \frac{2\pi f_0^2 L g_1}{\Delta f}$$

$$= \frac{2\pi \times (10.7 \times 10^6)^2 \times 100 \times 10^{-9} \times 2.203411}{2.0 \times 10^6}$$

$$= \frac{2\pi \times (10.7)^2 \times 2.203411 \times 10^5}{2.0 \times 10^6} \approx 79.25249$$

$$Z_2 = \frac{2\pi {f_0}^2 L g_2}{\Delta f}$$

$$= \frac{2\pi \times (10.7 \times 10^6)^2 \times 100 \times 10^{-9} \times 0.337422}{2.0 \times 10^6}$$

$$\approx 12.13643$$

【步骤 6】　计算与前面所暂设的 100nH 电感线圈相互谐振于几何中心频率 f_0 的电容器之值。这个电容器也就是构成谐振电路的那个电容器。

$$C_{resonator} = \frac{1}{\omega_0^2 \times L_{resonator}} = \frac{1}{(2\pi f_0)^2 \times L_{resonator}}$$

$$= \frac{1}{(2\pi \times 10.7 \times 10^6)^2 \times 100 \times 10^{-9}}$$

$$= \frac{1}{(2\pi \times 10.7)^2 \times 10^5} \approx 2.212446 \times 10^{-9}$$

$$= 2212.446 (\text{pF})$$

这一步的计算一结束，便得到了图 11.32(a)所示的电路。但这个电路不可能直接实现成滤波器，为此，要将 K_{12} 和 K_{23} 换成电容器。

【步骤 7】　计算耦合电容器的容量。

$$C_{12} = K_{12} \times C_{resonator} = 0.12775 \times 2212.446\text{pF} \approx 282.64\text{pF}$$

$$C_{23} = K_{23} \times C_{resonator} = 0.32663 \times 2212.446\text{pF} \approx 722.65\text{pF}$$

【步骤 8】　加入了耦合电容器之后，谐振器的谐振频率就变得比几何中心频率低了。为了使谐振器的谐振频率与几何中心频率相重合，要从各谐振器中减去耦合电容器的容量。经过到此为止的计算，得到图 11.32(b)的电路。

【步骤 9】　这个电路的端口 1 特征阻抗与端口 2 特征阻抗是不一样的。为此，可先把端口 1 特征阻抗变换为设计指标所要求的特征阻抗，即先把图 11.32(b)电路输入端的 79.25249Ω 特征阻抗变换成 100Ω。特征阻抗的变换方法就是先求出其比值 K，然后将所有线圈的电感量乘以 K，将所有电容器的容量除以 K。

$$K = \frac{\text{待设计滤波器的特征阻抗}}{\text{作为基准的滤波器特征阻抗}}$$

$$L_{(NEW)} = L_{(OLD)} \times K$$

$$C_{(NEW)} = \frac{C_{(OLD)}}{K}$$

经过上面的计算后，端口 2 的特征阻抗也就扩大了 K 倍。步骤 9 结束后，所得到的电路就是如图 11.32(c)所示的电路。

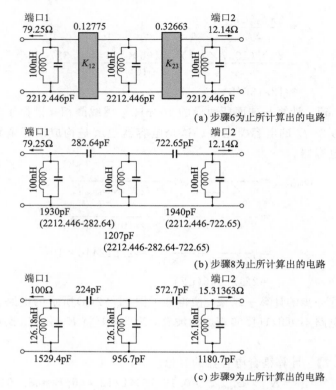

(a) 步骤6为止所计算出的电路

(b) 步骤8为止所计算出的电路

(c) 步骤9为止所计算出的电路

图 11.32 设计途中所计算出的阶段性电路

【**步骤 10**】 图 11.32(c)电路的端口 1 特征阻抗已达到了设计指标所要求的 100Ω，但端口 2 的特征阻抗仍未达到要求。

从方便性考虑，端口 2 的特征阻抗变换可采用图 11.33 所示的变压器变换法。

当然，变压器右侧的阻抗要从 15.31363Ω 变为 100Ω，就要对变压器右侧的元件值施以阻抗变换。

【**步骤 11**】 由于图 11.33 的电路中出现了电容器＋变压器这种形式的电路部分，所以要再像图 11.34 所示那样，对这个电容器＋变压器部分施以诺顿变换，使之成为三电容器电路。

然后，再把图 11.34 所计算出来的三电容器电路放回图 11.33 的电路中取代电容器＋变压器电路，并进一步对并联电容器进行合并，最终得到图 11.35 所示的电路。

图 11.36 所示为设计完成后最终得到的 3 阶贝塞尔型电容耦合谐振器式 BPF 的仿真结果。

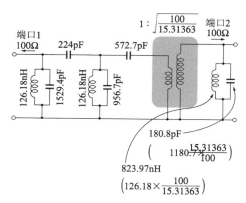

图 11.33 利用变压器把端口 2 的特征阻抗变换成 100Ω

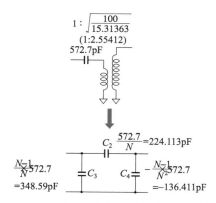

图 11.34 利用诺顿电容变换把"电容器＋变压器"变换成三电容电路

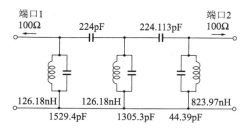

图 11.35 所完成的几何中心频率为 10.7MHz、带宽为 2MHz、特征阻抗为 100Ω 的 3 阶贝塞尔型电容耦合谐振器式 BPF

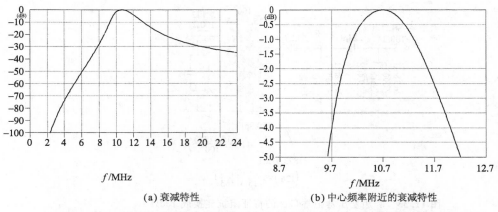

(a) 衰减特性   (b) 中心频率附近的衰减特性

图 11.36 所设计出的 3 阶贝塞尔型电容耦合谐振器式 BPF 的仿真结果

第 12 章
逆切比雪夫型 LPF 的设计
——通带内最大平坦，阻带内有陷波点

首先，我们来介绍一下逆切比雪夫型 LPF 的特点。之所以叫逆切比雪夫型 LPF 这个名字，是因为它的特性正好与切比雪夫型 LPF 相反。至于怎么个相反法，只要把二者的特性比较一下，立即就会明白。切比雪夫型 LPF 的特性如图 12.1(a)所示，它的通带内衰减特性有起伏；逆切比雪夫型 LPF 的特性如图 12.1(b)所示，它的通带内衰减特性是最大平坦的，就像巴特沃思型 LPF 一样，而其阻带内特性是有起伏的。简言之，切比雪夫型是通带内有起伏，逆切比雪夫型是阻带内有起伏。

从图 12.1(b)可以看出，逆切比雪夫型 LPF 的阻带内衰减量的极大值是个固定值，图中所示的是这个固定值等于—62dB 的情形。当衰减量最先达到与阻带内极大值相等的值时，所对应的频率称为阻带频率(stop band frequency)。阻带频率与截止频率都是 LPF 设计中需要确定的参数。顺便说一句，截止频率是指通带的结束点频率，而阻带频率指的是阻带开始点的频率。截止频率与阻带频率之间常称为过渡带。

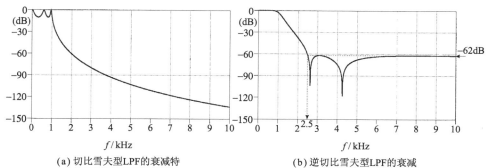

(a) 切比雪夫型LPF的衰减特
　性示例(通带内有起伏)

(b) 逆切比雪夫型LPF的衰减
　特性示例(阻带内有起伏)

图 12.1　切比雪夫型 LPF 与逆切比雪夫型 LPF

12.1 阻带频率与阻带衰减量的关系

图 12.2 是几个截止频率同为 1Hz 而阻带内具有不同陷波点的逆切比雪夫型 LPF 的仿真特性。

与 m 推演型 LPF 一样，逆切比雪夫型 LPF 也可以通过改变阻带频率的位置来改变阻带内的衰减量大小。当阻带频率设置在截止频率附近时，阻带内的衰减量将变小；反之，当阻带频率设

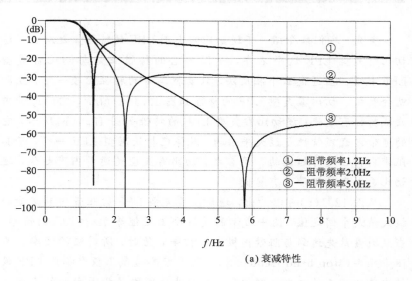

(a) 衰减特性

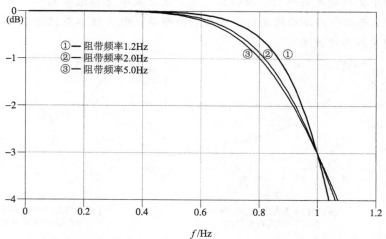

(b) 截止频率附近的衰减特性

图 12.2 阻带频率不同的逆切比雪夫型 LPF 的特性

置在离截止频率较远的地方时,阻带内的衰减量将变大。

12.2 逆切比雪夫型 LPF 特性概述

图 12.3 是具有相同阻带频率而阻带内陷波点多少不同的逆切比雪夫型 LPF 的衰减特性的比较。当阻带内陷波点增多时,逆

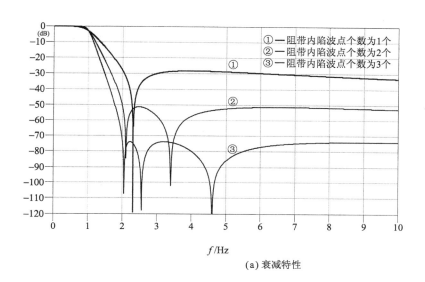

(a) 衰减特性

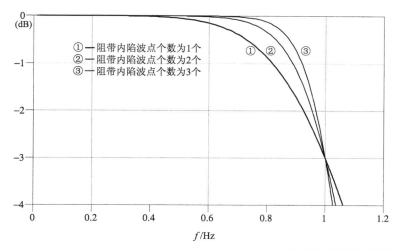

(b) 截止频率附近的衰减特性

图 12.3 具有相同阻带频率而陷波点多少不同的
逆切比雪夫型 LPF 的衰减特性比较

切比雪夫型滤波器的衰减特性将变陡，并且阻带内的衰减量将变大。

图 12.4 是具有相同阻带频率而阻带内陷波点多少不同的逆切比雪夫型 LPF 的反射损耗特性的比较。当阻带内陷波点增多时，逆切比雪夫型滤波器的反射损耗将变小。另外，与 m 推演型等其他滤波器相比，逆切比雪夫型滤波器的匹配性也相当好（反射损耗小）。

这样说来，似乎逆切比雪夫型滤波器尽都是优点。其实，它有一个很大的问题，那就是它对元件的要求很严。元件值与设计值稍有不同，就不能得到所要设计的滤波特性。因而，要想得到与设计值一样的滤波特性，多数情况下都得对元件值进行非常仔细的调整。

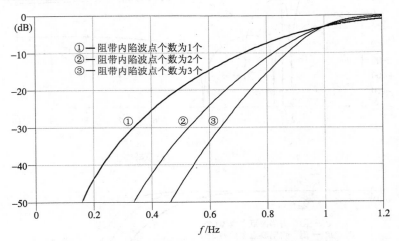

图 12.4 具有相同阻带频率而陷波点多少不同的
逆切比雪夫型 LPF 的反射损耗特性比较

12.3 归一化逆切比雪夫型 LPF 的设计数据

图 12.5 中给出了一部分逆切比雪夫型归一化 LPF 的设计数据。除了这里所给出的设计数据外，逆切比雪夫型 LPF 还有各种各样的组合，本书中不再作详细介绍，对此有兴趣的读者请参看参考文献。

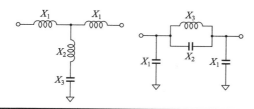

阻带频率(倍)	$X_1(F)/(H)$	$X_2(F)/(H)$	$X_3(F)/(H)$
1.1	0.458167	0.676428	0.916335
1.2	0.568056	0.458435	1.136111
1.3	0.645965	0.343507	1.291930
1.4	0.703489	0.271968	1.406978
1.5	0.747415	0.222991	1.494830
1.6	0.781867	0.187352	1.563735
1.7	0.809477	0.160298	1.618954
1.8	0.831998	0.139112	1.663996
1.9	0.850642	0.122117	1.701284
2.0	0.866272	0.108222	1.732544
2.2	0.890852	0.086972	1.781704
2.5	0.916570	0.065462	1.833140
3.0	0.942826	0.044193	1.885652
4.0	0.968249	0.024206	1.936497
5.0	0.979797	0.015309	1.959593

(a) 阻带内具有一个陷波点的逆切比雪夫型 LPF 电路及数据

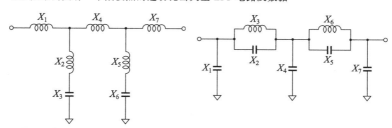

阻带频率(倍)	$X_1(F)/(H)$	$X_2(F)/(H)$	$X_3(F)/(H)$	$X_4(F)/(H)$	$X_5(F)/(H)$	$X_6(F)/(H)$	$X_7(F)/(H)$
1.5	0.25467	0.37938	1.05963	1.69677	0.11353	1.35248	0.46067
1.6	0.30958	0.31070	1.13717	1.73415	0.09716	1.38902	0.48246
1.7	0.35197	0.26105	1.19892	1.76522	0.08430	1.41808	0.49980
1.8	0.38564	0.22351	1.24904	1.79121	0.07396	1.44169	0.51388
1.9	0.41295	0.19417	1.29039	1.81314	0.06550	1.46121	0.52551
2	0.43550	0.17067	1.32497	1.83179	0.05846	1.47755	0.53523
2.2	0.47036	0.13550	1.37918	1.86159	0.04749	1.50326	0.55050
2.5	0.50612	0.10080	1.43571	1.89334	0.03613	1.53019	0.56644
3	0.54197	0.06730	1.49325	1.92633	0.02464	1.55774	0.58269
4	0.57611	0.03650	1.54882	1.95879	0.01363	1.58449	0.59841
5	0.59144	0.02299	1.57401	1.97370	0.00866	1.59667	0.60555

(b) 阻带内具有 2 个陷波点的逆切比雪夫型 LPF 电路及数据

图 12.5 归一化逆切比雪夫型 LPF 的设计数据

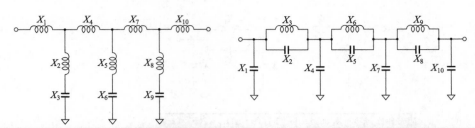

阻带频率(倍)	X_1 (F)/(H)	X_2 (F)/(H)	X_3 (F)/(H)	X_4 (F)/(H)	X_5 (F)/(H)	X_6 (F)/(H)	X_7 (F)/(H)	X_8 (F)/(H)	X_9 (F)/(H)	X_{10} (F)/(H)
1.6	0.17766	0.27330	0.37367	1.48679	0.23858	1.55621	1.49623	0.068202	1.078218	0.347411
1.7	0.21475	0.22969	0.92085	1.53580	0.20380	1.61376	1.53580	0.05924	1.099603	0.359901
1.8	0.24412	0.19666	0.95934	1.55466	0.17669	1.66028	1.56781	0.052017	1.117013	0.370043
2	0.28749	0.15012	1.01793	1.60283	0.13732	1.73048	1.61614	0.041158	1.14348	0.385418
2.5	0.34867	0.08859	1.10397	1.67579	0.08299	1.83248	1.68644	0.025476	1.182327	0.407888
3	0.37961	0.05911	1.14894	1.71484	0.05602	1.88537	1.72291	0.017393	1.202634	0.419589
5	0.42220	0.02017	1.21231	1.77085	0.01940	1.95956	1.77406	0.006116	1.231286	0.436048

(c) 阻带内具有 3 个陷波点的逆切比雪夫型 LPF 电路及数据

图 12.5 归一化逆切比雪夫型 LPF 的设计数据(续)

第 13 章
椭圆函数型 LPF 的设计
——允许通带内和阻带内均有起伏,截止特性得以改善

首先介绍一下椭圆函数型 LPF 的特点。切比雪夫型滤波器的特性曲线仅在通带内有起伏,逆切比雪夫型滤波器的特性曲线仅在阻带内有起伏,与之相比,椭圆函数型滤波器的特性曲线在通带内和阻带内都有起伏。

由于通带内特性和阻带内特性都允许有起伏,因而椭圆函数型滤波器具有最好的截止特性。但是,它对元件值的要求特别严格,不经过调整是很难实现所要设计的滤波特性的。一般情况下,椭圆函数型滤波器的制作,都要一边看测定器,一边调整电容器和电感线圈的值。

从图 13.1 可以看出,椭圆函数型 LPF 的阻带内衰减量极大值和通带内衰减量极小值都是个恒定值。

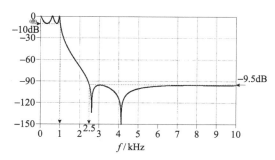

图 13.1 椭圆函数型 LPF 的衰减特性
（通带内和阻带内都有起伏）

13.1 椭圆函数型归一化 LPF 的设计数据

本节给出一些椭圆函数型归一化 LPF 的设计数据。

图 13.2 是阻带内具有一个陷波点的椭圆函数型归一化 LPF 的设计数据。阻带内具有一个陷波点的椭圆函数型 LPF 要用到具有 $X_1 \sim X_3$ 这些值的三种元件。设计数据按每个带内起伏量的设计值划分成不同的数据表格，每个表格中按阻带频率的不同倍率给出相应的 $X_1 \sim X_3$ 的计算值。

同样，图 13.3 给出了阻带内具有两个陷波点的椭圆函数型归一化 LPF 的设计数据，图 13.4 给出了阻带内具有三个陷波点的椭圆函数型归一化 LPF 的设计数据。不过，这些参数的端口特征阻抗并非严格地等于 1Ω。

13.2 椭圆函数型 LPF 特性概述

图 13.5 是等起伏带宽为 1Hz、通带内起伏量为 0.5dB、阻带内具有一个陷波点但陷波点频率不同的几个椭圆函数型 LPF 的仿真特性。

椭圆函数型 LPF 中，若阻带频率设定在截止频率附近，则阻带内衰减量变小；若阻带频率设定在离截止频率远的频率上，则阻带内衰减量变大。

图 13.6 是具有不同起伏量而阻带频率相同的几个椭圆函数型 LPF 特性的比较。

从图中可以看出，通带内的起伏量越大，阻带内的衰减量也就越大，截止特性也就越陡峭。

【例 13.1】 设计等起伏带宽为 1MHz、通带内起伏量为 0.5dB、阻带频率为 2.5MHz、特征阻抗为 50Ω、阻带内具有两个陷波点的椭圆函数型 LPF。

根据前面所介绍过的归一化 LPF 数据，符合条件的归一化 LPF 如图 13.7 所示。

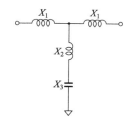
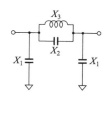

阻带频率(倍)	X_1(H)/(F)	X_2(H)/(F)	X_3(H)/(F)
2.0	0.23029	0.51646	0.37574
2.2	0.25900	0.36885	0.43200
3.0	0.32759	0.14918	0.56675
4.0	0.36343	0.07415	0.63726
5.0	0.37991	0.04503	0.66968

(a) 带内起伏量为 0.001dB 时的元件值

阻带频率(倍)	X_1(H)/(F)	X_2(H)/(F)	X_3(H)/(F)
2.0	0.48013	0.28049	0.69183
2.2	0.50736	0.21457	0.74260
3.0	0.56542	0.09934	0.85105
4.0	0.69384	0.05226	0.90419
5.0	0.60672	0.03248	0.92827

(b) 带内起伏量为 0.01dB 时的元件值

阻带频率(倍)	X_1(H)/(F)	X_2(H)/(F)	X_3(H)/(F)
2.0	0.74247	0.21969	0.88330
2.2	0.76793	0.17208	0.92599
3.0	0.82135	0.08324	1.01566
4.0	0.84726	0.04461	1.05917
5.0	0.85898	0.02795	1.07886

(c) 带内起伏量为 0.05dB 时的元件值

阻带频率(倍)	X_1(H)/(F)	X_2(H)/(F)	X_3(H)/(F)
2.0	0.89544	0.20697	0.93759
2.2	0.92082	0.16315	0.97667
3.0	0.97394	0.07987	1.05854
4.0	0.99967	0.04303	1.09821
5.0	1.01130	0.02701	1.11614

(d) 带内起伏量为 0.1dB 时的元件值

阻带频率(倍)	X_1(H)/(F)	X_2(H)/(F)	X_3(H)/(F)
2.0	1.08849	0.20146	0.96322
2.2	1.11445	0.15957	0.99855
3.0	1.16873	0.07884	1.07244
4.0	1.19499	0.04264	1.10820
5.0	1.20686	0.02682	1.12437

(e) 带内起伏量为 0.2dB 时的元件值

阻带频率(倍)	X_1(H)/(F)	X_2(H)/(F)	X_3(H)/(F)
2.0	1.44483	0.20718	0.93666
2.2	1.47314	0.16485	0.96656
3.0	1.53226	0.08216	1.02902
4.0	1.56085	0.04461	1.05924
5.0	1.57377	0.02810	1.07290

(f) 带内起伏量为 0.5dB 时的元件值

阻带频率(倍)	X_1(H)/(F)	X_2(H)/(F)	X_3(H)/(F)
2.0	1.85199	0.22590	0.85903
2.2	1.88408	0.18019	0.88428
3.0	1.95107	0.09023	0.93700
4.0	1.98346	0.04909	0.96250
5.0	1.99809	0.03096	0.97403

(g) 带内起伏量为 1.0dB 时的元件值

阻带频率(倍)	X_1(H)/(F)	X_2(H)/(F)	X_3(H)/(F)
2.0	2.50077	0.26742	0.72565
2.2	2.54003	0.21369	1.74566
3.0	2.62198	0.10737	0.78743
4.0	2.66159	0.05851	0.80763
5.0	2.67949	0.03692	0.81676

(h) 带内起伏量为 2.0dB 时的元件值

图 13.2 阻带内具有一个陷波点的椭圆函数型 LPF 的设计数据

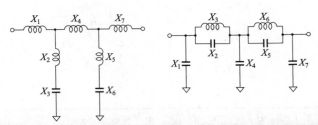

阻带频率(倍)	X_1(H)/(F)	X_2(H)/(F)	X_3(H)/(F)	X_4(H)/(F)	X_5(H)/(F)	X_6(H)/(F)	X_7(H)/(F)
2.0	0.57754	0.22212	1.03141	1.42449	0.07755	1.22021	0.69698
2.5	0.64692	0.12854	1.13503	1.48095	0.04665	1.25311	0.72014
2.8	0.67041	0.09916	1.17088	1.50091	0.03643	1.26424	0.72798
3.5	0.70245	0.06075	1.22035	1.52880	0.02266	1.27942	0.73880
5.0	0.73039	0.02868	1.26400	1.55371	0.01083	1.29263	0.74779

（a）带内起伏量为 0.01dB 时的元件值

阻带频率(倍)	X_1(H)/(F)	X_2(H)/(F)	X_3(H)/(F)	X_4(H)/(F)	X_5(H)/(F)	X_6(H)/(F)	X_7(H)/(F)
2.0	0.97720	0.20038	1.14330	1.79387	0.07317	1.29322	1.08759
2.5	1.04217	0.11865	1.22960	1.86209	0.04417	1.32351	1.11066
2.8	1.06442	0.09219	1.25946	1.88580	0.03453	1.33379	1.11878
3.5	1.09497	0.05700	1.30068	1.91863	0.02151	1.34779	1.13021
5.0	1.12178	0.02711	1.33707	1.94768	0.01030	1.35992	1.13828

（b）带内起伏量为 0.1dB 时的元件值

阻带频率(倍)	X_1(H)/(F)	X_2(H)/(F)	X_3(H)/(F)	X_4(H)/(F)	X_5(H)/(F)	X_6(H)/(F)	X_7(H)/(F)
2.0	1.51534	0.21867	1.04770	2.31423	0.08130	1.16391	1.63695
2.5	1.58791	0.13066	1.11657	2.40008	0.04915	1.18943	1.66374
2.8	1.61287	0.10181	1.14041	2.42976	0.03844	1.19807	1.62729
3.5	1.64723	0.06318	1.17331	2.47073	0.02396	1.20985	1.68511
5.0	1.67747	0.03015	1.20236	2.50690	0.01148	1.22011	1.69584

（c）带内起伏量为 0.5dB 时的元件值

图 13.3 阻带内具有两个陷波点的椭圆函数型 LPF 的设计数据

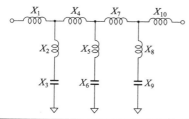 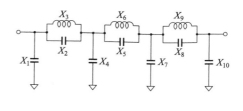

阻带频率 (倍)	X_1 (H)/(F)	X_2 (H)/(F)	X_3 (H)/(F)	X_4 (H)/(F)	X_5 (H)/(F)	X_6 (H)/(F)	X_7 (H)/(F)	X_8 (H)/(F)	X_9 (H)/(F)	X_{10} (H)/(F)
1.3	0.25089	0.89643	0.63928	1.43263	0.09927	1.56930	1.50869	0.473685	0.889655	0.45007
2	0.61377	0.21485	1.11350	1.61792	0.03261	1.61744	1.65955	0.132455	1.217354	0.690629
3	0.72061	0.08315	1.27377	1.69149	0.01348	1.62695	1.71040	0.052717	1.317698	0.748738

(a) 带内起伏量为 0.01dB 时的元件值

阻带频率 (倍)	X_1 (H)/(F)	X_2 (H)/(F)	X_3 (H)/(F)	X_4 (H)/(F)	X_5 (H)/(F)	X_6 (H)/(F)	X_7 (H)/(F)	X_8 (H)/(F)	X_9 (H)/(F)	X_{10} (H)/(F)
1.3	0.67740	0.73284	0.78198	1.67455	0.10508	1.48249	1.78287	0.425781	0.989749	0.848802
2	1.00371	0.20165	1.18639	1.93698	0.03412	1.54560	1.98532	0.126941	1.270227	1.067202
3	1.10642	0.08011	1.32217	2.02829	0.01404	1.56208	2.04977	0.051126	1.358692	1.133606
4.5	1.14866	0.03408	1.37886	2.06674	0.00605	1.56854	2.07628	0.021852	1.394954	1.160568

(b) 带内起伏量为 0.1dB 时的元件值

阻带频率 (倍)	X_1 (H)/(F)	X_2 (H)/(F)	X_3 (H)/(F)	X_4 (H)/(F)	X_5 (H)/(F)	X_6 (H)/(F)	X_7 (H)/(F)	X_8 (H)/(F)	X_9 (H)/(F)	X_{10} (H)/(F)
1.3	1.53779	0.85422	0.67086	2.44675	0.14270	1.09166	2.61209	0.519794	0.810737	1.742815
2	1.93944	0.25207	0.94907	2.85594	0.04597	1.14724	2.92543	0.160335	1.005668	2.019236
3	2.07030	0.10161	1.04233	2.99250	0.01886	1.16273	3.02309	0.0651	1.067042	2.104858
4.5	2.12459	0.04346	1.08130	3.04948	0.00812	1.16888	3.06302	0.027909	1.092193	2.139809

(c) 带内起伏量为 1.0dB 时的元件值

图 13.4 阻带内具有三个陷波点的椭圆函数型 LPF 的设计数据

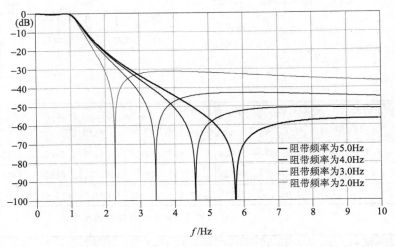

(a) 衰减特性

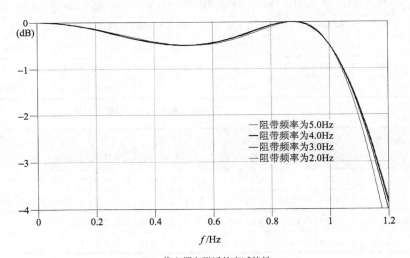

(b) 截止频率附近的衰减特性

图 13.5 通带内起伏量为 0.5dB、
阻带内有一个陷波点的椭圆函数型 LPF 的特性

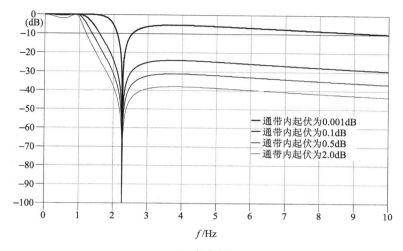

(a) 衰减特性

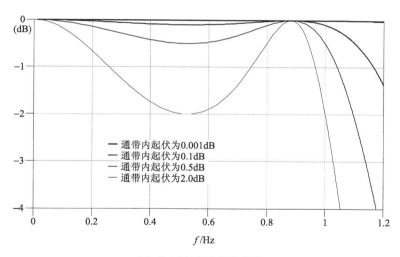

(b) 截止频率附近的衰减特性

图 13.6 具有相同阻带频率的椭圆函数型 LPF 的特性

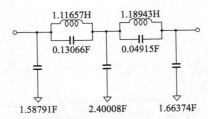

图 13.7　通带内起伏量为 0.5dB、阻带频率
等于等起伏带宽 2.5 倍的归一化椭圆函数型 LPF

对其施以截止频率变换和特征阻抗变换后，即得所要设计的椭圆函数变型 LPF 电路如图 13.8 所示。关于截止频率变换和特征阻抗变换，就是先求得各自的比值 M 和 K，然后用这个 M 和 K 对归一化 LPF 的元件值施以相应的计算。其计算方法已在定 K 型 LPF 及巴特沃思型 LPF 的章节中详细介绍过了，请到那里去查阅参考。

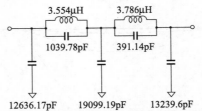

图 13.8　所设计出的椭圆函数型 LPF(等起伏带宽 1MHz，
通带内起伏量 0.5dB，阻带频率 2.5MHz，特征阻抗 50Ω)

第 14 章
匹配衰减器的设计和应用
——为了准确地测得滤波器特性，必须进行阻抗匹配

　　前面各章中，我们对各种滤波器的设计方法作了详细地讲解。对于各例题中所设计出的滤波器，都进行了特性仿真验证，有的还给出了其特性的实测结果。现在要说的是，如果实测时没有在滤波器与测试仪之间进行正确的阻抗匹配，那么，即使是设计得很正确的滤波器，实际测得的特性也是不正确的。从使用的角度来说，即使所设计制作的滤波器衰减特性与所希望特性相同，如果其特征阻抗与实际使用对象的特征阻抗不匹配，那么，这个滤波器是不能达到所希望的滤波效果的，甚至是根本不能使用的。

　　下面，我们用第 4 章例 4.4 所设计出的等起伏带宽为 44kHz 的 LPF 来予以说明。这个 LPF 的电路如图 14.1 所示。

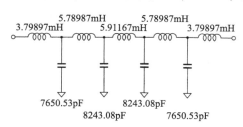

图 14.1　9 阶 T 形切比雪夫型 LPF
（等起伏带宽 44kHz，特征阻抗 600Ω，起伏量 0.5dB）

　　设测定这个滤波器特性时所用的测试仪测定端反射损耗为 −20dB（即 VSWR 约为 1.2）。VSWR＝1.2 的这个数值绝对不是个很差的值，作为测试仪来说，尽管它不是标准设备，但也可以算是优良级的设备。在反射损耗为 −20dB 的情况下，特征阻抗为 600Ω 的测试仪，其实际特征阻抗既可能等于 491Ω，也可能等于 733Ω。

　　假定测试仪端口 1 和端口 2 的特征阻抗是 733Ω，这时，第 4 章例 4.4 滤波器的实测特性就不是图 14.2(a)而是图 14.2（b）。这种

情况下，我们无法根据测定结果判断出设计的正确性，也无法知道是不是因为测试中有什么问题而没有得到正确的测定结果。

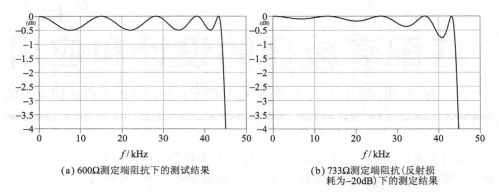

(a) 600Ω测定端阻抗下的测试结果　　　　(b) 733Ω测定端阻抗(反射损
　　　　　　　　　　　　　　　　　　　耗为−20dB)下的测定结果

图 14.2　测试仪端口阻抗不同的情况下所测得的 9 阶 T 形切比雪夫型 LPF 的衰减特性

此外，一般高频测试仪的测定端标准特征阻抗为 50Ω 或 75Ω，如果用它们来测定特征阻抗不是 50Ω 或 75Ω 的滤波器，能否得到正确的测定结果，这也是个令人担心的问题。

14.1　特征阻抗变换器

下面，我们来考察一般情况下常用的特征阻抗变换器。

设有输出阻抗为 50Ω 的信号源或测试仪。当想要把这个阻抗值变换成 600Ω 的输出端口阻抗 Z_0 时，通常情况下常采用图 14.3 所示的方法。

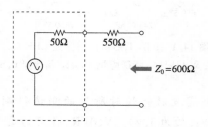

图 14.3　将 50Ω 输出阻抗变成 600Ω 输出阻抗的方法

这种情况下，这个电路的 Z_0 确实变成了 600Ω，似乎不会有什么问题了。但是请仔细想一想，标称 50Ω 输出阻抗的信号源，其输出阻抗就一定真正是 50Ω 吗？它或许是 40Ω，也可能是

60Ω。如果是 VSWR 小于 1.2 的测试仪，即使其输出阻抗的值在 41～61Ω 之间，也是毫不奇怪的。

另外，信号源输出阻抗的值还可能随着频率的不同而变化。在前述电路中，信号源输出阻抗的这种变化将会直接成为该电路的端口输出阻抗变化。

若信号源的输出阻抗是 40Ω，则电路的端口输出阻抗就是 590Ω；若信号源的输出阻抗是 60Ω，则电路的端口输出阻抗就是 610Ω。它们都不等于正确值 600Ω，因而，用这个测试信号源电路对图 14.1 的滤波器电路进行测试时，其实测结果也就不可能得到图 14.2(a)的正确结果。

14.2　T 形阻抗变换器和 π 形阻抗变换器

为了使测定滤波器时的阻抗值规范化，可以采用图 14.4 所示的 T 形阻抗器变换器和 π 形阻抗变换器。这两种阻抗变换器都由三个电阻所构成。

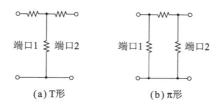

(a) T形　　　　(b) π形

图 14.4　阻抗变换器

这种阻抗变换器的端口 1 和端口 2 的阻抗值可以规范成任意的值。下面就以图 14.5 所示的 π 形电路为例，来看这种阻抗变换器的优点。

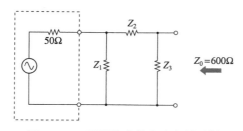

图 14.5　π 形阻抗变换电路应用示例

这种由三个电阻构成的电路，有无限多个组合能满足从 50Ω

变换成 600Ω 这样的条件，我们来考察其中的端口 1 到端口 2 之间信号衰减量为 $-20\mathrm{dB}$ 和 $-40\mathrm{dB}$ 这两种组合。

这两种组合的各个电阻值如表 14.1 所示。

与考察上面的例子一样，信号源输出阻抗值在 $40 \sim 60\Omega$ 之间变化的情况下，这种 π 形阻抗变换器的输出阻抗 Z_0 的计算结果如表 14.2 所示。

表 14.1   衰减量为 $-20\mathrm{dB}$ 和 $-40\mathrm{dB}$ 的 π 形衰减器的电阻值

衰减量/dB	Z_1/Ω	Z_2/Ω	Z_3/Ω
-20	52.0	857.4	1872.8
-40	50.3	8659.4	644.5

表 14.2   信号源阻抗变化情况下的输出阻抗 Z_0

信号源阻抗	输出阻抗 $Z_0(-20\mathrm{dB})$	输出阻抗 $Z_0(-40\mathrm{dB})$
40Ω	598.691Ω	599.961Ω
50Ω	600.023Ω	599.974Ω
60Ω	601.115Ω	599.985Ω

从表 14.2 可以看出，与以往的阻抗变换方法相比，图 14.5 所示的阻抗变换电路基本上不受信号源阻抗的影响。并且，衰减量越大，信号源阻抗的影响越小。不过，这不一定完全是好事，如果一味地减小信号源阻抗的影响，这种阻抗变换器所能输出的信号功率(电压)也就越小。

上面的例子是测定特征阻抗为 600Ω 的滤波器时的情况。当用输出阻抗为 50Ω 的测试仪来测定特征阻抗为 50Ω 的滤波器时，这种阻抗变换器主要是作为衰减器来使用的，因而不称为阻抗变换器，而是称作匹配衰减器。这种情况下，也有衰减量越大，信号源阻抗影响减小的同时输出信号功率也越小的问题。

这种由三个电阻所构成的衰减器或阻抗变换器，其电阻值的求解步骤很简单，下面将给出其计算步骤。

14.3   匹配衰减器的设计

由三个电阻所构成的匹配衰减器有 T 形和 π 形两种。我们先来介绍 T 形匹配衰减器的求解计算步骤。

▶ T 形匹配衰减器

如图 14.6 所示,我们来看 T 形电路两端接有阻抗 Z_{01} 和 Z_{02} 的情形。之所以称为"T 形",是因为该电路的元件接法像个大写英文字母 T 字。

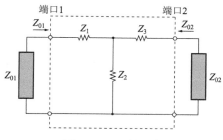

图 14.6 T 形电路

因为电流与电压的关系已知,所以该电路也可以用欧姆定律来求解。但由于它太麻烦,所以我们将匹配衰减器看成是黑匣子,作为二端口电路,先确定其 A、B、C、D 四个参数(这组参数有一般参数、传输参数、T 参数、A 参数等多种名称),然后再求解电路。这个 T 形电路的一般参数可如下表示。

$$\begin{bmatrix} A & B \\ C & D \end{bmatrix} = \begin{bmatrix} 1 & Z_1 \\ 0 & 1 \end{bmatrix} \begin{bmatrix} 1 & 0 \\ 1/Z_2 & 1 \end{bmatrix} \begin{bmatrix} 1 & Z_3 \\ 0 & 1 \end{bmatrix}$$

$$= \begin{bmatrix} 1+\dfrac{Z_1}{Z_2} & \dfrac{Z_1 Z_2 + Z_2 Z_3 + Z_3 Z_1}{Z_2} \\ \dfrac{1}{Z_2} & 1+\dfrac{Z_3}{Z_2} \end{bmatrix} \tag{14.1}$$

这里,由于端口 2 上接有阻抗 Z_{02} 时端口 1 上的阻抗就成为 Z_{01},而端口 1 上接有阻抗 Z_{01} 时端口 2 上的阻抗就成为 Z_{02},因而它应满足下面的关系式(14.2)和式(14.3)。这个 Z_{01} 和 Z_{02} 称为镜像阻抗(image impedance)。

$$Z_{01} = \sqrt{\dfrac{AB}{CD}} \tag{14.2}$$

$$Z_{02} = \sqrt{\dfrac{DB}{CA}} \tag{14.3}$$

并且,对于对称电路(这里,$Z_1 = Z_3$)来说,将有 $A = D$,因而可由式(14.2)和式(14.3)导出式(14.4)。

$$Z_{01} = Z_{02} = Z_0 = \sqrt{\dfrac{B}{C}} \tag{14.4}$$

现在，令 $Z_0 = 50\Omega$，则式(14.5)成立，即

$$50 = \sqrt{2Z_1 Z_2 + Z_1{}^2} \tag{14.5}$$

式(14.5)是为了使镜像阻抗双方都等于 50Ω 而应该满足的条件。

另外，衰减量(这里，也就是 Z_{01} 和 Z_{02} 所消耗功率之比)由式(14.6)来表示，即

$$\frac{P_1}{P_2} = \frac{Z_{01} \cdot I_1 \cdot I_1}{Z_{02} \cdot I_2 \cdot I_2} \tag{14.6}$$

这里，流过负载的电流 I_1 和 I_2 可由二端口电路的一般参数 A、B、C、D 简单求得。鉴于求解过程较长，并且又不是什么困难算式，这里就省略了。其详细情形请参看电路原理之类的书籍。

确定衰减量和镜像阻抗后，即可根据式(14.5)和式(14.6)求得 Z_1、Z_2、Z_3 的值。用这种方法求得的 Z_1、Z_2、Z_3 来构成电路，就能够实现既具有所希望的衰减量，又具有规范的镜像阻抗的衰减器。

▶ π 形匹配衰减器

除了 T 形电路之外，输入/输出阻抗为 50Ω 这样的电阻组合还有图 14.7 所示的 π 形电路。这种电路的一般参数 A、B、C、D 可如下表示。

$$\begin{bmatrix} A & B \\ C & D \end{bmatrix} = \begin{bmatrix} 1 & 0 \\ 1/Z_1 & 1 \end{bmatrix} \begin{bmatrix} 1 & Z_2 \\ 0 & 1 \end{bmatrix} \begin{bmatrix} 1 & 0 \\ 1/Z_3 & 1 \end{bmatrix}$$

$$= \begin{bmatrix} 1 + \dfrac{Z_2}{Z_3} & Z_2 \\ \dfrac{(Z_1 + Z_2 + Z_3)}{Z_1 Z_3} & 1 + \dfrac{Z_2}{Z_1} \end{bmatrix} \tag{14.7}$$

通过与 T 形匹配衰减器情况下相同的计算，即可求得 Z_1、Z_2、Z_3 的值。

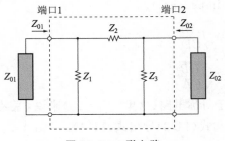

端口1　　　　　　　　　端口2

图 14.7 π 形电路

14.4 归一化匹配衰减器及阻抗变换器

表 14.3 中给出了比较常用的 50Ω 匹配衰减器各电阻值。

▶ 归一化匹配衰减器的电阻值

表 14.4 给出了输入/输出阻抗按 1Ω 归一化后的匹配衰减器各电阻值。

实际利用表中的数据来制作具有特定阻抗的匹配衰减器时，所用电阻的值应是表中数据乘以所希望阻抗值后的值。例如，当要制作的是 100Ω 特征阻抗的匹配衰减器时，就要给表中的值乘以 100。如果是制作 75Ω 特征阻抗的匹配衰减器，就要给表中的值乘以 75。

表 14.3 衰减量与构成匹配衰减器的各电阻值（50Ω 系列）

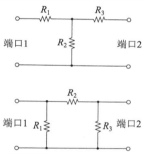

衰减量(dB)	π 形衰减器		T 形衰减器	
	R_2	R_1, R_3	R_1, R_3	R_2
−1.0	5.77	869.55	2.88	433.34
−2.0	14.61	436.21	5.73	215.24
−3.0	17.61	292.40	8.55	141.93
−4.0	23.85	220.97	11.31	104.83
−5.0	30.40	178.49	14.01	82.24
−6.0	37.35	150.48	16.61	66.93
−7.0	44.80	130.73	19.12	55.80
−8.0	52.84	116.14	21.53	47.31
−9.0	61.59	104.99	23.81	40.59
−10.0	71.15	96.25	25.97	35.14
−11.0	81.66	89.24	28.01	30.62
−12.0	93.25	83.54	29.92	26.81
−13.0	106.07	78.84	31.71	23.57
−14.0	120.31	74.93	33.37	20.78
−15.0	136.14	71.63	34.90	18.36
−20.0	247.50	61.11	40.91	10.10
−25.0	443.16	55.96	44.68	5.64
−30.0	789.78	53.27	46.93	3.17
−40.0	2499.75	51.01	49.01	1.00

表 14.4 归一化匹配衰减器的设计值

衰减量（dB）	π 形匹配衰减器		T 形匹配衰减器	
	R_2	R_1,R_3	R_1,R_3	R_2
−1.0	0.11538	17.39096	0.05750	8.66673
−2.0	0.23230	8.72423	0.11462	4.30480
−3.0	0.35230	5.84804	0.17100	2.83852
−4.0	0.47697	4.41943	0.22627	2.09658
−5.0	0.60797	3.56977	0.28013	1.64482
−6.0	0.74704	3.00952	0.33228	1.33862
−7.0	0.89602	2.61457	0.38247	1.11605
−8.0	1.05689	2.32285	0.43051	0.94617
−9.0	1.23178	2.09988	0.47622	0.81183
−10.0	1.42302	1.92495	0.51949	0.70273
−11.0	1.63315	1.78489	0.56026	0.61231
−12.0	1.86494	1.67090	0.59848	0.53621
−13.0	2.12148	1.57689	0.63416	0.47137
−14.0	2.40617	1.49852	0.66732	0.41560
−15.0	2.72279	1.43258	0.69804	0.36727
−20.0	4.95000	1.22222	0.81818	0.20202
−25.0	8.86328	1.11917	0.89352	0.11283
−30.0	15.79558	1.06531	0.93869	0.06331
−40.0	49.99500	1.02020	0.98020	0.02000

▶ π 形阻抗变换器的设计值

表 14.5 给出了具有 −20dB 衰减量的阻抗变换器各组成电阻的值。−20dB 的衰减量相当于电压降低到 1/10，这个值对于简化测定当中的计算很有利。

表 14.5 端口阻抗不同的匹配衰减器的设计值

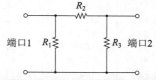

端口 1	端口 2	R_1	R_2	R_3
1.0	1.0	1.22222	4.95000	1.22222
1.0	1.1	1.20834	5.19160	1.36084
1.0	1.2	1.19648	5.42245	1.50207
1.0	1.25	1.19117	5.53427	1.57364
1.0	1.3	1.18621	5.64387	1.64585
1.0	1.4	1.17721	5.85692	1.79219
1.0	1.5	1.16924	6.06249	1.94105
1.0	1.6	1.16213	6.26131	2.09242

续表 14.5

端口 1	端口 2	R_1	R_2	R_3
1.0	1.8	1.14992	6.64112	2.40268
1.0	2.0	1.13979	7.00036	2.72293
1.0	2.2	1.13122	7.34204	3.05319
1.0	2.5	1.12053	7.82664	3.56745
1.0	2.8	1.11176	8.28293	4.10462
1.0	3.0	1.10673	8.57365	4.47566
1.0	3.5	1.09623	9.26060	5.44953
1.0	4.0	1.08791	9.90000	6.49180
1.0	5.0	1.07544	11.06854	8.79552
1.0	6.0	1.06641	12.12497	11.42084
1.0	8.0	1.05399	14.00071	17.82521
1.0	10.0	1.04568	15.65327	26.22208
1.0	12.0	1.03963	17.14730	37.45511
1.0	15.0	1.03301	19.17127	63.08322

【例 14.1】　试设计能将 50Ω 变换为 600Ω 且具有 -20dB 衰减量的阻抗变换器。

因为 600Ω 与 50Ω 的比值为 12，所以可从表 14.5 中选出端口 1 为 1Ω 且端口 2 为 12Ω 的数据来使用。

$$R_1 = 1.03963$$
$$R_2 = 17.14730$$
$$R_3 = 37.45511$$

将这些电阻值分别乘以 50，即可得到所希望设计的阻抗变换器的各电阻值。

$$R_1 = 1.03963 \times 50 = 51.9815(\Omega)$$
$$R_2 = 17.14730 \times 50 = 857.365(\Omega)$$
$$R_3 = 37.45511 \times 50 = 1872.755(\Omega)$$

最后得到具有图 14.8 所示电阻值的电路。

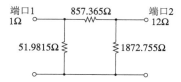

图 14.8　从 50Ω 变换到 600Ω 的 -20dB π 形阻抗变换器

第 15 章
电感线圈的设计和制作方法
——依据形状和导磁率求匝数

电感线圈是 LC 滤波器不可缺少的构成元件，它大致可分为空芯线圈和磁芯线圈两类。空芯线圈是指照片 15.1 所示的那种只有线匝而没有骨架的线圈，有时也称为圆形螺旋线圈（round helical coil）或中空线圈（air-wound coil）；磁芯线圈是指那些绕制在各种磁芯上的线圈。在应用频率不高的情况下，构成滤波器的电感线圈可以采用磁芯线圈，而在应用频率高的情况下，则应该采用空芯线圈。

照片 15.1   空芯线圈外形示例

本章就来讲述这一重要滤波器构成元件的设计和制作方法。

15.1   空芯线圈的设计和制作方法

空芯线圈的形状几乎毫无例外地都采用图 15.1 所示的圆形螺旋形状。图中示出了本书中关于线圈直径和线圈长度的定义，二者都是指从某一线匝截面中心到另一线匝截面中心之间的距离。这一定义与别的一些场合下把线圈内径作为线圈直径的定义不同，请予以注意。

在电磁学教科书中，图 15.1 所示空芯线圈中的电感量是按以下公式计算的。即

$$L = \frac{\mu_0 \cdot n^2 \cdot \pi \cdot a^2}{b} K_N \qquad (15.1)$$

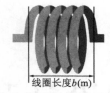

线圈直径 2a(m)

线圈长度b(m)

- $2a \leqslant b$ 的场合

$$L[\mathrm{H}] = \frac{\mu_0 n^2 \pi a^2}{b} \left[\frac{1 + 0.3383901 \times \left(\frac{4a^2}{b^2}\right) + 0.017108 \times \left(\frac{4a^2}{b^2}\right)}{1 + 0.258952 \times \left(\frac{4a}{b^2}\right)} - \frac{8a}{3\pi b} \right]$$

- $2a > b$ 的场合

$$L[\mathrm{H}] = \mu_0 n^2 a \left\{ \left[\ln\left(\frac{8a}{b}\right) - 0.5 \right] \times \frac{1 + 0.383901 \times \left(\frac{b^2}{4a^2}\right) + 0.017108 \times \left(\frac{b^2}{4a^2}\right)^2}{1 + 0.258952 \times \left(\frac{b^2}{4a^2}\right)} \right. $$
$$\left. + 0.093842 \times \left(\frac{b^2}{4a^2}\right) + 0.002029 \times \left(\frac{b^2}{4a^2}\right)^2 - 0.000801 \times \left(\frac{b^2}{4a^2}\right)^3 \right\}$$

图 15.1 空芯线圈的形状及其电感量的计算公式

$$K_{\mathrm{N}} = \frac{\left(\frac{b\sqrt{4.0a^2 + b^2}}{a^2}\right)\left[F(k) - E(k)\right] + \left(\frac{4.0\sqrt{4.0a^2 + b^2}}{b}\right)E(k) - \frac{8.0a}{b}}{3.0\pi}$$

(15.2)

$$k = \frac{2.0a}{\sqrt{4.0a^2 + b^2}}$$

(15.3)

式中，$F(k)$ 为第一类完全椭圆积分；$E(k)$ 为第二类完全椭圆积分；a 为线圈长度；b 为线圈直径；n 为线圈匝数；μ_0 为真空导磁率。式(15.2)中的 K_{N} 称为长冈系数，它是用长冈半太郎先生的名字命名的。

显然，设计空芯线圈时用这套公式来计算电感量是很不方便的。实际设计空芯线圈时，一般都采用图 15.1 中所给出的可直接得到电感量的计算公式。用这套公式所求得的空芯线圈电感量，其误差一般都能达到实用上的要求。

本章的最后选录了五组由这套公式所计算出来的空芯线圈设计数据表，利用这些数据表即可求得具有所需电感量的空芯线圈设计数据。设计制作的时候，只要直接查表就行了。

这五个数据表中所给出是直径为 0.7mm，1.2mm，1.7mm，2.2mm，3.2mm 五种电感线圈的设计数据。之所以给出这五种电感线圈的设计数据，是因为有一组可用于绕制这五种线圈的标准模具系列（相当于标准骨架）。也就是说，当采用直径为 0.2mm

的导线来绕制线圈时，正好可以选用直径为 0.5mm、1.0mm、1.5mm、2.0mm、3.0mm 这一标准系列模具。如果手头没有这种标准模具，也可以像照片 15.2 所示那样，利用钻头柄或圆珠笔芯之类的东西作为模具来绕制。

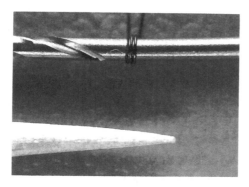

照片 **15.2** 在钻头柄上绕制空芯线圈

▶ 空芯绕圈与理想电感器的差别

所谓理想电感器，是指只具有电感参数而不包含任何其他参数的线圈。

用上面所讲的方法所制作出来的空芯线圈，其特性并不是理想的。由于线圈各线匝之间存在着分布电容且线圈导线具有分布电阻，因而实际的电感线圈在低频和高频情况下将表现为不同的等效电路。在低频情况下，这些分布参数很小，线圈可以等效为理想电感器，而在高频情况下，这些分布参数就不能忽略了，这时，线圈将像图 15.2 所示那样，等效为一个由许多小谐振电路串联而成的组合电路。

在高频的情况下，线匝间的电容、集肤效应导致导线电阻增加而造成 Q 值降低、与线圈长度有关的信号延时等，都必须予以考虑(可参看图 15.2)。为了使线圈能在高频情况下使用，就要尽量减小这些分布参量，线圈尺寸就要尽可能做得小一些，所用的绕线也就要尽可能细一些。当然，这也容易造成 Q 值的降低。

在前面刚讲过的线圈电感量计算公式中，无论是实用公式(图 15.1 中)还是理论公式(式(15.1)～式(15.3))，式中都没有关于线圈所用绕线直径方面的内容，这就表明线圈的电感量与线径无关。但实际上，线径大小虽然不影响线圈的电感量，却对线圈性能有影响。也就是说，线径越细，线圈的等效串联电阻就越

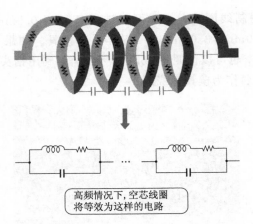

高频情况下,空芯线圈
将等效为这样的电路

图 15.2 除了电感外,空芯线圈中还有分布电阻和分布电容

大,Q 值就越低,线圈性能就越差。

　　不过,一般在设计用于高频的空芯线圈时,大都是宁可牺牲一些 Q 值而首先保证线圈尽可能成为小型线圈,因而其绕线大都采用细导线。

　　3GHz 频段所用的空芯线圈,其线径一般采用 0.1～0.3mm 的,所用导线类型应该是表面涂层能够用电烙铁熔化的那些型号的导线。如果采用了漆包线之类表面涂层不能用电烙铁熔化的导线,线圈引线端的处理会很费事的。

　　此外,对于组合线圈来说,如果要用几个线圈组合起来得到某一电感量,一般情况下都是总体尺寸小的组合线圈在高频段仍能得到接近于理想电感器的特性,而总体尺寸大的组合线圈,其高频特性容易变差。

15.2　环形磁芯线圈的设计和制作方法

　　照片 15.3 是一些环形磁芯的外形。用环形磁芯制作的线圈可以在频率较低的情况下使用。在电感量相同的情况下,环形磁芯线圈的匝数远少于空芯线圈的匝数。

　　磁芯有一个对于绕制电感线圈非常重要的参数,它就是 AL 值。AL 值的单位是用(μH/100 匝)、(μH/1000 匝)这样的形式表示的。只要知道了这个 AL 值,立即就能知道所要制作的磁芯线圈应该绕多少匝,反之,也可以立即知道具有某一匝数的磁芯线圈的电感量是多少。

照片 15.3 各种环形磁芯的外形

例如，当已知环形磁芯的 AL 值为 $300(\mu H/100$ 匝$)$ 时，若要制作 $300\mu H$ 的线圈，则只要在这个环形磁芯上绕上 100 匝线匝就行了。反之，若已知某个线圈的匝数为 100 匝，并且知道它的磁芯是 AL 值为 $300(\mu H/100$ 匝$)$ 的磁芯，那么，这个线圈的电感量就必然是 $300\mu H$。

磁芯线圈的电感量与线圈匝数的平方成正比。如果有两个磁芯 AL 值都是 $300(\mu H/100$ 匝$)$ 的线圈，一个线圈的匝数为 100 匝，则它的电感量是 $300\mu H$。而另一个线圈的匝数是 200 匝，即等于前一个线圈匝数的 2 倍，那么，这个线圈的电感量就是前一个线圈电感量的 4 倍，即 $1200\mu H$ 或 $1.2mH$。

当已知 AL 值时，磁芯线圈的电感量由下式来计算，即

$$L = AL \times \left(\frac{线圈的匝数}{AL\ 单位中分母上的匝数}\right)^2 \qquad (15.4)$$

【**例 15.1**】 设 AL 值等于 $50(\mu H/100$ 匝$)$ 的磁芯上绕有 33 匝线匝，试求这个磁芯线圈的电感量是多少？

$$L = AL \times \left(\frac{线圈的匝数}{AL\ 单位中分母上的匝数}\right)^2 = AL \times \left(\frac{33}{100}\right)^2$$
$$= 50 \times 0.1089 \approx 5.44(\mu H)$$

【**例 15.2**】 设磁芯的 AL 值为 $50(\mu H/100$ 匝$)$，现要制作电感量为 $40\mu H$ 的线圈，其匝数应该是多少？

磁芯圈电感量的计算公式为：

$$L = AL \times \left(\frac{线圈的匝数}{AL\ 单位中分母上的匝数}\right)^2$$

由这一公式可得

$$\frac{L}{AL} = \left(\frac{线圈的匝数}{AL\ 单位中分母上的匝数}\right)^2$$

对该式两边求平方根并取正数，可得

$$\sqrt{\left(\frac{L}{\mathrm{AL}}\right)} = \frac{\text{线圈的匝数}}{\mathrm{AL}\ \text{单位中分母上的匝数}}$$

于是得到线圈的匝数为下式，即

$$\text{线圈匝数} = \mathrm{AL}\ \text{单位中分母上的匝数} \times \sqrt{\left(\frac{L}{\mathrm{AL}}\right)}$$

将题目中所给出的条件数值代入上式，即得线圈匝数 n 的值为：

$$n = 100 \times \sqrt{(40/50)} = 100 \times 0.89443 = 89.443$$

也就是说，只要在 AL 值为 $50(\mu\mathrm{H}/100\ \text{匝})$ 的磁芯上绕上 90 匝线匝，即可制成 $40\mu\mathrm{H}$ 的线圈。

【例 15.3】 若磁芯线圈的匝数为 56 匝，其电感量为 $32\mu\mathrm{H}$，求每百匝线匝的 AL 值$(\mu\mathrm{H}/100\ \text{匝})$。

根据题目中所给的条件可得下式，即

$$32(\mu\mathrm{H}) = \mathrm{AL} \times \left(\frac{56}{100}\right)^2$$

于是，AL 值可由下式算得。

$$\mathrm{AL} = \frac{32}{\left(\frac{56}{100}\right)^2}(\mu\mathrm{H}) \approx \frac{32}{0.3136} = 102.04(\mu\mathrm{H}/100\ \text{匝})$$

【例 15.4】 设有匝数为 35 匝、电感量为 $68\mu\mathrm{H}$ 的磁芯线圈，现将其匝数减去一匝，求这个匝数为 34 匝的磁芯线圈的电感量是多少？

首先求磁芯的 AL 值。依据题目给出的数据，下式成立，

$$68(\mu\mathrm{H}) = \mathrm{AL} \times \left(\frac{35}{100}\right)^2$$

因而可得

$$\mathrm{AL} = 555.102(\mu\mathrm{H}/100\ \text{匝})$$

由此即可求得匝数为 34 匝的磁芯线圈的电感量为

$$L = 555.102 \times \left(\frac{34}{100}\right) \approx 64.17(\mu\mathrm{H})$$

有些场合，磁芯参数不是由 AL 值给出，而是给出了导磁率或相对导磁率的数值。这种场合下，如果磁芯形状为图 15.3 的环形磁芯，且 n 匝线匝是均匀地绕在环形磁芯上的，则线圈的电感量可用下式来计算，即

$$L = \frac{\mu \times h \times N^2}{2\pi} \times \ln\left(\frac{R_2}{R_1}\right) \tag{15.5}$$

式中，μ 为导磁率；R_1 为环形磁芯内半径；R_2 为环形磁芯外半径；h 为环形磁芯高度；n 为线圈的匝数。

如果所给出的 μ 值不是磁芯的导磁率，而是相对导磁率，则

实际的导磁率可由相对导磁率与真空导磁率的乘积求得。

真空导磁率的值为：

$$\mu_0 = \frac{4\pi}{10^7} \approx 1.2566 \times 10^{-6} (\text{H/m})$$

例如，某磁芯的相对导磁率为30，则它的实际导磁率就是

$$\mu \times \mu_0 = 30 \times \frac{4\pi}{10^7} \approx 37.699 \times 10^{-6} (\text{H/m}) = 37.699 (\mu\text{H/m})$$

有时，在给出磁芯导磁率数值时，并未指明所给出的是导磁率还是相对导磁率，这并不要紧，因为我们可以根据所给出数值的单位来判断出它是属于导磁率和相对导磁率中的哪一个。相对导磁率只是个没有量纲的数值，其大小在几十到几千之间；而导磁率是有量纲的，其单位是$(\mu\text{H/m})$、(H/m)等。

【例 15.5】 设磁芯为图 15.3 所示的环形磁芯，其相对导磁率为 $\mu = 25$，高度为 $h = 10\text{mm}$，内半径为 $R_1 = 5\text{mm}$，外半径为 $R_2 = 20\text{mm}$，磁芯上均匀地绕着 30 匝线匝。试求这个磁芯线圈的电感量。

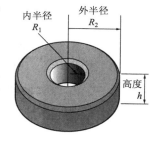

图 15.3 环形磁芯的形状参数

这个线圈的电感量可直接用式 (15.5)求得，它就是

$$L = \frac{\mu \times h \times N^2}{2\pi} \times \ln\left(\frac{R_2}{R_1}\right)$$

$$= \frac{\frac{4\pi}{10^7} \times 25 \times 10 \times 10^{-3} \times 30^2}{2\pi} \times \ln\left(\frac{20 \times 10^{-3}}{5 \times 10^{-3}}\right)$$

$$= \frac{2 \times 25 \times 30^2 \times 10^{-2}}{10^7} \times \ln 4 \approx 45000 \times 10^{-9} \times 1.38629$$

$$\approx 62.383 (\mu\text{H})$$

▶ 不用 LCR 测量仪器也能求得环形磁芯线圈的电感量

如果所使用的环形磁芯的规格参数是已知的，那么，制作线圈是很简单的事。

但是，零件箱里乱放着的那些环形磁芯，多数情况下都是早已不知道它的规格参数是什么了。这种情况下，可以采用如下的办法，即先在磁芯上绕上几十匝线匝，把这个临时线圈的电感量测出来，然后，根据这个电感值求出磁芯的 AL 值。这样，就可以制作所希望得到的线圈了。

如果手头没有测量电感量的专用测量仪器，也还是有办法

的，这就是自己制作一个测量谐振频率的设备，通过测量出线圈的谐振频率来计算它的电感量。特别是对于电感量大的线圈来说，由于它容易受到 50Hz（或 60Hz）工频的干扰，因而，比起先用专用测量仪器测出线圈阻抗然后再根据阻抗值求得线圈电感量的办法来，先测出线圈的谐振频率再由谐振频率求得线圈电感量的办法反而能获得更为准确的电感值。

下面，我们就用一个具体例子来说明这种办法。首先用手头现有的环形磁芯绕制一个匝为 15 匝数的线圈，然后，分别把电容量已知的一些电容器接到这个线圈上，使之构成串联谐振电路，并测量它们的谐振频率。最后，根据谐振频率和电容器的值计算出线圈电感量。

照片 15.4　参数未知的环形磁芯和
这个磁芯上绕有 15 匝线匝的环形磁芯线圈

表 15.1 是测量时所用的电容器的容量、所测得的谐振频率以及根据谐振频率和电容器容量所求得的线圈电感量的值。测量过程中所用的电容器为云母电容器，电容量误差为 1%～5%。

表 15.1　根据谐振频率所求得的 15 匝环形磁芯线圈的电感量

电容器的容量/pF	谐振频率/kHz	根据谐振频率求得的线圈电感量/μH
820	1650	11.346
1000	1510	11.109
1462	1210	11.834
2200	980	11.989
2239	968	12.074
3300	792	12.237
4700	658	12.448
5100	632	12.435
6800	543	12.633
7161	532	12.498
8200	497	12.506
10000	457	12.129

电容器的容量/pF	谐振频率/kHz	根据谐振频率求得的线圈电感量/μH
12100	409	12.514
20000	317	12.604
24900	285	12.524
30100	258	12.643
43200	214	12.804
93460	144.2	13.034
820000	48.1	13.352
4700000	19.8	13.747

表 15.1 的数据表明,随着电容器容量的减小(亦即 LC 串联电路谐振频率增大),所测量计算出的线圈电感量也有所减小。这种现象是很正常的,因为这里所测量的是实际环形磁芯线圈(不是理想电感器),而磁芯的导磁率本身就是随着频率增大而减小的。这样,只要我们不断更换容量大小不同的电容器,就能够得到被测磁芯线圈在各种不同工作频率上的实际电感量。

图 15.4 是这个例子中所用环形磁芯的 AL 值与频率之间的对应关系。

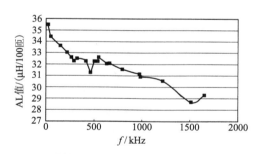

图 15.4 所计算出的 AL 值(μH/100 匝)与频率的关系

下面,我们就用这个测量计算出来的 AL 值来制作环形磁芯线圈。就零频率附近而言,这个环形磁芯的 AL 值为 600(μH/100 匝),如果在该磁芯上绕上 50 匝线匝,即可得到电感量为 150μH 的磁芯线圈。如果所绕匝数为 30 匝,则所得磁芯线圈的电感量为 54μH。用 AL 值计算线圈电感量是很方便的。

如果再把该环形磁芯的尺寸也测量出来,则该环形磁芯的导磁率和相对导磁率也可通过计算求得。

15.3 磁芯骨架式可变线圈的设计和制作方法

　　电感量可变的线圈可以采用把线匝绕在内部装有磁芯的线圈骨架上的办法来设计和制作。在数兆赫兹至数十兆赫兹的频率范围内，这种线圈用起来非常方便。照片 15.5 示出了几个磁芯骨架式可变线圈的外形。

照片 15.5　磁芯骨架式可变线圈的外形

　　一个电感量超过 1μH(即 1000nH)的线圈，如果采用空芯线圈来制作的话，所需要的匝数为数十匝。而如果采用内部装有磁芯的骨架来制作，所需要的匝数就会少得多。

　　磁芯骨架式可变线圈的电感量取决于线圈的匝数、骨架的直径、磁芯的导磁率以及磁芯伸入线圈内的程度。

　　磁芯可以在骨架里旋进旋出。当磁芯旋出骨架时，磁芯与线圈相重合的部分就减小，线圈的电感量相应地也减小；当磁芯旋进骨架时，磁芯与线圈相重合的部分就增大，线圈的电感量也相应增大。

　　磁芯骨架式可变线圈的电感量也可以通过计算来求取，为此就需要知道磁芯的规格参数。

　　当所用磁芯骨架的规格参数不知道时，可以采用前面所讲过的谐振测量法来进行粗略计算。一般情况下，读者在制作磁芯骨架式可变线圈时，多数情况下采用的都是从废料箱里找出来的磁芯骨架，规格参数是不知道的，这时，前面所讲过的谐振测量法将是您测量计算线圈电感量的简单有效手段[29]。

15.4 空芯线圈的设计数据

　　表 15.2～表 15.6 给出了空芯线圈的设计数据。这里所给出的表格是按线圈直径划分的，共有 0.7mm、1.2mm、1.7mm、2.2mm、3.2mm 五种直径的空芯线圈设计数据。当想要设计具有某一电感量的空芯线圈时，可以先确定线圈的直径，然后在相应的表格中找出所要设计的电感值，接着在这个电感值所对应的栏目中选定一个表示线圈总长度的值（即表格中部的数据），这个总长度的值一定，线圈匝数也就确定了。

　　例如，当想要设计电感量为 1.0nH 的空芯线圈时，表 15.2～表 15.4 都可采用，这里，我们选用表 15.2，也就是说，决定制作直径为 0.7mm 的空芯线圈。表 15.2 中，电感量为 1.0nH 的线圈可采用的长度有 1.62mm、4.05mm、7.44mm 三种。如果选取 1.62mm 作为待制作线圈的长度，则线圈的匝数就是 2 匝（$N=2$）；如果选用 4.05mm 作为待制作线圈长度，则线圈的匝数就是 3 匝（$N=3$）。

　　表中的线圈直径是按照绕线线径中心来定义的那种直径。绕线的线径可根据线圈总长度和匝数适当选取。绕线线径选定之后，就可以绕制线圈了。本例中，我们选用了 ϕ0.2mm 的导线，利用 ϕ0.5mm 的圆珠笔芯作为绕制模具，按照表 15.2 中的数据，绕制出了直径为 0.7mm、总长度为 1.62mm、匝数为 2 的空芯线圈，其电感量为 1.0nH。

表 15.2 空芯线圈的设计数据(线圈直径 0.7mm)

匝数 \ 电感量	N=1	N=2	N=3	N=4	N=5	N=6	N=7	N=8
0.51nH	0.63	3.49						
0.56nH	0.55	3.15						
0.62nH	0.46	2.81						
0.68nH	0.39	2.54	6.10					
0.75nH	0.33	2.27	5.50					
0.82nH	0.27	2.05	5.00					
0.91nH	0.22	1.82	4.48					
1.0nH		1.62	4.05	7.44				
1.1nH		1.45	3.65	6.73				
1.2nH		1.30	3.32	6.15	9.78			
1.3nH		1.18	3.04	5.65	9.00			
1.5nH		0.98	2.60	4.86	7.76	11.31		
1.6nH		0.89	2.41	4.53	7.26	10.58		
1.8nH		0.76	2.11	4.00	6.42	9.37	12.87	
2.0nH		0.65	1.87	3.57	5.74	8.40	11.55	15.18
2.2nH		0.56	1.67	3.21	5.19	7.61	10.47	13.77
2.4nH		0.49	1.50	2.92	4.74	6.95	9.57	12.60
2.7nH		0.40	1.30	2.56	4.17	6.15	8.48	11.16
3.0nH			1.14	2.27	3.73	5.50	7.60	10.02
3.3nH			1.00	2.04	3.36	4.97	6.88	9.08
3.6nH			0.89	1.84	3.05	4.53	6.28	8.30
3.9nH			0.80	1.67	2.79	4.16	5.77	7.64
4.3nH			0.70	1.49	2.51	3.75	5.21	6.90
4.7nH			0.61	1.33	2.27	3.40	4.74	6.28
5.1nH				1.20	2.06	3.11	4.34	5.77
5.6nH				1.07	1.85	2.80	3.93	5.23
6.2nH				0.93	1.64	2.50	3.52	4.69
6.8nH				0.82	1.47	2.25	3.18	4.25
7.5nH					1.30	2.01	2.85	3.82
8.2nH					1.16	1.81	2.58	3.47
9.1nH					1.01	1.60	2.30	3.10
10nH						1.43	2.06	2.79
11nH						1.27	1.85	2.51
12nH						1.14	1.67	2.27
13nH							1.51	2.07
15nH							1.27	1.75
16nH								1.62
18nH								1.41

表 15.3 空芯线圈的设计数据(线圈直径 1.2mm)

匝 数 电感量	$N=1$	$N=2$	$N=3$	$N=4$	$N=5$	$N=6$	$N=7$	$N=8$
0.56nH	2.00							
0.62nH	1.75							
0.68nH	1.55							
0.75nH	1.35							
0.82nH	1.19							
0.91nH	1.02							
1.0nH	0.88							
1.1nH	0.75							
1.2nH	0.64							
1.3nH	0.55	3.85						
1.5nH	0.41	3.26						
1.6nH	0.36	3.02						
1.8nH	0.27	2.63						
2.0nH	0.21	2.31	5.87					
2.2nH		2.05	5.29					
2.4nH		1.83	4.81					
2.7nH		1.57	4.21	7.90				
3.0nH		1.35	3.74	7.06				
3.3nH		1.18	3.35	6.37	10.25			
3.6nH		1.03	3.02	5.80	9.35			
3.9nH		0.91	2.75	5.31	8.59			
4.3nH		0.78	2.44	4.76	7.74	11.38		
4.7nH		0.67	2.19	4.31	7.04	10.37	14.30	
5.1nH		0.57	1.97	3.93	6.45	9.52	13.14	
5.6nH		0.48	1.75	3.53	5.82	8.62	11.92	15.73
6.2nH		0.39	1.52	3.14	5.21	7.73	10.72	14.16
6.8nH			1.34	2.81	4.70	7.00	9.72	12.86
7.5nH			1.16	2.50	4.21	6.30	8.77	11.61
8.2nH			1.02	2.24	3.81	5.72	7.97	10.58
9.1nH			0.86	1.96	3.38	5.10	7.13	9.48
10nH			0.74	1.74	3.02	4.59	6.44	8.58
11nH			0.62	1.53	2.70	4.13	5.81	7.75
12nH				1.35	2.43	3.74	5.28	7.06
13nH				1.21	2.20	3.41	4.83	6.48
15nH				0.97	1.83	2.88	4.12	5.54
16nH				0.88	1.68	2.67	3.83	5.16
18nH					1.43	2.31	3.34	4.53
20nH					1.23	2.02	2.95	4.02
22nH					1.07	1.79	2.63	3.61
24nH					0.94	1.59	2.37	3.26
27nH						1.35	2.04	2.84
30nH						1.16	1.78	2.50
33nH							1.57	2.22
36nH							1.39	1.99
39nH								1.79
43nH								1.58

表 15.4　空芯线圈的设计数据（线圈直径 1.7mm）

匝数\电感量	N=1	N=2	N=3	N=4	N=5	N=6	N=7	N=8
1.0nH	2.09							
1.1nH	1.82							
1.2nH	1.61							
1.3nH	1.42							
1.5nH	1.13							
1.6nH	1.01							
1.8nH	0.82	5.59						
2.0nH	0.67	4.96						
2.2nH	0.54	4.44						
2.4nH	0.45	4.00						
2.7nH	0.33	3.47	8.77					
3.0nH	0.25	3.04	7.82					
3.3nH		2.70	7.04					
3.6nH		2.41	6.39					
3.9nH		2.16	5.84					
4.3nH		1.89	5.22	9.88				
4.7nH		1.66	4.71	8.97				
5.1nH		1.47	4.28	8.21				
5.6nH		1.27	3.83	7.41	12.00			
6.2nH		1.07	3.38	6.62	10.77			
6.8nH		0.91	3.02	5.97	9.75			
7.5nH		0.76	2.66	5.34	8.77	12.96		
8.2nH		0.63	2.37	4.82	7.96	11.79		
9.1nH		0.51	2.05	4.26	7.09	10.55	14.63	
10nH		0.41	1.80	3.81	6.39	9.53	13.24	
11nH			1.56	3.39	5.74	8.60	11.97	15.86
12nH			1.37	3.04	5.20	7.82	10.91	14.48
13nH			1.20	2.75	4.74	7.16	10.02	13.31
15nH			0.94	2.28	4.00	6.10	8.58	11.44
16nH			0.84	2.09	3.70	5.67	8.00	10.67
18nH			0.67	1.77	3.20	4.96	7.02	9.40
20nH				1.51	2.81	4.38	6.24	8.39
22nH				1.30	2.48	3.91	5.61	7.56
24nH				1.13	2.21	3.52	5.08	6.86
27nH				0.92	1.87	3.04	4.43	6.02
30nH				0.76	1.61	2.66	3.91	5.34
33nH					1.39	2.35	3.48	4.78
36nH					1.21	2.09	3.12	4.32
39nH					1.06	1.86	2.82	3.93
43nH					0.89	1.62	2.49	3.49
47nH						1.41	2.21	3.13
51nH						1.24	1.97	2.82
56nH						1.06	1.73	2.50
62nH							1.48	2.18
68nH							1.28	1.92
75nH								1.66
82nH								1.45

表 15.5 空芯线圈的设计数据（线圈直径 2.2mm）

匝 数 电感量	N=1	N=2	N=3	N=4	N=5	N=6	N=7	N=8
1.5nH	2.19							
1.6nH	1.99							
1.8nH	1.66							
2.0nH	1.39							
2.2nH	1.18							
2.4nH	1.00							
2.7nH	0.79							
3.0nH	0.63							
3.3nH	0.50							
3.6nH	0.40	4.33						
3.9nH	0.32	3.92						
4.3nH	0.24	3.46						
4.7nH	0.18	3.08						
5.1nH		2.76						
5.6nH		2.42						
6.2nH		2.09	5.96					
6.8nH		1.81	5.36					
7.5nH		1.55	4.76					
8.2nH		1.33	4.26	8.36				
9.1nH		1.11	3.74	7.44				
10nH		0.92	3.31	6.68				
11nH		0.76	2.92	5.98	9.90			
12nH		0.63	2.59	5.40	8.99			
13nH		0.52	2.31	4.90	8.22	12.27		
15nH		0.36	1.89	4.12	7.00	10.51		
16nH			1.69	3.79	6.50	9.79	13.68	
18nH			1.39	3.26	5.66	8.59	12.05	16.04
20nH			1.16	2.83	5.00	7.64	10.75	14.34
22nH			0.97	2.48	4.45	6.85	9.68	12.94
24nH			0.81	2.19	4.00	6.20	8.79	11.78
27nH			0.63	1.83	3.44	5.40	7.71	10.37
30nH				1.55	2.99	4.76	6.84	9.23
33nH				1.32	2.63	4.23	6.12	8.30
36nH				1.13	2.32	3.79	5.53	7.53
39nH				0.97	2.07	3.42	5.03	6.87
43nH				0.80	1.78	3.01	4.47	6.14
47nH					1.54	2.67	4.00	5.53
51nH					1.34	2.38	3.61	5.02
56nH					1.14	2.07	3.19	4.48
62nH					0.94	1.78	2.78	3.95
68nH						1.53	2.45	3.51
75nH						1.30	2.12	3.09
82nH						1.10	1.86	2.74
91nH							1.57	2.37
100nH							1.34	2.06
110nH								1.78
120nH								1.55

表 15.6 空芯线圈的设计数据（线圈直径 3.2mm）

匝数 / 电感量	N=1	N=2	N=3	N=4	N=5	N=6	N=7	N=8
2.7nH	2.29							
3.0nH	1.92							
3.3nH	1.62							
3.6nH	1.37							
3.9nH	1.17							
4.3nH	0.94							
4.7nH	0.77							
5.1nH	0.62							
5.6nH	0.48							
6.2nH	0.36							
6.8nH	0.26							
7.5nH		3.95						
8.2nH		3.48						
9.1nH		3.00						
10nH		2.59						
11nH		2.22						
12nH		1.92	6.16					
13nH		1.66	5.57					
15nH		1.26	4.63					
16nH		1.11	4.25	8.70				
18nH		0.85	3.61	7.57				
20nH		0.66	3.10	6.66	11.23			
22nH		0.51	2.68	5.92	10.29			
24nH		0.40	2.34	5.31	9.12	13.77		
27nH			1.92	4.55	7.94	12.08		
30nH			1.59	3.95	7.00	10.73	15.12	
33nH			1.32	3.45	6.23	9.62	13.61	18.21
36nH			1.11	3.04	5.59	8.70	12.36	16.58
39nH			0.93	2.69	5.05	7.92	11.30	15.19
43nH			0.74	2.31	4.44	7.04	10.11	13.65
47nH			0.59	1.99	3.93	6.32	9.13	12.36
51nH				1.72	3.51	5.71	8.30	11.28
56nH				1.45	3.06	5.06	7.43	10.15
62nH				1.18	2.62	4.43	6.57	9.02
68nH				0.97	2.26	3.91	5.86	8.10
75nH				0.77	1.92	3.40	5.17	7.21
82nH					1.64	2.99	4.60	6.47
91nH					1.34	2.55	4.00	5.68
100nH					1.11	2.17	3.51	5.04
110nH					0.90	1.86	3.05	4.44
120nH					0.73	1.59	2.68	3.95
130nH						1.36	2.36	3.53
150nH						1.01	1.85	2.86
160nH							1.65	2.59
180nH							1.32	2.14
200nH							1.06	1.79
220nH								1.50
240nH								1.26

附录 B　谐振频率测试设备的制作

　　本附寻中介绍了一种作者所制作的测试设备。这个设备可用于测量电容器或 LC 串联谐振电路的自激振荡频率。图 B.1 是该设备的构成原理框图，照片 B.1 是所制作出的设备实物照片。

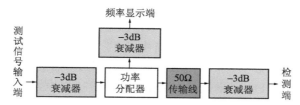

图 B.1　谐振频率测试设备的构成原理框图

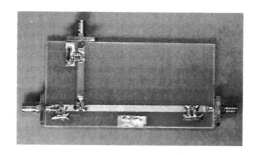

照片 B.1　所制作出的谐振频率测试设备（背面为整块地线）

　　如图 B.1 所示，该设备有三个连接端子。输入端用于连接测试信号源，来自 VCO（压控振荡器）的信号经过 -3dB 衰减器之后，进入信号功率分配器；信号功率分配器把信号分为两路，一路作为频率显示信号，经 -3dB 衰减器后送往频率显示端，由连接在显示端上的频率计数器显示信号的实际频率；另一路作为测试信号，经 50Ω 传输线和 -3dB 衰减器后送往测试端。

　　当测试端与地线之间接有 LC 串联谐振电路时，如果测试信号的频率与 LC 串联谐振电路的谐振频率相同，则 LC 串联谐振电路的输出信号将达到最小，连接在 LC 串联谐振电路上的电平检测器上将显示出接近于零的电平。

　　这样，我们便可以一边改变 VCO 的振荡频率，一边观察电平检测器的显示电平，当显示电平达到最小值时，读取频率计数器上的频率值，它就是 LC 串联谐振电路的谐振频率。表 15.1 所

示的谐振频率数据就是这样得到的，而该表中的线圈电感量则是根据这个所测得的谐振频率值，利用谐振频率关系式

$$f_0 = \frac{\omega_0}{2\pi} = \frac{1}{2\pi\sqrt{LC}}$$

计算出来的。

各连接端上所连接的 $-3\mathrm{dB}$ 衰减器，其目的并不是用来对信号进行衰减，而是为了防止因为测试设备与所连接的负载（即信号源、频率计数器和被测 LC 串联谐振电路）之间不匹配而产生驻波。这种驻波会影响测量的准确性。

实验结果表明，按照图 B.1 所示构成原理所制作出的测量设备（见照片 B.1），其谐振频率测量范围可以达到 5GHz。

如上所述，在使用这种自制的测试设备时，还要用到信号发生器、频率计数器、高频信号检测器或万用表之类能够比较信号大小的测量仪器。在低频情况下，高频信号检测器也可以用交流毫伏表来代替。

作者在商店里买了一套频率计数器套件和一个 VCO，并自制了一个简易高频信号检测器。

所自制的简易高频信号检测器实物如照片 B.2 所示，图 B.2 是该高频信号检测器的电路。如果电路中的高频二极管采用自感量和结电容都小的二极管，这个检测器的测量范围能够轻而易举地达到数十 GHz 的程度。但是，这种高性能的二极管很难买到，并且因为它的外形过于小也很难安装，因而作者在这次制作中选用了容易买到的 1S1588 型二极管。

照片 B.2 采用 1S1588 二极管所制作成的高频信号检测器的外貌

采用通用的 1S1588 型二极管所制作成的检测器，其检测范围正好达到了 3.0GHz。虽然在 3.0GHz 频率上的输出电平比低频时的输出电平小了一点，但对于它的实际应用场合来说，

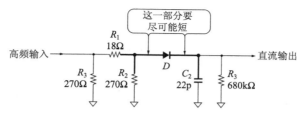

图 B.2 高频(RF)信号检测电路

这一性能已经非常好了。该二极管检波器的输入范围为
$-10 \sim 20$dBm。

如图 B.2 所示,由于考虑到二极管检波电路与被测 LC 串联
谐振电路特征阻抗的匹配问题,二极管的前头接了一个能与 50Ω
阻抗匹配的 -3dB 衰减器。如果想要提高检测灵敏度,这个衰减
器也可以用电感器来代替,但是要注意检测器与被测 LC 串联谐
振电路之间会产生驻波,这种情况下,LC 串联谐振电路的频率特
性可能会产生失常现象。

参考文献

[1] K. C. Gupta, Ramesh Garg, Rakesh Chadha ; Computer Aided Design of Microwave Circuits, Artech House, 1981.

[2] A. I. Zverev ; Handbook of Filter Sysnthesis, John Wiley and Sons, New York, 1967.

[3] R. Saal, E. Ulbrich ; On the Design of Filters by Synthesis, IRE Transactions on Circuit Theory, December 1958.

[4] L. T. Bruton ; Network Transfer Functions Using the Concept of Frequency-Dependent Negative Resistance, IEEE Transactions on Circuit Theory, Vol. CT-16, pp.406~408, Aug. 1969.

[5] Rodriguez, Robert, et al. ; Modeling of Two-Dimensional Spiral Inductors, IEEE Transaction on Components, Hybrids, and Manufacturing Technology, vol.CHMT-3, No.4, pp.535~541, December 1980.

[6] Risaburo Sato ; A Design Method for Meander-Line Networks Using Equivalent Circuit Transformations, IEEE Transactions on Microwave Theory and Techniques, Vol.MTT-19, No.5, pp.431~442, May 1971.

[7] R. Saal, E. Ulbrich ; On the Design of Filters by Synthesis, IRE Transactions on Circuit Theory, December 1958.

[8] L. F. Lind ; Synthesis of Equally Terminated Low-Pass Lumped and Distributed Filters of Even Order, MTT-17, No.1, pp.43~45, January 1969.

[9] G. L. Matthaei ; Synthesis of Chebyshev Impedance Matching Networks, Filters and Inter-Stages, Transaction on Circuit Theory, Vol.CT-3, pp.163~172, September 1956.

[10] Richard Lundin ; A Handbook Formula for the Inductance of a Single-Layer Circular Coil, Proceedings of the IEEE, Vol.73, No.9, pp.1428~1429, September 1985.

[11] H. Craig Miller ; Inductance Formula for a Single-Layer Circular Coil, Proceedings of the IEEE, Vol.75, No.2, pp.256~257, Feb 1987.

[12] Harold A. Wheeler；Inductance Formulas for Circular and Square Coils, Proceedings of the IEEE, Vol.70, No.12, pp.1449～1450, December 1982.

[13] Brian C. Wadell；Transmisson Line Design Handbook, Artech House, pp.382～386, 1991.

[14] Bahl Prakash Bhartia Inder；Microwave Solid State Circuit Design, John Wiley & Sons,Inc., 1988.

[15] Peter Vizmuller；RF Design Guide Systems, Circuits, and Equations, Artech House, 1995.

[16] Randall W. Rhea；HF Filter Design and Computer Simulation, Noble Publishing, 1994.

[17] Louis Weinberg；Network Analysis and Synthesis, McGraw-Hill Book Company, Inc., Kogakusha Company, Ltd., 1962.

[18] P. Le Corbeiller；Matrix Analysis of Electric Networks, Harvard University Press, 1950.

[19] Franklin F. Kuo；Network Analysis and Synthesis, Second Edition（Bell Telephone Laboratories, Inc.）, John Wiley & Sons, Inc., 1966.

[20] 山田直平；電気磁気学, 電気学会, 1986年.

[21] 平山博；電気回路論, 電気学会, 1984年.

[22] 堀敏夫；アナログフィルタ回路設計法, 総合電子出版社, 1998年.

[23] 今田悟, 深谷武彦；実用アナログ・フィルタ設計法, CQ出版(株), 1989年.

[24] 島田公明；アナログフィルタの基礎知識と実用設計, 誠文堂新光社, 1993年.

[25] 中村尚五；ビギナーズデジタルフィルタ, 東京電機大学出版局, 1989年.

[26] 堀敏夫；アナログ・フィルタの設計と解析, 電波新聞社, 1989年.

[27] 山村英穂；トロイダル・コア活用百科, CQ出版(株), 1983年.

[28] ウィリアムズ著, 加藤康雄監訳；電子フィルター回路設計ハンドブックー, McGraw-Hill, 1981年.

[29] 森栄二；定K型/誘導m型フィルタ, マイクロウェーブ技術入門講座(第24回), トランジスタ技術, 2000年2月号, CQ出版(株).

设计示例和计算示例一览表

第 14 章

第 15 章